数字逻辑
与计算机硬件基础

肖慧娟 ◎ 主编

陶铭 丁凯 李广明 ◎ 编著

清华大学出版社

北京

内 容 简 介

本书从计算机系统知识体系出发,介绍逻辑门、触发器等器件的功能与应用、逻辑电路的分析与设计、计算机的硬件基础知识,并配有实验教学内容。

全书共 8 章,内容包括数字系统基础、逻辑门与逻辑代数、组合逻辑电路、时序逻辑电路、数字信号的生成与变换及模数之间的转换、存储器、计算机硬件电路基础、实验项目与实验指导。与常规数字逻辑电路教材相比,本书弱化器件的电路结构,强化器件的应用分析;引入了计算机硬件基础电路内容;提供了 8 个实验项目以及实验教学辅助资源;融入了思政元素。

本书贴近计算机专业课程的教改需求,注重学生的工程研究与应用能力的培养。适合作为高等教育本、专科院校计算机相关专业的教材,也可供广大计算机爱好者自学使用。

图书在版编目(CIP)数据

数字逻辑与计算机硬件基础/肖慧娟主编. —北京:清华大学出版社,2023.9
ISBN 978-7-302-63769-1

Ⅰ.①数… Ⅱ.①肖… Ⅲ.①数字逻辑-高等学校-教材 ②硬件-高等学校-教材
Ⅳ.①TP302.2 ②TP303

中国国家版本馆 CIP 数据核字(2023)第 101693 号

责任编辑:刘向威
封面设计:文 静
责任校对:李建庄
责任印制:沈 露

出版发行:清华大学出版社
   网   址:http://www.tup.com.cn,http://www.wqbook.com
   地   址:北京清华大学学研大厦 A 座   邮 编:100084
   社 总 机:010-83470000   邮 购:010-62786544
   投稿与读者服务:010-62776969,c-service@tup.tsinghua.edu.cn
   质量反馈:010-62772015,zhiliang@tup.tsinghua.edu.cn
   课件下载:http://www.tup.com.cn,010-83470236
印 装 者:三河市人民印务有限公司
经 销:全国新华书店
开 本:185mm×260mm 印 张:15.25   字 数:355 千字
版 次:2023 年 9 月第 1 版   印 次:2023 年 9 月第 1 次印刷
印 数:1~1500
定 价:49.00 元

产品编号:088969-01

　　"数字逻辑"课程是"计算机组成原理"和"计算机系统结构"等课程的硬件基础课程。虽然计算机类与电子类专业都开设了"数字逻辑"或"数字电路"课程,但是计算机类与电子信息类专业的教学目标和侧重点有所不同。常规的"数字逻辑(电路)"教材内容侧重于电子信息类专业需求,与计算机硬件知识结合不够紧密,计算机专业的教学需求考虑不足。例如,一般数字逻辑或数字电路教材对计算机组成的重要部件——运算器鲜有介绍,这就增加了后续计算机系统类课程的学习难度。随着计算机技术的迅猛发展,计算机专业要学习的内容越来越多,也有必要对硬件类课程重新规划、精简内容、贴近需求。基于上述考虑,根据教育部"高等学校本科教学质量与教学改革工程"的主要精神,结合目前数字逻辑电路及计算机系统的实际教学情况,我们精心编写了本书。

　　与常规数字逻辑(数字电路)教材相比,本书弱化了逻辑器件的内部电路结构的分析,加强了器件的应用分析;在数字电路应用方面,引入了更多的计算机硬件电路基础案例,将数字逻辑和计算机系统基础知识相结合;本书增设了常规数字逻辑(数字电路)教材没有的"计算机硬件电路基础"一章,介绍了运算溢出判断、算术逻辑运算单元、节拍发生器、程序计数器、数据缓冲器等计算机常用部件的电路基础,为计算机系统类后续课程打下基础。

　　为培养学生工程研究与应用的能力,本书包含了实验教学内容,设有 8 个实验项目,涵盖了组合逻辑电路分析与设计、时序逻辑电路分析与设计、存储器应用、A/D 转换器应用、计算机硬件基础电路分析等核心教学内容,并给出了集实验讲义和实验报告于一体的实验文档,同时还提供了实验仿真软件的使用指南、仿真常用资源及实物实验的指导资源,并配备了实验指导视频。

　　本书配备了主要知识点的微课视频,从理论到实践,本书为学生提供了全方位的自主学习资源。为配合思政教学,本书包含思政教学内容,配有思政教学视频,可供教师教学参考。

　　本书主要介绍了逻辑门电路、触发器、常用 MSI 组合逻辑器件、常用 MSI 时序逻辑器件、半导体存储器、A/D 与 D/A 转换器等数字器件的电路原理、功能与应用方法,研究了组合逻辑电路和时序逻辑电路的分析与设计方法,介绍了计算机硬件基础知识。

　　本书共 8 章。

　　第 1 章,数字系统基础,介绍了数字信号、数字电路、逻辑代数、数字系统的基本概念以及数制与码制等数字系统的基础知识,旨在帮助初学者建立数字系统的概念,数制与码制是本章的学习重点。

前言

第 2 章,逻辑门与逻辑代数,本章首先简要介绍了集成逻辑门电路结构、性能指标及应用方法,然后详细讲解了逻辑函数的表示方法、逻辑运算以及逻辑函数化简方法。

第 3 章,组合逻辑电路,比较全面地介绍了常用 MSI 组合逻辑电路的功能与应用,重点讨论了 SSI 与 MSI 组合逻辑电路的分析与设计方法,简单介绍了逻辑电路的竞争与冒险现象。

第 4 章,时序逻辑电路,介绍了触发器的结构、类型、性能和时序逻辑电路的分类方法,着重研究了 SSI 同步时序逻辑电路的分析和设计方法,最后介绍了常用 MSI 时序逻辑器件及应用方法。

第 5 章,数字信号的生成与变换及模数之间的转换,5.1 节～5.3 节内容为数字信号的生成与变换,介绍了 555 多谐振荡器、施密特触发器、单稳态触发器等电路的功能,着重介绍了如何生成数字信号,如何对波形进行整形与变换;5.4 节～5.6 节内容为模拟信号与数字信号之间的相互转换,介绍了 A/D 与 D/A 转换电路原理、类型与性能指标以及集成 A/D 与 D/A 转换器的应用方法。

第 6 章,存储器,介绍了存储器的分类、结构与性能指标,讨论了存储器的扩展技术。

第 7 章,计算机硬件电路基础,概述了计算机基础知识,阐述了计算机常用的一些硬件电路基础,为进一步学习计算机的组成原理与系统结构打下基础。

第 8 章,实验项目与实验指导,提供了 8 个实验项目,包含 SSI 与 MSI 组合逻辑电路的分析与设计、MSI 时序逻辑器件的应用、存储器与 A/D 转换器的应用、计算机常用硬件基础电路、数字系统综合设计等实验项目;简单介绍了 Proteus 电路仿真软件的使用方法、Proteus 常用元件名称、常用数字芯片引脚及数字电路实验的基础知识。书中有带 * 号的章节为选学内容。

本书特别适合作为高等教育本、专科院校计算机相关专业的教材,同时也适合应用型本科院校电子信息类相关专业使用。由于编者水平有限,书中难免有不妥之处,恳请广大读者批评指正。

编　者
2023 年 6 月

目录

目录

目录

目录

第1章

数字系统基础

数字信号是幅值为 0、1 的二值脉冲信号,数字系统是生成、处理或显示数字信号的系统,程序是处理数字信号的软件方法,计算机是使用软件方法处理数字信号的常用工具,而数字逻辑电路则是处理数字信号的硬件途径,逻辑代数是分析和设计逻辑电路的数学工具。

为缩短二进制数据表示的长度,数字信号也常用八进制、十六进制等 2^n 进制数表示。对数码、数值、字符等信息用数字化代码表示的过程,称为编码。表示 0～9 这 10 个数码的 4 位二进制代码称为 BCD 码;表示字符的国际标准代码为 ASCII 代码;表示计算机数值型数据的代码称为机器码,常用的机器码有原码、反码、补码和移码。在数据传输中,信息代码可能因为信道干扰而改变,从而接收到错误信息,因此需要对原始数据添加校验位,形成校验码发送出去,才能在接收端检测到传输错误。

1.1　数字系统概述

1.1.1　数字信号

电信号分为模拟信号和数字信号两大类。源自自然界中的原始信息,如压力、温度、湿度、图像、声音等都是模拟信号,模拟信号的特点是其在时间上和幅值上都是连续变化的,如图 1.1 所示。

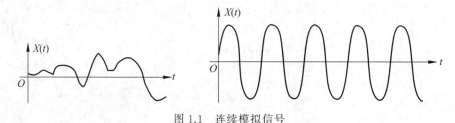

图 1.1　连续模拟信号

在时间轴上不连续的信号,则是离散信号,如图 1.2 所示。

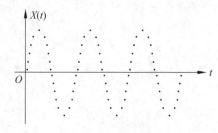

图 1.2　离散信号

数字信号在等时间间隔内取值为 0 或 1,数字信号分为周期数字信号和非周期数字信号,如图 1.3 所示。

周期数字信号由脉冲幅度 A、脉冲宽度 t_d、脉冲周期 T(或脉冲频率 f,$f = 1/T$)等

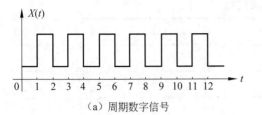

（a）周期数字信号

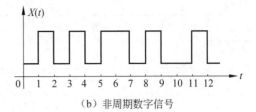

（b）非周期数字信号

图 1.3　数字信号

参数决定。占空比定义为脉冲宽度与脉冲周期之比（t_d/T），如图 1.4 所示，方波的占空比为 50%。

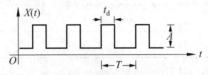

图 1.4　周期数字信号的占空比 t_d/T

1.1.2　数字电路

处理数字信号的电路就是数字电路，因为数字信号只有 1 或 0 两种取值，逻辑值也只有表示真、假两种状态的 1、0 值，所以数字电路也称逻辑电路。通常数字电路的输入信号需要用多位二进制数据表示，因此，数字电路的输入一般由多个数字信号组成。如图 1.5 所示是一个数字电路，其输入有 A、B、C 3 个数字信号，输入变量 ABC 有 000、001、010、011、100、101、110、111 等 8 种取值组合，输出变量 F 与 G 也是数字信号，输出函数 $F(A,B,C)$ 与 $G(A,B,C)$ 表示输入变量 A、B、C 与输出变量 F、G 的逻辑关系，表 1.1 列举了图 1.5 数字电路所有输入与输出信号，这种表格称为数字电路的真值表或功能表，图 1.6 是输入输出信号的时序波形图。输出函数、电路图、真值表和时序波形图均为描述数字电路的方法。

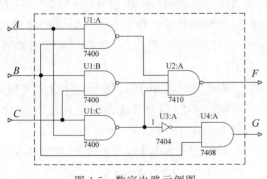

图 1.5　数字电路示例图

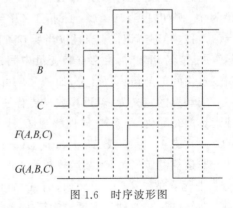

图 1.6　时序波形图

表 1.1 真值表

A	B	C	F	G
0	0	0	0	0
0	0	1	0	0
0	1	0	0	0
0	1	1	1	0
1	0	0	0	0
1	0	1	1	0
1	1	0	1	0
1	1	1	1	1

数字电路采用高低电平表示逻辑量 0 与 1。如果用高电平表示逻辑 1,低电平表示逻辑 0,这种逻辑体制称为正逻辑体制;如果用低电平表示逻辑 1,高电平表示逻辑 0,这种逻辑体制称为负逻辑体制。一般不作特别说明,默认情况采用正逻辑体制。在 TTL (transistor-transistor logic,晶体管-晶体管逻辑)型数字电路中,逻辑 1 对应的标准电平为 3~5V,逻辑 0 对应的标准电压为 0~0.3V。

1.1.3 逻辑代数

数字系统中,表示逻辑关系的函数称为逻辑函数。图 1.5 的输出函数 $F(A,B,C)$ 与 $G(A,B,C)$ 无论自变量还是函数值都只有 0 和 1 两种取值,$F(A,B,C)$ 与 $G(A,B,C)$ 称为逻辑函数。研究逻辑数、逻辑运算、逻辑函数的代数称为逻辑代数。逻辑代数是一种描述客观事物逻辑关系的数学方法,由英国科学家乔治·布尔于 19 世纪中叶提出,因而又称布尔代数。逻辑代数的基本逻辑运算有与、或、非等,运算符号分别为·、+、‾。

与运算的定义为,当运算数全为 1 时,运算结果为 1;当运算数非全 1 时,与运算的结果为 0。例如,仅当 $A=B=1$ 时,$A \cdot B=1$;当 $AB=10$ 或 $AB=01$ 或 $AB=00$ 时,$A \cdot B=0$。可这样理解记忆:当且仅当所有条件满足时,与运算的结果为真。在数学代数乘法运算中,变量相乘时,常常省略变量中间的乘法符号;在逻辑代数中,我们也常常省略逻辑变量之间的与运算符·,如 $A \cdot B$ 可写成 AB。

或运算的定义为,若运算数只要有一个为 1,或运算的结果为 1;仅当运算数全零时,或运算的结果为 0。可这样理解记忆:只要一个条件满足,或运算的结果为真。例如,当 $AB=11$ 或 $AB=10$ 或 $AB=01$ 时,$A+B=1$;仅当 $AB=00$ 时,$A+B=0$。

非运算的定义为,当某运算数为 1 时,对该运算数进行非运算,结果为 0;当运算数为 0 时,非运算的结果为 1。例如,当 $A=0$ 时,$\overline{A}=1$;当 $A=1$ 时,$\overline{A}=0$。

在与、或、非 3 种基本逻辑运算中,运算优先级最高的是非运算,其次是与运算,最后是或运算,用括号可以改变运算优先级。与运算符号可以省略。

例 1.1 计算逻辑表达式$(1 \cdot \overline{0}+1)\overline{1}$ 的值。

解：原式$=(1 \cdot 1+1)\overline{1}$

$$=(1+1)0$$
$$=1 \cdot 0$$
$$=0$$

逻辑函数可以用逻辑电路来实现。例如,逻辑函数 $F(A,B,C)=\overline{\overline{AB}\ \overline{BC}\ \overline{AC}}$可以用如图 1.7 所示的电路来实现。

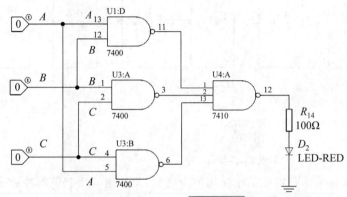

图 1.7 逻辑函数 $F(A,B,C)=\overline{\overline{AB}\ \overline{BC}\ \overline{AC}}$对应的逻辑电路

通过化简对应的逻辑函数来对逻辑电路进行简化,最简逻辑函数对应的电路即是最简逻辑电路,因此,逻辑代数是逻辑电路设计不可或缺的数学工具。

1.1.4 数字系统

由于数字信号的二值性,与模拟信号相比,数字信号因外界干扰影响幅值,导致误判0、1 值的可能性更小,数字信号处理的可靠性更高,并且,由于软、硬件方法均可处理数字信号,数字信号处理更加灵活,所以对于原始模拟信号,常常使用模数转换(A/D)将模拟信号转换成多位并行数字信号或串行数字信号,然后进行数字信号处理,最后将处理后的结果通过数模转换(D/A)转换回模拟信号,再送到终端设备进行放大输出,如驱动电动机转动、扬声器的鸣响、指示灯的点亮、仪表指针的转动等,如图 1.8 所示。

数字信号处理可以用逻辑电路实现,也可以用软件实现,如果要求数字电路实现的功能太复杂,那么,可以使用处理器芯片,通过软件编程的方法对数字信号进行处理。例如,计算机通过传声器接收模拟音频信号,然后转换成数字音频信号,使用软件调音就是对数字音频信号进行处理,最后计算机将处理后的数字音频信号转换成模拟音频信号,放大后,推动扬声器发出调音后的声音,如图 1.9 所示。

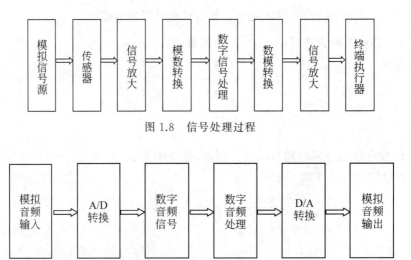

图 1.8　信号处理过程

图 1.9　数字音频系统

1.2　数制

数字信号没有采用日常生活中使用的十进制,而使用 0、1 二值脉冲数字信号,1 个数字信号表示 1 个二进制位,若数字电路的输入或输出是多位二进制数据,那么数字电路可能有多个输入或输出信号,图 1.5 所示的数字电路有 3 个输入数字信号和 2 个输出数字信号。若输入输出数值较大,二进制数据位数很长,为了书写方便,也常用八进制、十六进制等 2^n 进制数表示数字信号,在八进制数后面添加字母 O 以标识八进制数,在十六进制数后面加 H 或 X 进行标识,在十进制数值后面可加 D 进行标识,也可不标识。

每种数制都有其构成规则,由数码、基数、位权 3 个要素决定构成规则。例如,十进制数包含 0,1,2,…,9 等十个数码,基数为 10,进位规则为逢十进一。十进制整数的个位权值为 10^0,十位权值为 10^1,百位权值为 10^2……十进制小数点后第 1 位的权值为 10^{-1},后第 2 位的权值为 10^{-2},以此类推。又如,十六进制数包含 0,1,2,…,9,A,B,C,D,E,F 等 16 个数码,基数为 16,进位规则为逢十六进一。十六进制整数最低位的权值为 16^0,次低位的权值为 16^1,再高一位的权值为 16^2;十六进制小数点后第 1 位的权值为 16^{-1},后第 2 位的权值为 16^{-2},以此类推。

例 1.2　已知八进制数 123O、十进制数 123D、十六进制数 123H,请问这 3 个数中,最小的数和最大的数分别是哪一个?

答:将八进制、十六进制数转换成十进制数,然后比较大小。$123O=(1\times8^2+2\times8^1+3\times8^0)D=83D$,$123H=(1\times16^2+2\times16^1+3\times16^0)D=291D$,故最小的数是八进制数 123O,最大的数是十六进制数 123H。

1.2.1 十进制数与 2^n 进制数之间的转换

十进制数与 2^n 进制数之间的转换如图 1.10 所示。

图 1.10 十进制数与 2^n 进制数之间的转换

1. 任意进制数转换成十进制数

每个数均可按其对应的进制权值展开,然后求和得到对应的十进制数值。

例如,十进制数 $123.456D = 1 \times 10^2 + 2 \times 10^1 + 3 \times 10^0 + 4 \times 10^{-1} + 5 \times 10^{-2} + 6 \times 10^{-3}$;十六进制数 $1A.5H = 1 \times 16^1 + 10 \times 16^0 + 5 \times 16^{-1} = 26.3125D$。

2. 十进制数转换成其他进制数

可以使用"整数除基法"将十进制整数转换成其他进制数。具体方法:将十进制整数连续除以要转换的目标数的基数,将每次除法运算的余数依逆序记录下来,余数序列即为要转换成的目标数,第 1 位余数为目标数的最高位。

例 1.3 将十进制数 28 分别转换成二进制、八进制和十六进制数。

解:使用整数除基法进行转换,将十进制数 28 分别连续除以基数 2、8、16,然后依逆序记录每次除法运算的余数,第 1 位余数为二进制数、八进制数、十六进制数的最高位,分别为 1、3、1,由此得到十进制数 28 对应的二进制数、八进制数和十六进制数,如图 1.11 所示。

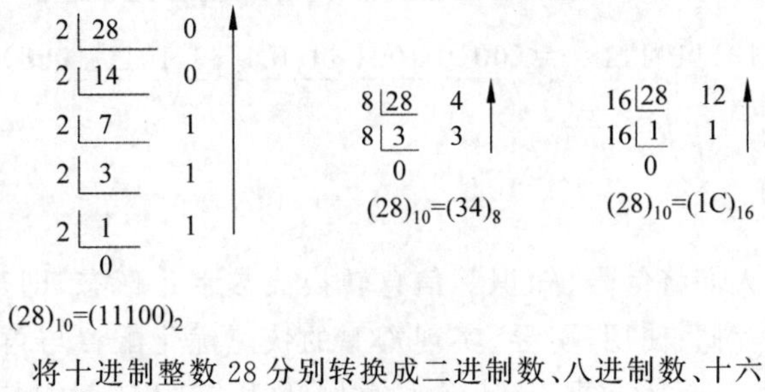

$$(28)_{10} = (11100)_2 \qquad (28)_{10} = (34)_8 \qquad (28)_{10} = (1C)_{16}$$

图 1.11 将十进制整数 28 分别转换成二进制数、八进制数、十六进制数

对于十进制小数,则可以使用"小数乘基法"转换成 2^n 进制的小数。具体方法:将十进制小数乘以要转换的目标数的基数,记录乘积的整数部分,然后将乘积的小数部分再次乘以基数,记录新乘积的整数部分,将新乘积的小数部分再次乘以基数,如此操作下去,直至新乘积为零或转换后的目标数有效位数满足要求。记录每次新乘积的整数部分,最后,顺序读出每次乘积的整数部分,即可得到十进制数小数转换成的 2^n 进制小数。

例 1.4 将十进制小数 0.765 分别转换成二进制小数、八进制小数、十六进制小数。

解：将十进制小数 0.765 分别乘以 2、8、16，将新乘积的小数部分继续乘以 2、8、16……依序记录每次乘积的整数值，即为转换后的二进制小数、八进制小数、十六进制小数，如图 1.12 所示。

0.765×2=1.53	1	0.765×8=6.12	6	0.765×16=12.24	12
0.530×2=1.06	1	0.12×8=0.96	0	0.24×16=3.84	3
0.06×2=0.12	0	0.96×8=7.68	7	0.84×16=13.44	13
0.12×2=0.24	0	0.68×8=5.44	5	0.44×16=7.04	7
0.24×2=0.48	0	0.44×8=3.52	3	0.04×16=0.64	0

图 1.12　将十进制小数 0.765 分别转换成二进制小数、八进制小数、十六进制小数

因此，$(0.765)_{10} \approx (0.11000)_2 \approx (0.60753)_8 \approx (0.C3D70)_{16}$。

1.2.2　2^n 进制数之间的转换

2^n 进制数之间如何转换呢？若要将八进制数转换成二进制数，则将每个八进制数码展开成 3 位二进制数；若要将十六进制数转换成二进制数，则将每个数码展开成 4 位二进制数。反之，若要将二进制数转换成八进制数，则将每 3 位二进制数组合，求出对应的 1 位八进制数码；若要将二进制数转换成十六进制数，则将每 4 位二进制数组合，求出对应的 1 位十六进制数码。转换时，以二进制数小数点为中心，向两边的方向进行组合。如果二进制数的位数不是 3 或 4 的整数倍，则可在二进制整数最高位加零或在二进制小数最低位加零，这样不会改变数值的大小。

例 1.5　求二进制数 1010011100.101110111 对应的八进制数和十六进制数。

解：

$$(1010011100.101110111)_2 = (\mathbf{001}\ 010\ 011\ 100.101\ 110\ 111)_2 = (1234.567)_8$$

$$(1010011100.101110111)_2 = (\mathbf{00}10\ 1001\ 1100.1011\ 1011\ \mathbf{1000})_2 = (29C.BB8)_{16}$$

1.3　码制

当今信息时代，人们将信号、知识等信息转换成数字化形态，即数据，通过对大数据的识别、选择、处理、存储、使用，引导、实现资源的快速优化配置与再生，形成数字经济。数字经济在技术层面，包括大数据、云计算、物联网、区块链、人工智能、5G 通信等新兴技术；在应用层面，新零售、新制造等都是其典型代表，2020 年中国数字经济规模达 39.2 万亿元。

数字化信息分为两类：①有大小意义的数据；②无大小意义的符号或控制命令，如字母、标点、视作字符的数码等。无论是有大小意义的数据信息还是无大小意义的其他信息，均需要遵循一定的规则，编成数字系统能够识别的二进制代码，即编码，然后才能让数字系统对其进行分析和处理。这个数字系统可以是使用软件处理信息的计算机，也可以是使用硬件电路处理信息的数字电路。

1.3.1　数值的编码

为了便于计算机进行识别和存储,对具有大小意义的二进制数值,按照一定的规则进行编码,编出来的代码称为机器码,常用的机器码有原码、反码、补码和移码。机器码由一个符号位和若干二进制数值位组成,符号位位于机器码的最高位。

1. 原码

原码由符号位和数值位组成,符号位在前,数值位在后,正数的原码符号位为 0,负数的原码符号位为 1,原码数值部分为原数的绝对值。若二进制正整数为 $+x_1x_2x_3x_4x_5x_6x_7$,则其 8 位原码为 $0x_1x_2x_3x_4x_5x_6x_7$;若二进制负整数为 $-x_1x_2x_3x_4x_5x_6x_7$,则其 8 位原码为 $1x_1x_2x_3x_4x_5x_6x_7$。

例如,十进制数 $(+7)_{10}$ 若用 8 位原码表示,可写作 $[+7]_原 = 00000111$。其中,左起第一个 0 是符号位,表示 $+7$ 的符号为"$+$",符号位后面的 7 位二进制数 0000111 表示 $+7$ 的绝对值。

又如,$[+127]_原 = 01111111$,$[-127]_原 = 11111111$。显然,8 位二进制原码的表示范围为 $-127 \sim +127$。

零的 8 位原码有两种,即 $[+0]_原 = 00000000$ 和 $[-0]_原 = 10000000$。

2. 反码

反码与原码的符号位相同,正数均为 0,负数均为 1。正数的反码数值部分与其原码完全相同,负数的反码数值部分可通过对原码数值位逐位取反获得。

若二进制正整数为 $+x_1x_2x_3x_4x_5x_6x_7$,则其 8 位反码与原码相同,也为 $0x_1x_2x_3x_4x_5x_6x_7$。若二进制负整数为 $-x_1x_2x_3x_4x_5x_6x_7$,则其 8 位反码为 $1\bar{x}_1\bar{x}_2\bar{x}_3\bar{x}_4\bar{x}_5\bar{x}_6\bar{x}_7$,其中,$\bar{x}_i$ 是 x_i 的取反,当 $x_i = 0$ 时,$\bar{x}_i = 1$;当 $x_i = 1$ 时,$\bar{x}_i = 0$。

例如,十进制数 $(+7)_{10}$ 的 8 位原码和反码均为 $[+7]_原 = [+7]_反 = 00000111$。

十进制数 $(-7)_{10}$ 的 8 位原码和反码分别为 $[-7]_原 = 10000111$ 和 $[-7]_反 = 11111000$。

零的反码和原码一样,也有两种形式,即 $[+0]_反 = 00000000$,$[-0]_反 = 11111111$。其中,$\bar{x}_i$ 符号位为 x_0。

反码的最大数值和最小数值分别为 $[+127]_反 = 01111111$ 和 $[-127]_反 = 10000000$。显然,8 位二进制反码的表示范围也是 $-127 \sim +127$。

3. 补码

正数的补码与其原码相同,负数的补码可在其反码的末位加 1 获得,无论正负,原码、反码和补码的符号位相同。若二进制正整数为 $+x_1x_2x_3x_4x_5x_6x_7$,则其 8 位补码与原码、反码相同,均为 $0x_1x_2x_3x_4x_5x_6x_7$;若二进制负整数为 $-x_1x_2x_3x_4x_5x_6x_7$,则其 8 位补码为 $1\ \overline{x}_1\overline{x}_2\overline{x}_3\overline{x}_4\overline{x}_5\overline{x}_6\overline{x}_7+1$。

例如，十进制数 $(+7)_{10}$ 的 8 位原码、反码、补码均为 $[+7]_原=[+7]_反=[+7]_补=00000111$。

十进制数 $(-7)_{10}$ 的 8 位原码、反码、补码分别为

$$[-7]_原=10000111,\quad[-7]_反=11111000B,\quad[-7]_补=11111001。$$

8 位补码的最大数值和最小数值分别为 $[+127]_补=01111111$ 和 $[-128]_补=10000000$。

零有唯一的补码，即 $[+0]_补=[-0]_补=00000000$。所以，8 位二进制补码的表示范围是 $-128\sim+127$。由于补码的唯一性，在计算机中，数据常以补码的形式表示。

4. 移码

无论是正数还是负数，移码的符号位和补码相反，数值位相同。若二进制正整数为 $+x_1x_2x_3x_4x_5x_6x_7$，则其 8 位移码为 $1x_1x_2x_3x_4x_5x_6x_7$；若二进制负整数为 $-x_1x_2x_3x_4x_5x_6x_7$，则其 8 位移码为 $0\overline{x}_1\overline{x}_2\overline{x}_3\overline{x}_4\overline{x}_5\overline{x}_6\overline{x}_7+1$。

例如，$[+7]_补=00000111,[+7]_移=10000111$；$[-7]_补=11111001,[-7]_移=01111001$；$[0]_补=00000000,[0]_移=10000000$。

和补码一样，零的移码也只有一种形式，移码也具有唯一性。

1.3.2　符号的编码

1. 十进制数码的编码

十进制数码有 $0,1,\cdots,9$ 等 10 种。对每个十进制数码用 4 位 0、1 数字组合表示的代码称为 BCD(binary-coded decimal)码，常见的 BCD 码有 8421 码、余 3 码、格雷码、2421 码等，如表 1.2 所示。

表 1.2　常见 BCD 码

十 进 制 数	8421 码	余 3 码	2421 码	格 雷 码
0	0000	0011	0000	0000
1	0001	0100	0001	0001
2	0010	0101	0010	0011
3	0011	0110	0011	0010
4	0100	0111	0100	0110
5	0101	1000	1011	0111
6	0110	1001	1100	0101
7	0111	1010	1101	0100

续表

十 进 制 数	8421 码	余 3 码	2421 码	格 雷 码
8	1000	1011	1110	1100
9	1001	1100	1111	1101

8421 码的每位权值从高位到低位分别为 8、4、2、1,故称为 8421 码,是应用最广泛的一种 BCD 码。8421 码、2421 码每一位均有固定的权值,如 2421 码 1110 表示十进制数码 $8=1\times2+1\times4+1\times2+0\times1$,8421 码与 2421 码均属于恒权码。

2421 码的数码 0 与 9、1 与 8、2 与 7、3 与 6、4 与 5 的编码按位取反,如 4 的 2421 码为 0100,5 的 2421 码为 1011,因此,2421 码是一种自补码。

余 3 码是在 8421 码的数值上加 3 得到的,如十进制数 1 的 8421 码为 0001,1 的余 3 码为 0100,余 3 码也是一种自补码,但不是恒权码。

格雷码的相邻数码之间,对应的代码只有一位不同,如十进制数 0 和 1 的格雷码分别为 0000、0001,4 位代码中只有最低 1 位不同,又如十进制数 1 和 2 的格雷码分别为 0001、0011,也只有 1 位不同。在自然界中,经常出现数据连续变化的情况,如加法计数,数据变化规律为 0、1、2、3……若数据采用格雷码编码,则每次只需要改变 1 位代码,这样可以防止因多个二进位跳变不同步造成短时错误的情况。例如,十进制数 1 和 2 的 8421 码为 0001 和 0010,若要从十进制数 1 变化到 2,如果十进制数 1 的最低两位代码跳变不同步,如这样变化:0001→0011→0010,这样就会出现中间状态 0011,在高速系统中,这个中间状态可能被识别,成为干扰信号,格雷码可以防止这种情况,因此格雷码是一种高可靠性编码。

例 1.6 写出十进制数 123 的 8421 码和余 3 码。

解:十进制数 123 的 8421 码为 000100100011,余 3 码为 010001010110。

2. ASCII 码

ASCII 码的全称为 American Standard Code for Information Interchange,即美国标准信息交换代码,是当今通用的信息交换标准代码。ASCII 码使用 7 位二进制代码表示每个英文字符及控制字符,标准 ASCII 码一共定义了 128 个字符代码,标准 ASCII 码如表 1.3 所示,查表可得到字符 A 的 ASCII 码为 1000001,字符 a 的 ASCII 码为 1100001,十进制数 1 的 ASCII 码为 0110001,十进制数 2 的 ASCII 码为 0110010。

表 1.3 部分字符与按键的标准 ASCII 码

低 4 位 $a_4a_3a_2a_1$	高 3 位($a_7a_6a_5$)							
	000	**001**	**010**	**011**	**100**	**101**	**110**	**111**
0000	NUL	DEL	SP	0	@	P	`	p
0001	SOH	DC1	!	1	A	Q	a	q

低 4 位 $a_4a_3a_2a_1$	高 3 位 $(a_7a_6a_5)$							
	000	**001**	**010**	**011**	**100**	**101**	**110**	**111**
0010	STX	DC2	"	2	B	R	b	r
0011	ETX	DC3	#	3	C	S	c	s
0100	EOT	DC4	$	4	D	T	d	t
0101	ENQ	NAK	%	5	E	U	e	u
0110	ACK	SYN	&	6	F	V	f	v
0111	BEL	ETB	'	7	G	W	g	w
1000	BS	CAN	(	8	H	X	h	x
1001	HT	EM	)	9	I	Y	i	y

1.3.3 校验码

在数据传输过程中,代码可能受到干扰,改变了原值,为了在接收端能够识别数据传输中有无发生错误,我们按照一定的规则,在编码前面、中间或后面添加一位或多位校验位,生成具有校验功能的校验码,将校验码发送到信道进行传输,接收端可以通过校验算法,检测出接收的数据有无误码。有些校验码不仅可以检错,还可以纠正部分错误位,这种校验码也称纠错码。

奇偶校验码是奇校验码和偶校验码的统称,是最简单、最基本的校验码,奇偶校验码构成的规则如下:在编码之外,再添加一位 1 位校验位,确保奇校验码"1"的个数为奇数个,偶校验码"1"的个数为偶数个。如果奇/偶校验码传输中,发生奇次性错误,就会改变代码的奇偶性,利用这点,能够检测出奇数次错误,当然,如果发生偶次性错误,如有 2bit 出错,奇/偶校验码不会改变数据的奇偶性,无法检测出错误。虽然如此,因为 1 次错误的概率大于 2 次错误,奇次性错误的概率大于偶次性错误,只用 1bit 的开销,就能检测超过 50% 的错误情况,因此奇偶校验码是最常见且高效的校验码。奇偶校验码的缺点是只能发现部分差错,并且不能确定发生差错的具体位置,即不能纠正错误。

作为奇/偶校验码示例,表 1.4 列出了 8421 码的奇校验码和偶校验码,表中,奇/偶校验码包含两部分,一部分是需要传送的原始信息本身,另一部分是跟在原始信息后面的 1位校验位。

表 1.4 奇/偶校验码示例

十 进 制 数	8421 码	8421 奇校验码	8421 偶校验码
0	0000	0000 **1**	0000 **0**
1	0001	0001 **0**	0001 **1**

续表

十 进 制 数	8421 码	8421 奇校验码	8421 偶校验码
2	0010	0010 **0**	0010 **1**
3	0011	0011 **1**	0011 **0**
4	0100	0100 **0**	0100 **1**
5	0101	0101 **0**	0101 **0**
6	0110	0110 **1**	0110 **0**
7	0111	0111 **0**	0111 **1**
8	1000	1000 **0**	1000 **1**
9	1001	1001 **1**	1001 **0**

码距指的是代码之间的逻辑距离,两个代码有多少位不同,码距就为多少。例如,代码 10101001 和代码 10001010 之间有 3 位不同,所以这两个代码的码距就为 3。一种码制的码距是指该码制中所有代码之间的最小距离。任意奇校验码或偶校验码至少有 2 位不同,因此奇/偶校验码的码距为 2,如果传输中代码出现 1 位错误,可能导致某些代码之间就只有 1 位不同,码距变为 1,出现非法代码,从而判定代码传输出错。表 1.4 中,十进制数 0、1、3、4 的奇校验码分别为 00001、00010、00111、01000,0 与 1 的码距为 2,3 与 4 的码距为 4,任意合法代码之间的码距≥2,因此此奇校验码的码距为 2。代码 00011 与十进制数 0 的奇校验码 00001 的码距为 1,此代码不是合法的奇校验码。

校验码的码距设置要满足通过判断代码的合法性,就能达到检错的目的。校验码的码距 d 必须满足 $d \geqslant 2$,才具有检错能力;当码距 $d \geqslant 3$ 时,校验码才具有纠错能力。如果要求能检测到代码的 n 位错误,那么码距 $d \geqslant n+1$;如果要求能纠正代码的 n 位错误,那么码距 $d \geqslant 2n+1$。例如,当某种代码的码距 $d=3$ 时,最多可以发现 2 位错误,可以纠正 1 位错误。

奇/偶校验码码距 $d=2$,虽然没有纠错能力,但是因为开销小,1 位的开销就能发现 50% 以上的错误,因此获得了广泛的应用。常用的校验码还有汉明码、CRC(cyclic redundancy check,循环冗余校验)码等,汉明校验码码距 $d \geqslant 3$,能纠正 1 位或多位错误。CRC 校验码码距 $d=3$,能纠正 1 位错误。汉明码与 CRC 码均属于纠错码,具体的编码规则本书不赘述。

小结

本章首先介绍了数字信号、数字电路、逻辑代数和数字系统的基本概念,然后分析了二进制、八进制、十进制和十六进制数之间的转换方法,最后介绍了 4 种机器码的表示方法以及 BCD 码、格雷码、奇/偶校验码的编码方法和特点。本章旨在帮助初学者建立数字系统的基本概念,其中,数制转换以及机器码的表示方法是本章的学习重点。

习题

一、填空题

1. 数字电路中,电路输入与输出之间的关系是_____关系,所以数字电路也称为_____电路。

2. 在逻辑关系中,最基本的关系是_____、_____、_____三种逻辑关系。

3. 在正逻辑体制中,TTL 电路 0V 对应逻辑值_____,3.5V 对应逻辑值_____。

4. 记数制中全部可用数码的个数称为这种数制的_____,对 n 进制数据每一位数码乘以对应的_____,然后再对乘积求和,便得到对应的十进制数据。

5. 将十进制整数转换为二进制整数,可用整数_____法;将十进制小数转换为二进制小数,可用小数_____法。

6. 若要将十进制数转换为八进制数或十六进制数时,可先转换为_____进制数,然后按照_____位一组转换为八进制数;按_____位一组转换为十六进制数。

7. 零的原码有_____种形式,反码有_____种形式,补码有_____种形式,移码有_____种形式。

8. A/D 器件的 A 表示_____信号,D 表示_____信号。

9. 周期脉冲信号的占空比数值在_____~_____之间。

10. n 个逻辑数进行或运算,当其中有一个运算数为 1 时,运算结果为_____;n 个逻辑数进行与运算,当其中有一个运算数为 0 时,运算结果为_____。

二、判断题(正确的标√,错误的标×)

1. 数字电路是逻辑电路,逻辑代数不是布尔代数。 ( )

2. 逻辑代数的运算数为 0 或 1,逻辑表达式运算结果可以不为 0 或 1。 ( )

3. 数字电路可以用逻辑函数表示,逻辑函数不一定可以用数字电路实现。 ( )

4. 与、或、非是最基本的逻辑运算,其中,非运算优先级别最高。 ( )

5. 8421 码、2421 码和余 3 码都属于有权码。 ( )

6. 十进制数码 1 有 BCD 码,字母 A 也有 BCD 码。 ( )

7. 同样位数的机器码,补码表示的数据量比原码表示的数据量要多一个。 ( )

8. 奇/偶校验码是最基本的检错码,可以检测一次或两次错误。 ( )

9. 2020 年,我国数字经济规模为 10 万亿元左右。 ( )

10. 做实验有助于"数字逻辑与计算机硬件基础"课程的学习,如果花更多的时间学习理论,不做实验同样能学好。 ( )

三、单选题

1. ( )最有可能是数字信号。

A. 交流信号　　　　　　　　　　B. 连续信号

C. 幅值为二值的脉冲信号　　　　D. 幅值为离散值的脉冲信号

2. 下列 BCD 码中,抗干扰性能好的是(　　)。

A. 格雷码　　　　B. 余 3 码　　　　C. 8421 码　　　　D. 2421 码

3. 逻辑函数有多种描述方法,(　　)不能描述逻辑函数。

A. 逻辑表达式　　B. 数学代数表达式　C. 逻辑电路图　　D. 波形图

4. 逻辑表达式 $A+1=$(　　)。

A. A　　　　　　B. 1　　　　　　C. 0　　　　　　D. $\overline{A}$

5. 下列数中,合法的八进制数是(　　)。

A. 128　　　　　B. 120　　　　　C. 912　　　　　D. 1A2

6. 下列数中,最大的数是(　　)。

A. 二进制 110　　B. 八进制 110　　C. 十进制 110　　D. 十六进制 110

7. 在计算机中进行加减运算时,运算数常采用(　　)表示。

A. ASCII 码　　　B. 原码　　　　C. 反码　　　　D. 补码

8. 在原码、反码、补码、移码等机器码中,数据和代码之间满足一一映射的编码是(　　)。

A. 原码与补码　　B. 反码与补码　　C. 补码与移码　　D. 原码与移码

9. 下列表达式中,(　　)是非法的逻辑表达式。

A. $A \cdot B$　　　　B. $X+1$　　　　C. $\overline{A}+B$　　　　D. $A \times B$

10. 下列说法正确的是(　　)。

A. 奇校验码的码距为 1

B. 码距 $d \geqslant 3$ 的代码才有检错的功能

C. 与原始代码相比,校验码位数更少

D. 码距 $d \geqslant 3$ 的代码才有纠错的功能

四、计算题

1. 按要求进行数制转换。

(1) $(132)_{10}=($　　$)_2=($　　$)_8=($　　$)_{16}$。

(2) $(11001.1)_2=($　　$)_{10}=($　　$)_8=($　　$)_{16}$。

(3) $(63.75)_{10}=($　　$)_2=($　　$)_8=($　　$)_{16}$。

2. 按要求进行编码。

(1) $(34)_{10}=($　　$)_{余3码}=($　　$)_{8421码}$。

(2) $(+62)_{10}=($　　$)_{8位原码}=($　　$)_{8位反码}=($　　$)_{8位补码}=($　　$)_{8位移码}$。

(3) $(-62)_{10}=($　　$)_{8位原码}=($　　$)_{8位反码}=($　　$)_{8位补码}=($　　$)_{8位移码}$。

(4) $(-0.625)_{10}=($　　$)_{8位原码}=($　　$)_{8位反码}=($　　$)_{8位补码}=($　　$)_{8位移码}$。

(5) 已知数 N 的补码 $[N]_{补}=10100101$,则其原码 $[N]_{原}=($　　$)$,其移码 $[N]_{移}=($　　$)$。

第2章

逻辑门与逻辑代数

在逻辑代数中,除与、或、非 3 种基本的逻辑运算外,还有与非、或非、异或、同或等逻辑运算,每种逻辑运算都有相应的逻辑门来实现。逻辑代数是研究基于逻辑运算的一门特殊的代数,对逻辑电路的分析与设计有很大的帮助。

2.1 逻辑运算与逻辑门

逻辑代数和普通代数不一样,逻辑运算有对应的硬件实现,这些硬件就是数字电路中常用的逻辑门器件,如与运算用与门器件实现,或运算用或门器件实现,非运算用非门器件实现。如表 2.1 所示为逻辑运算定义及逻辑门的国际国内标准符号。在电路仿真软件中,逻辑门使用国际标准符号;在手写做题中,为方便书写,也可以使用国内标准符号。

表 2.1 逻辑运算及逻辑门的国际国内标准符号

逻辑运算	表达式	逻辑运算规则	逻辑门 国际标准符号	逻辑门 国内标准符号
与	$A \cdot B$	$0 \cdot 0 = 0, 0 \cdot 1 = 0$ $1 \cdot 0 = 0, 1 \cdot 1 = 1$	AB	AB
或	$A + B$	$0 + 0 = 0, 0 + 1 = 1$ $1 + 0 = 1, 1 + 1 = 1$	$A + B$	$A + B$
非	$\bar{A}$	$\bar{0} = 1, \bar{1} = 0$	$\bar{A}$	$\bar{A}$
与非	$\overline{AB}$	$\overline{0 \cdot 0} = 1, \overline{0 \cdot 1} = 1$ $\overline{1 \cdot 0} = 1, \overline{1 \cdot 1} = 0$	$\overline{AB}$	$\overline{AB}$
或非	$\overline{A + B}$	$\overline{0 + 0} = 1, \overline{0 + 1} = 0$ $\overline{1 + 0} = 0, \overline{1 + 1} = 0$	$\overline{A + B}$	$\overline{A + B}$
异或	$A \oplus B$	$0 \oplus 0 = 0, 0 \oplus 1 = 1$ $1 \oplus 0 = 1, 1 \oplus 1 = 0$	$A \oplus B$	$A \oplus B$
同或	$A \odot B$	$0 \odot 0 = 1, 0 \odot 1 = 0$ $1 \odot 0 = 0, 1 \odot 1 = 1$	$A \odot B$	$A \odot B$

与数学乘法类似,与、或运算满足交换律和分配律,如 $AB = BA, A + B = B + A, A(B + C) = AB + AC$。常用逻辑运算的定律还有 $A + A = A, A \cdot A = A, \bar{A} = A, A + 1 = 1, A + 0 = A, A \cdot 1 = A, A \cdot 0 = 0$。

与、或、非是 3 种最基本的逻辑运算,其他复合逻辑运算可以用与、或、非运算的组合表示。逻辑运算具有优先级别,从高至低的优先顺序是非→与→或,和数学代数一样,使用括号可以改变运算的先后顺序。

例 2.1 计算逻辑表达式 $\overline{A \cdot 0 + 1}$ 与 $\overline{A \cdot (0 + 1)}$ 的值。

解: $\overline{A \cdot 0 + 1} = \overline{0 + 1} = \bar{1} = 0, \quad \overline{A \cdot (0 + 1)} = \overline{A \cdot 1} = \bar{A}$。

例 2.2 写出如图 2.1 所示的逻辑电路对应的逻辑函数。

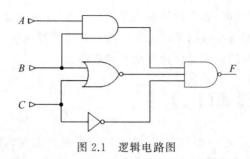

图 2.1　逻辑电路图

解：由电路图可得其对应的逻辑函数：$F(A,B,C)=\overline{(A\cdot B)\cdot\overline{(\overline{B+C})\cdot\overline{C}}}$

异或运算与同或运算的真值表如表 2.2 所示。当两个运算数相同时，异或运算结果为 0；两个运算数不相同时，即相异时，运算结果为 1。一个逻辑数与 1 异或，相当于对这个数进行非运算，$X\oplus 1=\overline{X}$；与 0 异或，结果为原值，$X\oplus 0=X$。

当两个运算数相同时，同或运算结果为 1；两个运算数不相同时，即相异时，运算结果为 0。$X\odot 1=X$，$X\odot 0=\overline{X}$。

从表 2.2 可以看出，异或和同或运算互为反函数，$A\oplus B=\overline{A\odot B}$。

表 2.2　异或与同或运算的真值表

A B	$A\oplus B$	$A\odot B$
0 0	0	1
0 1	1	0
1 0	1	0
1 1	0	1

例 2.3　对逻辑函数 $F(X)=X\oplus\overline{X}\oplus 1\oplus 0$ 进行化简。

解：因为 $(X,\overline{X})$ 取值为 $(0,1)$ 或 $(1,0)$，即 $X\oplus\overline{X}$ 为 $0\oplus 1$ 或 $1\oplus 0$；

而 $0\oplus 1=1$，$1\oplus 0=1$，所以 $X\oplus\overline{X}=1$；因此，$F(X)=1\oplus 1\oplus 0=0\oplus 0=0$。

2.2　逻辑门的电路结构

2.2.1　半导体二极管的开关特性

半导体二极管的核心部分是一个 PN 结，因此有单向导电特性，如图 2.2 所示。当二极管处于正向偏置时，二极管导通，二极管导通时内阻很小，为几十欧至几百欧，相当于一个闭合的电子开关；二极管处于反向偏置时呈截止状态，此时，二极管的内阻很大，一般硅二极管在 $10\text{M}\Omega$ 以上，锗二极管也有几十千欧至几百千欧，相当于一个断开的电子开关。由于半导体二极管具有开关特性，而数字信号为 0,1 二值信号，因此，二极管可应用在数字电路中。

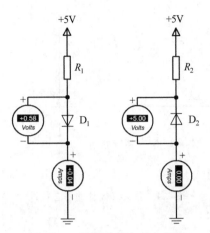

图 2.2 二极管的单向导电特性

1. 开关特性

图 2.3 所示为二极管开关电路,二极管的导通压降用 U_T 表示,硅管为 0.7V 左右,锗管为 0.3V 左右。如果电路的输入电压为低电平 $U_I = L$,二极管处于正偏状态,$(V_{CC} - U_I) > U_T$,二极管导通,此时,二极管对电流呈现的电阻很小,二极管的导通电压属于逻辑低电平的范围,输出电压 $U_O = L$,二极管相当于一个处于闭合状态的电子开关;当二极管开关电路中的输入电压为高电平 $U_I = H$,若 $(V_{CC} - U_I) < U_T$,二极管反向偏置呈截止状态,此时,二极管呈现很大的电阻,电流约等于 0,二极管相当一个断开的电子开关,输出电压 $U_O = H$。

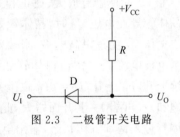

图 2.3 二极管开关电路

由于二极管导通电阻很小,为避免导通时,通过二极管的电流过大,烧坏二极管,实际应用时,通常二极管要串联一个电阻 R,此电阻称为限流电阻。

研究数字电路时,通常将二极管理想化,理想二极管的压降 U_T 可忽略,此时二极管近似于理想开关。

2. 开通时间 T_{ON} 与反向恢复时间 T_{OFF}

二极管从截止状态到导通状态所需的时间称为开通时间 T_{ON}。二极管的开通时间极短,因此二极管的开通时间一般可忽略不计,即开通时,二极管的特性接近理想开关的特性。

二极管从正向导通到反向截止所需的时间称为反向恢复时间 T_{OFF}。反向恢复时间 $T_{OFF} \gg T_{ON}$,通常忽略二极管的正向导通时间 T_{ON},只给出反向恢复时间 T_{OFF} 作为二极管的开关时间。硅管的反向恢复时间为几纳秒,锗管的反向恢复时间为几百纳秒。开关二极管的动态特性如图 2.4 所示,图中 (U, I) 表示二极管正偏电压与电流。

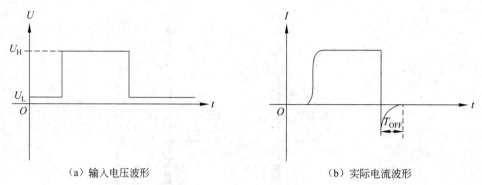

（a）输入电压波形 　　　　　　　　　　　（b）实际电流波形

图 2.4　开关二极管的动态特性

2.2.2　晶体管的开关特性

晶体管由两个背靠背的 PN 结组成,按其结构分为 PNP 型和 NPN 型两种,晶体管属于双极型晶体管。晶体管有 3 个端口,分别称为基极(b 极)、集电极(c 极)和发射极(e 极)。晶体管有放大、截止和饱和 3 种工作状态。当基极输入电压 U_I 为低电平,小于晶体管导通电压 U_T 时,晶体管处于截止状态,等效电路如图 2.5(c)所示,此时集电极输出电压 U_O 为逻辑高电平;当输入电压 U_I 升高至大于 PN 结导通电压 U_T 时,晶体管导通,集电极电流 $I_C=\beta I_B$,晶体管处于放大状态,等效电路如图 2.5(a)所示;当输入电压 U_I 继续上升,I_B 上升,$I_C=\beta I_B$ 也上升,当 I_C 上升至其最大值 I_{CMAX} 时,集电极电流 I_C 达到饱和,不再随 I_B 上升而增大,此时集电极电流最大值 I_{CMAX} 称为集电极饱和电流 I_{CS},晶体管进入饱和工作状态,输出电压 U_O 稳定为饱和压降 $U_{CE}\leqslant0.3V$,深度饱和状态时,U_{CE} 可低至 0.1V,U_O 低电平属于逻辑 0 的电平范围,等效电路如图 2.5(b)所示。

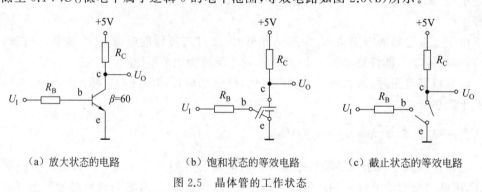

（a）放大状态的电路　　　（b）饱和状态的等效电路　　　（c）截止状态的等效电路

图 2.5　晶体管的工作状态

在模拟电路中,常常使晶体管工作在放大状态。而在数字电路中,通过合理选择参数,如 R_B、R_C 的阻值,使晶体管工作在截止状态或饱和状态,而放大状态则是截止状态和饱和状态之间稍纵即逝的过渡状态,可以忽略。如此晶体管就具备了开关特性,晶体管的输出就是代表逻辑 1 的高电平或逻辑 0 的低电平。因此,一个简单的晶体管电路就可以构成一个非门,其他门电路,如或门、与门、与非门、或非门等,均可以使用晶体管相关电路完成其功能,在这些逻辑门电路中,晶体管必须工作在截止或饱和的开关状态。

例 2.4 在图 2.6 中,已知硅管晶体管的饱和压降为 $U_{CES}=0.3V$,放大系数 $\beta=50$,请问该管能否作为开关器件?

解:因为晶体管 T 是硅管,导通电压 $U_{BE}=0.7V$,输入电压 $U_I=6V>0.7V$,因此晶体管导通,基极电流 $I_B=(6-0.7)/50k\Omega\approx0.1mA$,集电极电流 $I_C=\beta I_B=50\times0.1mA=5mA$,集电极饱和压降为 $U_{CES}=0.3V$,集电极饱和电流 $I_{CS}=(12V-0.3V)/1k\Omega=11.7mA>I_C(5mA)$,因此晶体管工作在放大状态,不能作为开关器件使用。

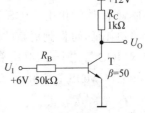

图 2.6 晶体管的电路

2.2.3 MOS 管的开关特性 *

MOS 管是一种集成度高、功耗低、工艺简单的半导体器件。与晶体管相对应,MOS管也有 3 个电极:栅极 G、源极 S 和漏极 D。MOS 管在数字电路中可作为开关器件使用时,应工作在其输出特性曲线上的饱和区(恒流区或放大区)和截止区,不能工作在非饱和区(可变电阻区)。

当电路中 MOS 管的栅极与源极之间的电压 $U_{GS}>$ 开启电压 U_T 时,MOS 管的漏极和源极之间形成导电沟道,MOS 管开关电路处于"开通状态",此时,电路中的 MOS 管相当于一个闭合的电子开关,输出逻辑 0 对应的低电平,等效电路如图 2.7(b)所示。当U_{GS} 远大于 U_T 时,MOS 管 D、S 之间相当于一个受 U_{GS} 控制的可变电阻,若要作为逻辑器件,不能工作在此区间。

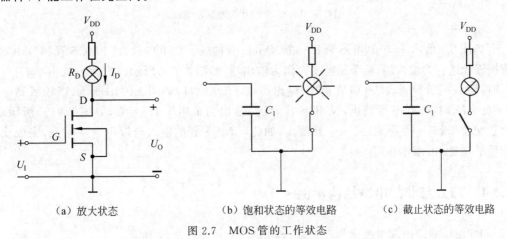

（a）放大状态　　　　　（b）饱和状态的等效电路　　　　　（c）截止状态的等效电路

图 2.7 MOS 管的工作状态

当电路中 MOS 管的栅极与源极之间的电压 U_{GS} 小于开启电压 U_T 时,由于漏极与源极之间的导电沟道尚未形成,MOS 管截止,电路中无电流,此时 MOS 管开关电路处于"关断状态",电路中的 MOS 管相当一个断开的电子开关,其输出逻辑"1"对应的高电平,等效电路如图 2.7(c)所示。

MOS 管的 3 个电极之间均有电容存在,栅极与源极之间的电容和栅极与漏极之间的电容数值一般为 1~3pF,漏极与源极之间的电容通常为 0.1~1pF。MOS 管在数字电路中用作开关管时,其动态开关特性均会受这些极间电容充、放电过程的制约,与双极型晶体管-晶体管相比,MOS 管输入至输出的延时更大,虽然 MOS 管速度更慢,但是 MOS 管的功耗低,可做到更高的集成度,在大规模集成电路中广为应用。MOS 管有 PMOS 管和 NMOS 管之分,PMOS 管和 NMOS 管栅极的工作电压极性相反,PMOS 管栅极低电平导通,NMOS 管则高电平导通。

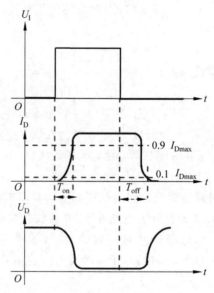

图 2.8　MOS 管的开关时间示意图

如图 2.9 所示,一个 PMOS 管和一个 NMOS 管构成了 CMOS 管,将 PMOS 管和 NMOS 管栅极相连作为输入端,两个漏极相连作为输出端,如图 2.9(a)所示。当输入低电平 $U_I = L$ 时,PMOS 管导通,NMOS 管截止,输出高电平 $U_D = H$,如图 2.9(b)所示;当输入高电平 $U_I = H$ 时,PMOS 管截止,NMOS 管导通,输出为低电平 $U_D = L$,如图 2.9(c)所示。两管交替工作,一个导通,另一个就截止,如此,CMOS 管的输入与输出电平相反,完成反相器的功能,可用作非门。

2.2.4　TTL 与非门电路结构示例 *

TTL 与非门内部电路示例及三输入与非门符号如图 2.10 所示。

TTL 与非门的输入级由多发射极晶体管 VT_1 和电阻 R_1 组成。多发射极晶体管可看作由多个晶体管的集电极和基极分别并接在一起,实现逻辑与功能,图 2.10 中,3 个发射极相与后 ABC 才是发射极 e 值。

中间级的作用是从 VT_2 的集电极和发射极同时输出两个相位相反的信号,作为输

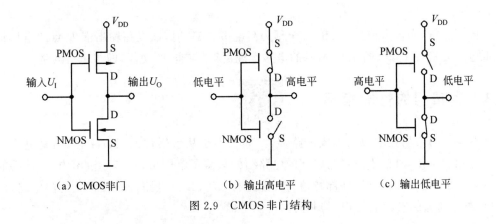

（a）CMOS非门　　　　　（b）输出高电平　　　　　（c）输出低电平

图 2.9　CMOS非门结构

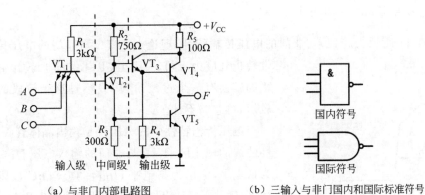

（a）与非门内部电路图　　　　（b）三输入与非门国内和国际标准符号

图 2.10　TTL与非门内部电路示例及三输入与非门符号

出级中晶体管 VT_3 和 VT_5 的驱动信号,同时控制输出级的 VT_4、VT_5 工作在截然相反的两个状态:饱和状态或截止状态,以满足输出级互补工作的要求。

　　TTL与非门的输出级由晶体管 VT_3、VT_4、VT_5 和电阻 R_4、R_5 组成,VT_4 和 VT_5 两个晶体管总是当其中一个饱和导通时,另一个必处于截止状态。当输出级 VT_4 饱和导通时,输出管 VT_5 截止,由于饱和电压为 0.3V 左右,电源电压5V下降 U_{R_5},再下降 0.3V 后,输出端 F 为逻辑高电平;当输出级 VT_4 截止时,输出管 VT_5 饱和导通,VT_5 的 U_{CE} 为 0.3V 左右,输出端 F 为逻辑低电平。

　　当输入信号中至少有一个为低电平 0.3V 时,发射极为低电平,发射结迅速导通,由于硅管的导通电压为 0.7V,VT_1 的基极电位被钳位在 0.3V+0.7V=1V 上,若 VT_2、VT_5 导通,VT_1 的集电极经 VT_2 发射结→VT_5 基极,再经 VT_5 发射结→"地",这样 VT_1 的集电极电位为 0.7V+0.7V=1.4V>1V,VT_1 的集电结 N 高 P 低,处于反偏而无法导通,所以 VT_2、VT_5 截止。由于 VT_2 截止,其集电极电位约等于集电极电源+5V。这个+5V电位可使 VT_3、VT_4 导通并处于深度饱和状态。因 R_2 和 I_{B3} 都很小,均可忽略不计,所以与非门输出端 F 点的电位:$V_F = V_{CC} - I_{B3}R_2 - U_{BE3} - U_{BE4} \approx 5 - 0 - 0.7 - 0.7 \approx 3.6V$,为逻辑高电平 H。因此,当输入 A、B、C 只要有一个低电平时,电路输出高电平。

同理分析,当输入信号 A、B、C 全部为高电平 3.6V 时,该电路输出端 F 点的电位将为低电平 0.3V。因此,图 2.10 所示的电路实现逻辑"与非"的功能,即与非门电路。

2.3 逻辑门的性能指标

逻辑门为市场上常规的集成电路器件,如果不是从事器件的研发工作,而是电路设计和应用的工作,对集成逻辑门内部的电路结构只需了解即可,在实际应用中,更重要的是理解集成逻辑门的功能、外部特性与性能指标。TTL 门电路是一种常见的门电路,以 TTL 与非门为例来讨论 TTL 与非门的性能指标。

1. TTL 与非门的电压传输特性

如图 2.11 所示为 TTL 与非门的电压传输特性,理论上,TTL 与非门的电压传输特性转折处应为直角,实际上,TTL 与非门输出高低电平的转换有一个过渡阶段,只不过这个阶段的时间较短,可忽略不计。

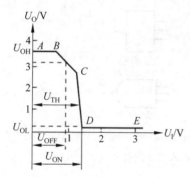

图 2.11　TTL 与非门的电压传输特性

电压传输特性中的 AB 段是输出晶体管 VT_5 特性曲线的截止区,TTL 与非门的输入电压 $U_I \leqslant 0.7V$ 为低电平,输出为高电平 $U_{OH} = 3.6V$;BC 段则是线性区,$U_I \leqslant 1.3V$;CD 段为转折区,输出电压 U_O 急剧下降,对应 D 点处下降至接近低电平 0.3V;特性曲线上的 DE 段对应输出晶体管 VT_5 处于深度饱和导通的区域,此时输出为低电平 U_{OL}。

需要指出的是,TTL 与非门电压传输特性中的参数,均为符合一定的条件下测试出来的典型值。测试时电路连接一般应遵守这样一些原则:不用的输入端悬空(悬空端子为高电平"1")或接高电平;输出为高电平时不带负载;输出为低电平时,输出端应接规定的灌电流负载。

2. TTL 与非门的主要性能参数

(1) 输出高电平 U_{OH}。将被测与非门的一个输入端接地,其余输入端开路时,输出高电平即为 U_{OH}。TTL 与非门 U_{OH} 的典型值为 3.4~3.6V,产品规格 $U_{OH} > 3V$。

(2) 输出低电平 U_{OL}。将被测与非门一个输入端接大于 3V 电平,其余输入端开路,输出低电平即为 U_{OL}。U_{OL} 的典型值为 0.1~0.3V,产品规格 $U_{OL} < 0.35V$。

(3) 最小输入高电平与最大输入低电平。最小输入高电平 $\geqslant 2.0V$,最大输入低电平 $\leqslant 0.8V$。

(4) 关门电平 U_{OFF}。表示与非门输出高电平时所需输入低电平的最大值。因为与非门输出高电平时,输出晶体管 VT_5 截止,故称关门电平。即图 2.11 中,输出为 $0.9U_{OH}$ 时,对应的输入电压值即为 U_{OFF},产品规格 $U_{OFF} < 0.8V$。

(5) 开门电平 U_{ON}。表示与非门输出低电平所需的输入高电平的最小值。输出为 0.35V 时,对应的输入电压称为开门电平 U_{ON}。图 2.11 中 U_{ON} 为 1.4V,产品规格 $U_{ON} > 1.8V$。

(6) 噪声容限。输入高电平噪声容限 U_{NH} 为输入高电平和开门电平(输入高电平的最小值)的差值,即 $U_{NH} = U_{IH} - U_{ON}$。高电平噪声容限是在保证输出为低电平的前提下所允许的输入最大噪声电压。输入低电平噪声容限 U_{NL} 为输入低电平和关门电平(输入低电平的最大值)的差值,即 $U_{NL} = U_{OFF} - U_{IL}$。低电平噪声容限是在保证输出为高电平的前提下所允许的输入最大噪声电压。

(7) 阈值电压 U_{TH}。电压传输特性转折区中点对应的输入电压值,图 2.11 中,CD 段中点对应的输入电压,即是阈值电压 U_{TH}。U_{TH} 是输出端为高、低电平的判断标准,所以称为阈值电压。输入电压小于阈值电压时,与非门截止,输出为高电平;当输入电压大于阈值电压时,与非门输出为低电平。一般 TTL 与非门阈值电压的典型值为 1.4V。

(8) 扇入系数与扇出系数。扇入系数 N_i 为门电路允许的输入端口数,一般扇入系数为 2~8,如三输入与非门的扇入系数为 3。扇出系数 N_0 为门电路的输出端能够连接下一级同类门的输入端口数,扇出系数反映了带负载能力,如果负载数目超出扇出系数,则输出电平可能改变原本的逻辑值,如将高电平变为低电平,TTL 门电路的扇出系数比 CMOS 门电路小。

(9) 平均传输延迟 t_{pd}。理论逻辑门的输出信号是标准的数字信号,并且和输入同时产生,但实际上逻辑门存在传输延迟,输出 U_O 滞后于输入信号 U_I,这个滞后的时间称为传输延迟,一般用符号 t_{pd} 表示。图 2.12 中的 t_{p_1} 为输出波形理论上下降沿起点到实际下降沿中点的时间,图中 t_{p_2} 则是上升沿理论上的起点到实际上升沿波形中点的时间,门电路的传输延迟为 $t_{pd} = (t_{p_1} + t_{p_2})/2$。

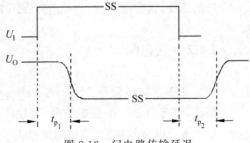

图 2.12   门电路传输延迟

TTL 门电路的传输延迟一般在几纳秒到几十纳秒之间,CMOS 门电路的传输延迟一般在几十纳秒到几百纳秒之间。

(10) 电源电压与功耗。TTL 门电路一般采用 5V 电源。门电路的功耗为电源电压

V_{CC}与总电流I_{CC}之积。功耗有静态功耗和动态功耗之分,静态功耗指的是电路没有状态转换时的功耗,即空载功耗,动态功耗只发生在电路状态转换的瞬间,或者是电路有电容性负载,因电容的充放电而增加的功耗。一般静态功耗远大于动态功耗,门电路功耗主要由静态功耗决定。

2.4 特殊门电路

2.4.1 集电极开路门

集电极开路门即 OC(open collector)门,与普通门电路相比,OC 门的输出晶体管集电极是开路的,因此应用时,必须接上拉电阻至电源。OC 门的内部电路及国标符号如图 2.13 所示。

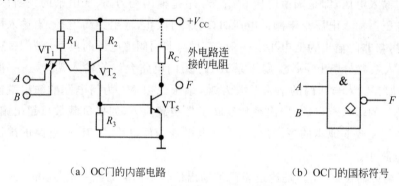

（a）OC门的内部电路　　　　　　　　（b）OC门的国标符号

图 2.13　OC 门的内部电路及国标符号

普通门电路的输出端不能连接在一起,如果连在一起,将导致连接处的电平处于非高、非低逻辑电平的状态,进入逻辑电路可能出现误判。但是 OC 门的输出端可以连在一起,连接点的电平是各输出端电平相与的结果,这种功能称为"线与",在图 2.14 中,$Y=Y_1 \cdot Y_2$。

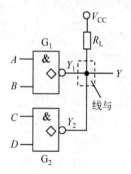

图 2.14　OC 门的"线与"功能

2.4.2 三态门

三态逻辑门简称 TSL(tri-state logic)门,与普通逻辑门相比,三态门多一个使能信号,若使能信号有效,则三态门就是普通门电路的功能;若使能信号无效,则三态门输出端处于高阻状态。因为三态门输出端除具有逻辑"0"、逻辑"1"两种状态外,还有第三种状态——高阻状态,因此称为三态门。三态与门的符号如图 2.15 所示。

三态门在计算机系统中得到了广泛的应用,计算机的总线(bus)是各路数据传送的公共通道,为使各路数据传送时互不干扰,任何时刻,总线上只能传输一路数据,为此,总线需要分时传递各路数据。各路信号通过三态门连接到总线上,如果要传送某路数据到

（a）使能信号高电平有效的三态非门　　（b）使能信号高电平有效的三态与非门

图 2.15　三态与门的符号

总线上,只要使该路数据的三态门使能信号有效,并使其他三态门的使能信号无效,该路数据就能传送总线上,而其他信号因为三态门的使能信号无效,三态门输出线虽然也挂到总线上,但处于高阻状态,阻断了信号的传送,同时,不会影响总线数据的传输。通过分时使各路数据的使能信号 $E_1,E_2,\cdots,E_n$ 有效,各路数据就可以分时使用总线,一条总线便可以传输多路数据,节约了传输线的数量,这也是计算机系统必须使用总线的原因。总线中的三态门应用示例如图 2.16 所示。

图 2.17 中,当 EN＝1 时,三态门 G_1 工作而 G_2 为高阻态,数据 D_0 经 G_1 反相后送到总线上;当 EN＝0 时,G_2 工作而 G_1 为高阻态,来自总线的数据经 G_2 反相后由 $\overline{D}_1$ 送出。在实际工程中,经常将多个双向三态传输器集成在一个芯片内,使用起来十分方便,如芯片 74HCT640,这里不再赘述。

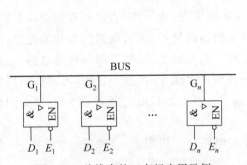

图 2.16　总线中的三态门应用示例

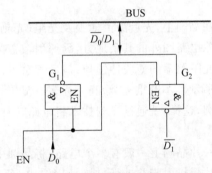

图 2.17　三态门实现数据的双向传输

2.5　集成电路制程概述

将一定功能的电路集成在一小块硅片上,然后封装在塑料外壳内,并从塑封外壳引出金属信号引脚,这样的电子器件即为集成电路(芯片)。若内部电路为模拟电路,则该集成电路就是模拟芯片;若内部电路为数字电路,则该集成电路就是数字芯片。逻辑电路芯片大都是数字芯片。

DIP(dual in-line package,双列直插封装)集成电路的剖面图如图 2.18 所示。

集成电路技术是电子信息产业的硬件核心技术之一,在通信、电子产品中广泛应用,我国集成电路行业基础薄弱,产

图 2.18　DIP 集成电路剖面图

能不足,尤其是高端芯片无法自给,基本依赖进口。2020 年,我国集成电路出口总额为 8056 亿元,进口总额为 24 207 亿元,进口金额是石油进口的 2 倍。近年来,在集成电路企业的努力和国家政策的扶持下,集成电路产业得到迅猛的发展,2020 年我国集成电路产业规模达到 8848 亿元,"十三五"期间年均增速近 20%,为全球同期增速的 3 倍。在全球集成电路产业的竞争格局中,目前仍以美国"一家独大",中国、韩国快速发展,而欧洲、日本则有所衰退。"十四五"期间,我国集成电路产业将围绕技术升级、工艺突破、产业发展和设备材料研发 4 个方面重点发展。

集成电路制作包括晶圆制作、光刻电路、芯片封装与测试等环节。首先将石英砂(SiO_2)转化成硅纯度在 98% 以上的冶金硅,然后将冶金硅提炼成纯度高达 99.9…9% 的单晶硅,再将单晶硅锭切成薄片,此薄片即为晶圆,如图 2.19 所示。

(a) 石英砂　　　　(b) 冶金硅　　　　(c) 硅锭　　　　(d) 晶圆

图 2.19　晶圆的制作过程

在晶圆上,先后涂上薄膜及光阻(光刻胶),用强光(紫外线)透过光罩照射在晶圆上,晶圆除电路图外的其余地方,因照射覆盖的光阻溶解掉了,保留电路图形状的光阻;然后把无光阻覆盖的薄膜冲蚀掉;最后把余下薄膜上的光阻去掉,剩下薄膜就是电路了,如图 2.20 所示。不断重复"涂膜→光阻→显影→蚀刻→去除光阻"这个过程,可制作多层电路的晶圆,这样,就通过光刻技术将电路转移到了晶圆上。目前已经可以生成 3nm 制程的芯片了。

一片晶圆上一般有多个电路,将晶圆中的电路一一切割出来,就是一个个晶片,最后对晶片焊接引脚并进行封装,如图 2.21 所示,得到的成品就是芯片了。

自 2018 年始,中国两大高科技企业中兴与华为公司先后被美国制裁,芯片则是其最重要的痛点。2020 年 5 月,美国商务部禁止全球制造商向华为提供芯片。国内现已能批量生产 14nm 制程芯片。目前,高端手机采用 5nm 芯片,如华为麒麟 9000、苹果 A14、三星 Exynos2100、高通骁龙 888 等处理器,台积电公司 3nm 手机芯片即将量产。2019 年,华为手机销量力压苹果手机的销量,全年售出 2.4 亿台手机,位列全球第二,由于受到芯片制裁,2020 年华为手机出货量跌至全球第六位,2023 年一季度出货量为全球第十。

进入 21 世纪后,世界逐渐迈入数字化、智能化时代,集成电路是实现智能化、数字化的硬件基础,掌握集成电路制造的核心技术意义重大,关乎我国能否突破发达国家技术封锁,跨越所谓的中等收入陷阱,按计划迈入发达国家行列的愿景。习近平总书记说"核心技术靠化缘是要不来的,必须靠自力更生。"因此,学习不能有畏难情绪,硬件学习要做实验,相对于软件,自学难度更高,青年学生要珍惜在高校的学习机会,国家崛起与民族振兴,未来希望在青年一代。

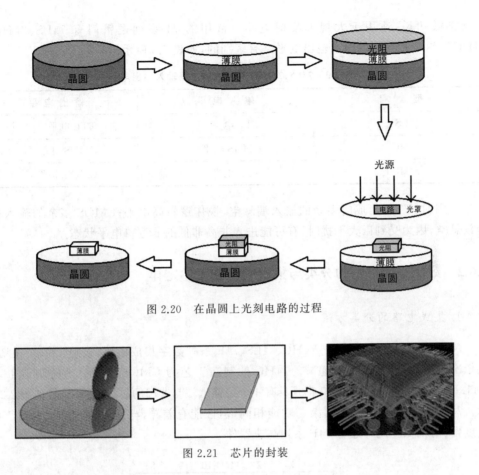

图 2.20 在晶圆上光刻电路的过程

图 2.21 芯片的封装

2.6 常用集成逻辑门

2.6.1 常用门电路的性能差异

常见门电路有 TTL、CMOS、ECL（emitter coupled logic，发射极耦合逻辑）等类型。TTL 门电路采用 5V 电源，与 CMOS 门电路相比，TTL 门电路速度更快；CMOS 门电路电源为 $2\sim18V$，CMOS 门电路输出高电平为 $0.9\times V_{CC}$，输出低电平为 $0.1\times V_{CC}$，与 TTL 门电路相比，CMOS 门电路的功耗更低，抗干扰性能更好；ECL 门电路电源采用负电压，高电平为 0V，低电平为 $-5.2V$，ECL 门电路内部的晶体管工作在放大区或截止区，克服了因饱和状态存储的电荷对开关速度的影响。因此，ECL 门电路的速度得到大幅提高，ECL 门电路是目前双极型电路中速度最快的，其速度远高于 TTL 门电路，ECL 门电路平均传输延迟可做到小于 2ns，ECL 门电路除了具有超高速的优点，还具有输出阻抗低、带负载能力强、电源电流基本不变、电路内部的开关噪声很小等优点；缺点是噪声容限低、电路功耗更高、价格昂贵。ECL 门电路适用于超高速的中、小规模集成电路。CMOS

门电路低功耗,适用于大规模集成电路。常用的 74 系列逻辑门有 74LS、74HC 和 74HCT,这 3 种系列的输入输出电平是有区别的,如表 2.3 所示。

表 2.3　74LS、74HC、74HCT 门电路输入输出电平

型　　号	输 入 电 平	输 出 电 平
74LS	TTL 电平	TTL 电平
74HC	CMOS 电平	CMOS 电平
74HCT	TTL 电平	CMOS 电平

应用时,TTL 集成门多余的输入端悬空,视作逻辑高电平;CMOS 多余的输入端不建议悬空,因为受到巨大干扰时,有可能进入非高非低的非逻辑电平状态。

2.6.2　数字集成电路的分类与集成电路的摩尔定律

1. 集成电路的分类方法

(1) 按照制造工艺分类。74HC、74LS、74F 系列数字集成电路,按速度依次递增,功耗依次递增,集成程度依次递减。74HC 的制造工艺为 CMOS 型,74LS 的制造工艺为 TTL 型,如 74HC00 和 74LS00 都是具有 4 个二输入端与非门的芯片,芯片符号如图 2.22 所示。74HC00 和 74LS00 的封装与功能相同,但性能有差异,与 74LS00 相比,74HC00 的速度慢、功耗低。此外还有 74F 系列高速器件。

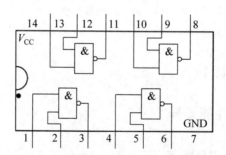

图 2.22　二输入与非门芯片 7400 的电路图

(2) 按照工作环境分类。集成电路按工作温度和电压范围分为 54 系列和 74 系列,两者具有完全相同的电路结构和电气参数,差别仅为工作温度范围和电源电压范围,54 系列集成电路的工作温度范围为 $-55 \sim +125$℃,电源电压范围为 $5V \times (1 \pm 10\%)$。74 系列集成电路的工作温度范围为 $0 \sim +75$℃,电源电压范围为 $5V \times (1 \pm 5\%)$。

(3) 按封装类型分类。集成电路的封装形式取决于它们装配在印刷电路板上的方式,通常分为两类:一类是插孔焊接安装方式,常见的是双列直插(DIP)式;另一类是平面焊接安装,即表面贴片式,如 SOP、TQFP 等封装。

(4) 按集成程度分类。集成电路的规模是指单个芯片上集成的门电路的数目。按照

（a）DIP封装　　　　　（b）SOP封装　　　　　（c）TQFP封装

图 2.23　集成电路的封装类型

电路不同的复杂程度,集成电路通常分为以下 5 种类型。

① 小规模集成电路。小规模集成电路(small scale integrated circuit,SSI)指单片芯片上集成了 12 个以下的门电路,实现基本逻辑门的集成。

② 中规模集成电路。中规模集成电路(medium scale integrated circuit,MSI)指单片芯片上集成 12~99 个逻辑门,实现功能部件级集成,如数据选择器、译码器、编码器、加法器、计数器等均属于 MSI 器件。

③ 大规模集成电路。大规模集成电路(large scale integrated circuit,LSI)指单片芯片上集成 100~9999 个逻辑门,实现子系统的集成。

④ 超大规模集成电路。超大规模集成电路(very large scale integrated circuit,VLSI)指单片芯片上集成 10000~99999 个逻辑门,实现系统级的集成。

⑤ 巨大规模集成电路。巨大规模集成电路(gigantic scale integrated circuit,ULSI)指单片芯片上集成超过十万个逻辑门,实现大型存储器、大型微处理器等复杂系统的集成。

2.集成电路的摩尔定律

随着“光刻”精度的不断提高,集成电路内的元器件密度也会相应提高,集成电路上可以容纳的晶体管数目大约每过 18 个月便会增加一倍。因此,处理器的性能大约每隔两年提升一倍,此规律被业界称为“摩尔定律”,一定程度上代表硬件信息技术进步的速度。

摩尔定律不是一般的数学或物理定律,而是对产业技术发展趋势的预测,近 40 多年中,半导体集成电路技术的发展基本符合摩尔定律,但随着半导体晶体管电路性能接近极限,摩尔定律将失效,但是,在新型晶体管逐渐取代传统的半导体晶体管后,芯片的成本进一步降低、等效集成度提高,一定程度上延缓了摩尔定律失效的时间。

2.7　逻辑函数与代数化简法

逻辑电路与逻辑函数相对应,逻辑函数越简化,逻辑电路也越简化,反之亦然。通过对逻辑函数的化简,可以得到简化后的数字电路。一般来说,数字电路越简单,器件越少,电路成本越低,而且制作工艺越不容易出错,显而易见,逻辑函数化简具有重要意义。

根据逻辑问题归纳出来的逻辑代数式往往不是最简逻辑表达式,对逻辑函数进行化简和变换,可以得到最简的逻辑函数式或所需要的形式,设计出最简洁的逻辑电路。

2.7.1　逻辑函数常用形式

逻辑函数的表达式不是唯一的,可以有多种形式,并且各种形式之间可以相互转换。

1.“与-或”表达式

(1) 一般“与-或”表达式。“与-或”表达式就是先与后或的逻辑表达式,如 $F(A,B,C)=AB+BC+AC$。

(2) 标准“与-或”表达式(最小项之和表达式)。若逻辑函数“与-或”表达式中,每一个与项都是最小项,那么此逻辑函数为最小项之和标准表达式。什么是最小项呢?在 n 变量逻辑函数中,如果某与项包含了全部变量,并且每个变量以原变量或反变量形式出现且仅只出现一次,则该与项就定义为 n 变量逻辑函数的最小项。如三变量逻辑函数 $Y(A,B,C)$ 共有 8 种最小项:$\overline{A}\,\overline{B}\,\overline{C}$、$\overline{A}\,\overline{B}C$、$\overline{A}B\overline{C}$、$\overline{A}BC$、$A\overline{B}\,\overline{C}$、$A\overline{B}C$、$AB\overline{C}$、$ABC$。如:逻辑函数 $F_1(A,B,C)=ABC+AB\overline{C}+\overline{A}BC$ 中的每个与项都是一个最小项,因此,$F_1(A,B,C)$ 为最小项之和标准表达式。如逻辑函数 $Y_1(A,B,C)=A\overline{B}C+AC$,因第二个与项 AC 不是三变量最小项,故逻辑函数 $Y_1(A,B,C)$ 不是最小项之和表达式。

最小项可用符号 m_i 简化表示,注意必须是小写的 m 字母,将原变量读成 1,反变量读成 0,对应的二进制数值即为下标 i 的值,如 $F_1(A,B,C)=ABC+AB\overline{C}+\overline{A}BC$ 可表示成:

$$F_1(A,B,C)=ABC+AB\overline{C}+\overline{A}BC=m_7+m_6+m_3$$

例 2.5　写出逻辑函数 $F_2(A,B,C)=AB+BC+AC$ 最小项之和表达式。

解:$F_2(A,B,C)=AB(C+\overline{C})+(A+\overline{A})BC+A(B+\overline{B})C$

$$=ABC+AB\overline{C}+ABC+\overline{A}BC+ABC+A\overline{B}C$$

$$=ABC+AB\overline{C}+A\overline{B}C+\overline{A}BC$$

2.“或-与”表达式

(1) 一般“或-与”表达式。先或后与的逻辑表达式即为“或-与”表达式,如 $F_3(A,B,C)=(A+B)(B+C)$。

(2) 标准“或-与”表达式(最大项之积表达式)。最大项之积表达式是一种标准的“或-与”表达式,每个或项必须是一个最大项,最大项是一种特殊的或项,在这种或项中,每个变量以原变量或反变量的形式必须且只能出现一次。例如,逻辑函数 $Y_2(A,B,C)=(A+B+\overline{C})(A+B+C)(\overline{A}+C)$,因为第 3 个或项 $(\overline{A}+C)$ 没有包含变量 B,第 3 个或项不是最大项,所以此函数不是最大项之积表达式。n 变量逻辑函数有 2^n 个最大项,如三变量逻辑函数 $Y(A,B,C)$ 共有 $2^3=8$ 种最大项:$\overline{A}+\overline{B}+\overline{C}$、$\overline{A}+\overline{B}+C$、$\overline{A}+B+\overline{C}$、$\overline{A}+$

$B+C$、$A+\overline{B}+\overline{C}$、$A+\overline{B}+C$、$A+B+\overline{C}$、$A+B+C$,可分别用 $M_7,M_6,M_5,\cdots,M_0$ 表示,最大项 M_i 下标与最小项 m_i 下标的标识方法正好相反,如 $F_4(A,B,C)=(A+B+\overline{C})(A+B+C)(\overline{A}+B+C)=M_1M_0M_4$。

3. 其他表达式

与非门、或非门、与或非门等逻辑门也是常用的逻辑器件,基于这些门电路的逻辑表达式也较为常见。

(1)"与非-与非"逻辑表达式。如函数 $F_5(A,B,C)=\overline{\overline{AB}\cdot\overline{BC}}$ 就是"与非-与非"逻辑表达式。

例 2.6 用与非门实现逻辑函数 $F_6(A,B,C)=AB+BC+AC$。

解:① 将逻辑函数 $F_6(A,B,C)$ 转换成"与非-与非"表达式的形式。

$$F_6(A,B,C)=AB+BC+AC=\overline{\overline{AB+BC+AC}}=\overline{\overline{AB}\cdot\overline{BC}\cdot\overline{AC}}$$

通过表 2.4 可以验证 $AB+BC+AC=\overline{\overline{AB}\cdot\overline{BC}\cdot\overline{AC}}$ 成立。

表 2.4 逻辑函数 $AB+BC+AC$ 与 $\overline{\overline{AB}\cdot\overline{BC}\cdot\overline{AC}}$ 的真值表

A	B	C	$AB+BC+AC$	$\overline{\overline{AB}\cdot\overline{BC}\cdot\overline{AC}}$
0	0	0	0	0
0	0	1	0	0
0	1	0	0	0
0	1	1	1	1
1	0	0	0	0
1	0	1	1	1
1	1	0	1	1
1	1	1	1	1

② 画出用与非门实现的逻辑电路图,如图 2.24 所示。

(2)"或非-或非"表达式。"或非-或非"表达式,如 $F_7(A,B,C)=\overline{\overline{A+B}+\overline{B+C}}$。

(3)"与或非"表达式。逻辑函数的"与或非"表达式,如 $F_8(A,B,C,D)=\overline{AB+CD}$。

上述逻辑函数的表达式之间可以相互变换,不过,最简"与-或"表达式是我们最常需要的表达式,最小项之和表达式也是为化简逻辑函数之需而引入的。

2.7.2 逻辑函数化简常用定律与公式

逻辑函数代数化简法也称公式化简法,即应用逻辑代数的基本定律、基本公式和重要规则,对逻辑表达式进行化简的方法。逻辑函数化简的结果通常为最简与或式,最简

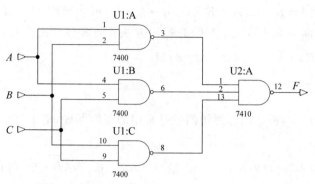

图 2.24　使用与非门实现 $F_6(A,B,C)=AB+BC+AC$

与或式必须满足两个条件:逻辑函数式中与项的项数最少;每个与项中的变量数最少。我们可以用真值表验证 $A+\overline{A}BC=A+BC$ 成立,显然,如果某逻辑函数化简结果为 $A+\overline{A}BC$,就不是最简表达式,因为虽然 $A+\overline{A}BC$ 也是两项,但是与项 $\overline{A}BC$ 中的变量数为 3 个,而 BC 变量数为 2 个。

逻辑函数代数化简法的常用定律与公式如下所示。

(1) 吸收律: $A+AB=A$。

(2) 消去律: $A+\overline{A}B=A+B$。

(3) 包含律: $AB+\overline{A}C+BC=AB+\overline{A}C$。

(4) 反演律: $\overline{AB}=\overline{A}+\overline{B},\overline{ABC}=\overline{A}+\overline{B}+\overline{C},\overline{AB\cdots X}=\overline{A}+\overline{B}+\cdots+\overline{X}$。

$\overline{A+B}=\overline{A}\cdot\overline{B},\overline{A+B+C}=\overline{A}\cdot\overline{B}\cdot\overline{C},\overline{A+B+\cdots+X}=\overline{A}\cdot\overline{B}\cdot\cdots\cdot\overline{X}$。

可以用口诀帮助记忆:"长非号上面砍一刀,下面变个号"。

(5) $\overline{\overline{A}}=A$。

(6) A 与 A、$\overline{A}$ 的运算定律: $A+A=A,A\cdot A=A,A+\overline{A}=1,A\cdot\overline{A}=0$。

(7) 异或、同或运算公式: $A\oplus B=A\overline{B}+\overline{A}B,A\odot B=AB+\overline{AB}$。

(8) A 与常量(0,1)的运算定律:

$$A\cdot 1=A,A\cdot 0=0;A+1=1,A+0=A;$$

$$A\oplus 1=\overline{A},A\oplus 0=A;A\odot 1=A,A\odot 0=\overline{A}$$

2.7.3　逻辑函数代数化简法

逻辑函数的代数法化简,目的就是要减少逻辑表达式中与项的项数或者与项的变量数。

1. 减少与项的项数

利用上述公式(1)、(3)、(6)、(8)等,可以减少与项的项数。

2．减少与项的变量数

利用上述公式(2)，可以减少与项的变量数。

3．断开长非号

化简时，对于表达式中具有长非号的与项，通常使用反演律将长非号断开。

例 2.7 使用公式法化简逻辑函数 $F(A,B,C)=\overline{A}+\overline{B}+\overline{A}C+A\overline{B}C+ABD$。

解：$F(A,B,C)=\overline{A}+\overline{B}+\overline{A}C+A\overline{B}C+ABD$，应用公式(4)反演律 $\overline{AB}=\overline{A}+\overline{B}$;

$\qquad=(\overline{A}+\overline{A}C)+(\overline{B}+\overline{B}AC)+ABD$，应用公式(1)吸收律 $A+AB=A$;

$\qquad=\overline{A}+\overline{B}+ABD$

$\qquad=(\overline{A})+(\overline{A})BD+\overline{B}$，应用公式(2)消去律 $A+\overline{A}B=A+B$;

$\qquad=\overline{A}+BD+\overline{B}=\overline{A}+\overline{B}+\overline{B}D$，再次应用公式(2)消去律;

$\qquad=\overline{A}+\overline{B}+D$

例 2.8 使用公式法化简逻辑函数 $F(A,B,C)=\overline{ABC}+ABD+CDE$。

解：$F(A,B,C)=(\overline{AB})C+(AB)D+CDE$;

$\qquad=(\overline{AB})C+(AB)D+CD+CDE$，利用包含律 $AB+\overline{A}C+BC=AB+\overline{A}C$，加 CD 项;

$\qquad=(\overline{AB})C+(AB)D+CD$，利用吸收律使 $CD+CDE=CD$，消去 CDE 项;

$\qquad=\overline{ABC}+ABD$，再次使用包含律：$AB+\overline{A}C+BC=AB+\overline{A}C$，消去 CD 项。

采用代数法对逻辑函数进行化简时，依赖于对化简公式的应用熟练程度及个人的观察力，需要注意的是，有时化简后的最简表达式不是唯一的，但是简化程度是相当的，当然，化简不会改变逻辑函数的功能，化简前后真值表不变。

例 2.9 使用公式法化简逻辑函数 $F(A,B,C,D)=\overline{A}D+A\overline{B}C\overline{D}+ABC\overline{D}+ABCD$。

解：方法 1 如下。

$F(A,B,C,D)=\overline{A}D+ABCD+A\overline{B}C\overline{D}+ABC\overline{D}$

$\qquad=(\overline{A}D+ABCD)+A\overline{B}C\overline{D}+ABC\overline{D}$

$\qquad=(\overline{A}+ABC)D+A\overline{B}C\overline{D}+ABC\overline{D}$

$\qquad=(\overline{A}+BC)D+A\overline{B}C\overline{D}+ABC\overline{D}$

$\qquad=(\overline{A}+BC)D+AC\overline{D}(\overline{B}+B)$

$\qquad=(\overline{A}+BC)D+AC\overline{D}$

$\qquad=\overline{A}D+BCD+AC\overline{D}$ ①

方法 2 如下。

$F(A,B,C,D)=\overline{A}D+ABCD+A\overline{B}C\overline{D}+ABC\overline{D}$

$\qquad=\overline{A}D+(ABCD+ABC\overline{D})+A\overline{B}C\overline{D}$

$$=\overline{A}D+ABC+A\overline{B}C\overline{D}$$
$$=\overline{A}D+AC(B+\overline{B}\overline{D})$$
$$=\overline{A}D+AC(B+\overline{D})$$
$$=\overline{A}D+ABC+AC\overline{D} \qquad ②$$

显然方法 1 和方法 2 得到的化简结果①和②不一样,但是①和②是等价的表达式,并且简化的程度相当,均是三个与项之和。其中,一个与项是二变量与项,其他两个与项是三变量与项。

2.8 逻辑函数卡诺图化简法

2.8.1 最小项性质

1. 全体最小项之和恒为 1

例如,二变量逻辑函数 $Y(A,B)$ 共有 4 种最小项,这 4 种最小项之和一定等于 1,$\overline{A}\overline{B}+\overline{A}B+A\overline{B}+AB=m_0+m_1+m_2+m_3=1$;又如,三变量逻辑函数 $Y(A,B,C)$ 共有 8 种最小项,这 8 种最小项之和等于 1。

$$\overline{A}\overline{B}\overline{C}+\overline{A}\overline{B}C+\overline{A}B\overline{C}+\overline{A}BC+A\overline{B}\overline{C}+A\overline{B}C+AB\overline{C}+ABC$$
$$=m_0+m_1+m_2+m_3+m_4+m_5+m_6+m_7$$
$$=1$$

显然,n 个变量的全体最小项数是 2^n。二变量的全体最小项数为 $2^2=4$ 个,三变量的全体最小项数为 $2^3=8$,以此类推。

【思考】 四变量的全体最小项数是多少呢?

2. 任意最小项之积恒为 0

对于任意一个最小项,只有一组变量取值可使它的值为 1,其他取值时,该最小项皆为 0。例如,对于三变量最小项 $A\overline{B}C$,只有 ABC 取值为 101 时,$A\overline{B}C=1$;当 ABC 取其他值时,$A\overline{B}C=0$。不同的最小项,使它的值为 1 的那组变量取值也不同,如表 2.5 所示。

表 2.5 自变量 (A,B,C) 与最小项 $m_i(A,B,C)$ 之间的关系

A	B	C	$\overline{A}\overline{B}\overline{C}$	$\overline{A}\overline{B}C$	$\overline{A}B\overline{C}$	$\overline{A}BC$	$A\overline{B}\overline{C}$	$A\overline{B}C$	$AB\overline{C}$	ABC
0	0	0	1	0	0	0	0	0	0	0
0	0	1	0	1	0	0	0	0	0	0
0	1	0	0	0	1	0	0	0	0	0
0	1	1	0	0	0	1	0	0	0	0
1	0	0	0	0	0	0	1	0	0	0

续表

A	B	C	$\overline{A}\,\overline{B}\,\overline{C}$	$\overline{A}\,\overline{B}C$	$\overline{A}B\overline{C}$	$\overline{A}BC$	$A\overline{B}\,\overline{C}$	$A\overline{B}C$	$AB\overline{C}$	ABC
1	0	1	0	0	0	0	0	1	0	0
1	1	0	0	0	0	0	0	0	1	0
1	1	1	0	0	0	0	0	0	0	1

【思考】 已知 $\overline{A}BC=1$，那么 $\overline{A}B\overline{C}=?$ $ABC=?$

2.8.2 真值表

用表格表示逻辑函数，表格左侧列出逻辑变量的全部取值，表格右侧列出对应的函数值，这样的表格称为逻辑函数的真值表，真值表完整准确地表示了逻辑函数的功能。

如逻辑函数 $F(A,B,C)=AB+BC+AC$ 的真值表如表 2.6 所示。

表 2.6　逻辑函数 $F(A,B,C)=AB+BC+AC$ 的真值表

A	B	C	F
0	0	0	0
0	0	1	0
0	1	0	0
0	1	1	1
1	0	0	0
1	0	1	1
1	1	0	1
1	1	1	1

从真值表可得到 $F(A,B,C)$ 的最小项之和表达式为：

$$F(A,B,C)=m_3+m_5+m_6+m_7=\sum m(3,5,6,7)=\overline{A}BC+A\overline{B}C+AB\overline{C}+ABC$$

函数 $F(A,B,C)$ 真值表中，有 4 种情况函数值为 1，函数 $F(A,B,C)$ 等于 4 个最小项之和。从真值表中，可以很直观地得到函数最小项之和表达式。真值表中每个为 1 的函数值，对应函数的一个最小项，真值表有多少个值为 1，函数的最小项之和表达式中，就有多少个最小项。

2.8.3 逻辑相邻的概念与卡诺图的构成

1. 逻辑相邻的概念

首先介绍二值数据逻辑相邻的概念，两个位数相同的二值数据只有 1 位不同，也就

是说这两个数逻辑相邻,如 000 与 001,只有 1 位不同,这两个数是逻辑相邻的,000 与 010 也是逻辑相邻的,000 与 011 有两位不同,000 与 011 逻辑不相邻。

两个位数相同的与项,若只有一个变量互为反变量,其他变量相同,那么这两个与项是逻辑相邻的,如与项 ABC 和与项 $\overline{A}BC$ 逻辑相邻,ABC 和 $A\overline{B}C$ 及 ABC 和 $AB\overline{C}$ 逻辑相邻,而与项 ABC 和 $\overline{A}\overline{B}C$ 有两个变量不同,所以 ABC 和 $\overline{A}\overline{B}C$ 逻辑不相邻。

2. 卡诺图的构成

卡诺图是美国贝尔实验室的电信工程师莫里斯·卡诺于 1953 年发明的。借助卡诺图,可以更直观地对逻辑函数进行化简,卡诺图的发明为逻辑函数化简提供了很大的方便。

卡诺图是一种平面方格阵列图,卡诺图的上标和侧标表示自变量的取值,图中每个小方格填入的是对应的逻辑函数值,上标和侧标要遵循逻辑循环相邻的原则。图 2.25 所示为三变量逻辑函数的卡诺图,卡诺图有 $2^3=8$ 个填写函数值的小方格,图 2.25(a)中上标 $00 \rightarrow 01 \rightarrow 11 \rightarrow 10 \rightarrow 00$ 循环相邻,侧标 0、1 相邻;图 2.25(b)中侧标 $00 \rightarrow 01 \rightarrow 11 \rightarrow 10 \rightarrow 00$ 循环相邻,上标 0、1 相邻。

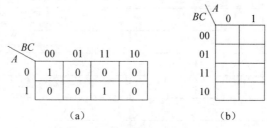

图 2.25　三变量逻辑函数的卡诺图

卡诺图中小方格函数值若为"1",表示函数有上标和侧标对应的最小项,如图 2.25(a)卡诺图中,有两个小方格函数值为"1",函数式可表示成两个最小项之和:$F(A,B,C)=ABC+\overline{A}\overline{B}\overline{C}$。

卡诺图上标与侧标的排列规则,使得任意物理位置(上下左右)相邻的两个最小项之间只有一个变量不同,即卡诺图中物理位置相邻的最小项同时满足逻辑相邻。卡诺图的这种特性使得卡诺图有助于化简逻辑函数,而不仅仅是图形化的真值表。

例 2.10　图 2.26 所示是逻辑函数 $F(A,B,C,D)$ 的卡诺图,写出逻辑函数 $F(A,B,C,D)$ 的最小项之和表达式,找出逻辑相邻的最小项。

解:卡诺图中,有 7 种情况下函数值为 1,函数表达式可表示成 7 个最小项之和。即:
$$F(A,B,C,D)=\overline{A}\overline{B}CD+\overline{A}B\overline{C}\overline{D}+\overline{A}BCD+AB\overline{C}\overline{D}+ABCD+A\overline{B}\overline{C}\overline{D}+A\overline{B}C\overline{D}$$

由卡诺图可知,在逻辑函数的 7 个最小项中,有 4 对最小项物理位置相邻,这 4 对最小项$(\overline{A}BCD,ABCD)$、$(\overline{A}B\overline{C}\overline{D},AB\overline{C}\overline{D})$、$(\overline{A}BCD,ABCD)$、$(A\overline{B}\overline{C}\overline{D},A\overline{B}C\overline{D})$同时也满足逻辑相邻,如图 2.27 所示。

例 2.11　画出逻辑函数 $F(A,B,C)=AB+BC+AC$ 的卡诺图。

CD\AB	00	01	11	10
00	0	0	0	1
01	1	0	1	0
11	0	1	1	0
10	1	0	0	1

图 2.26 逻辑函数 $F(A,B,C,D)$ 的卡诺图

CD\AB	00	01	11	10
00	0	0	0	1
01	1	0	1	0
11	0	1	1	0
10	1	0	0	1

图 2.27 逻辑函数 $F(A,B,C,D)$ 的逻辑相邻最小项

解：① 列出逻辑函数 $F(A,B,C)=AB+BC+AC$ 的真值表。可以将表达式转换成最小项之和标准表达式：$F(A,B,C)=\overline{A}BC+A\overline{B}C+AB\overline{C}+ABC=\sum m^3(3,5,6,7)$，然后直接填写真值表，如表 2.7 所示。

表 2.7 逻辑函数 $F(A,B,C)=AB+BC+AC$ 的真值表

A	0	0	0	0	1	1	1	1
B	0	0	1	1	0	0	1	1
C	0	1	0	1	0	1	0	1
F	0	0	0	1	0	1	1	1

② 画出函数卡诺图。卡诺图上标的排列顺序为 00→01→11→10，上标数值(00,01,11,10)构成循环相邻的关系，侧标为 0 和 1，也是相邻的，然后将真值表的函数值填入卡诺图小方格中，如图 2.28 所示。

BC\A	00	01	11	10
0	0	0	1	0
1	0	1	1	1

图 2.28 逻辑函数 $F(A,B,C)=AB+BC+AC$ 的卡诺图

检查卡诺图中物理位置相邻的最小项是否逻辑相邻。例如，第 2 行中间"1"对应的最小项为 $ABC(111)=m_7$，它的物理邻居为其左侧、上面、右侧的最小项，这些最小项分别为 $A\overline{B}C(101)=m_5$、$\overline{A}BC(011)=m_3$、$AB\overline{C}(110)=m_6$，这些最小项 $A\overline{B}C$、$\overline{A}BC$、$AB\overline{C}$ 与 ABC 逻辑相邻，因此，这是一个正确的卡诺图。

例 2.12 画出四变量函数 $F(A,B,C,D)=\sum m^4(0,2,4,8,10)$ 的卡诺图。

解：$F(A,B,C,D)=\overline{A}\,\overline{B}\,\overline{C}\,\overline{D}+\overline{A}\,\overline{B}C\overline{D}+\overline{A}B\overline{C}\,\overline{D}+A\overline{B}\,\overline{C}\,\overline{D}+A\overline{B}C\overline{D}$

四变量函数 $F(A,B,C,D)=\sum m^4(0,2,4,8,10)$ 的卡诺图如图 2.29 所示。

五变量的卡诺图如图 2.30 所示。

对于五变量以下的逻辑函数，用卡诺图化简比较方便，若变量太多，卡诺图将非常庞大，手工化简不够方便，这时，可以使用表格法通过程序实现逻辑函数的化简。

AB \ CD	00	01	11	10
00	1	0	0	1
01	1	0	0	0
11	0	0	0	0
10	1	0	0	1

图 2.29　逻辑函数 $F(A,B,C,D)=\sum m^4(0,2,4,8,10)$ 的卡诺图

AB \ CDE	000	001	011	010	110	111	101	100
00	1	0	0	1	0	0	0	1
01	1	0	0	1	0	0	0	0
11	0	0	0	0	0	0	0	0
10	0	0	0	0	0	0	0	0

图 2.30　五变量卡诺图

2.8.4　卡诺图化简法

利用卡诺图化简逻辑函数的步骤如下。

（1）正确画出卡诺图。卡诺图上标和侧标务必循环相邻,确保卡诺图中物理位置相邻的最小项逻辑上也相邻。

（2）画卡诺圈。将卡诺图中 2^n 个物理相邻的最小项画成一个圈,这个圈就是卡诺圈,每个卡诺圈内的全部最小项将化简成一个与项。所有的最小项都要进入卡诺圈,全部卡诺圈将包含函数的全部最小项;卡诺圈应尽量大;每个卡诺圈不可或缺,即没有可删除的多余卡诺圈。

（3）写出各卡诺圈对应的与项,将这些与项相或,即是化简后的最简表达式。卡诺圈对应的与项写法:消去卡诺圈中变量值发生变化的变量,保留未发生变化的变量。若未发生变化的变量值恒为 1,则保留原变量;若恒为 0,则保留反变量。卡诺圈中最小项的个数若为 2^n,则化简后的与项将消去 n 个变量。

例 2.13　使用卡诺图化简逻辑函数 $F(A,B,C)=\overline{A}\,\overline{B}\,\overline{C}+\overline{A}BC+\overline{A}B\overline{C}+A\overline{B}\,\overline{C}+ABC$。

逻辑函数 $F(A,B,C)=\overline{A}\,\overline{B}\,\overline{C}+\overline{A}BC+\overline{A}B\overline{C}+A\overline{B}\,\overline{C}+ABC$ 的卡诺图和卡诺圈如图 2.31 所示。

解：画出三变量卡诺图,将 ABC 所有取值对应的函数值填入卡诺图小方格中,然后对最小项画卡诺圈,画出 3 个卡诺圈,读出每个卡诺圈化简后的与项,将 3 个与项相或,即得到化简结果 $F(A,B,C)=\overline{A}B+AC+\overline{A}\,\overline{C}$。

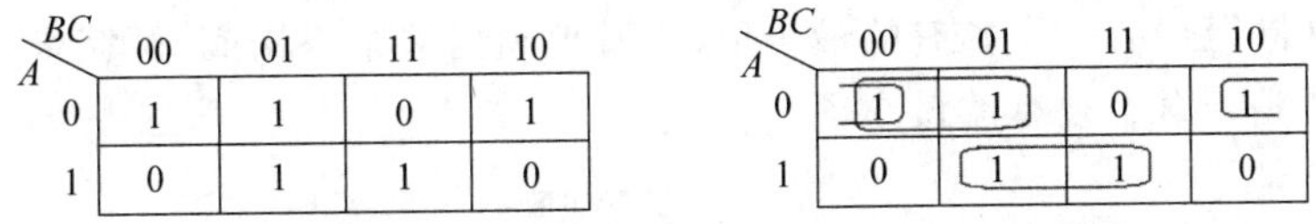

	BC			
A		00	01	11	10
0	1	1	0	1
1	0	1	1	0

（a）卡诺图

	BC			
A		00	01	11	10
0	1	1	0	1
1	0	1	1	0

（b）卡诺圈

图 2.31 逻辑函数 $F(A,B,C)=\overline{A}\,\overline{B}\,\overline{C}+\overline{A}BC+A\overline{B}\,\overline{C}+A\overline{B}C+ABC$ 的卡诺图和卡诺圈

例 2.14 利用卡诺图（见图 2.32）对例 2.12 的逻辑函数 $F(A,B,C,D)=\sum m^4(0,$ $2,4,8,10)$ 进行化简。

解：逻辑函数 $F(A,B,C,D)=\sum m^4(0,2,4,8,10)$ 有 5 个最小项，观察卡诺图，可知 4 个角上的 4 个最小项满足循环相邻的关系，且最小项的项数为 $4=2^2$。因此，4 个角上的最小项可以画成一个卡诺圈，圈内 4 个最小项相或后，将得到一个与项的化简结果，并且这个与项只有两个变量。消去发生变化的变量 A 和 C，保留未变化的 B 和 D。因为卡诺圈内 B、D 恒为 0，所以这个 4 个角上的卡诺圈化简结果为 $\overline{B}\,\overline{D}$。

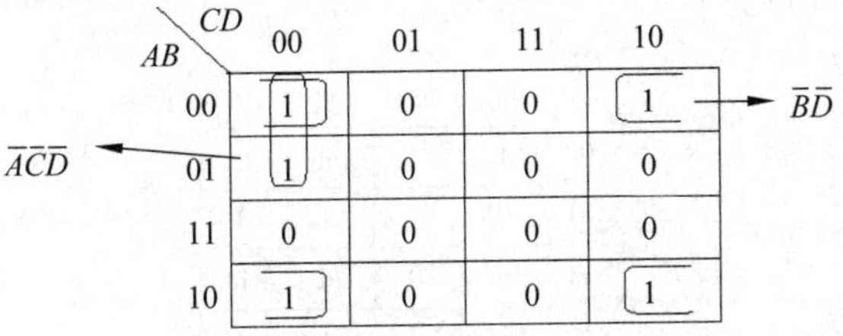

图 2.32 逻辑函数 $F(A,B,C,D)=\sum m^4(0,2,4,8,10)$ 卡诺图 2

第 1 列第 1 行与第 2 行的最小项可以构成一个卡诺圈，该卡诺圈化简结果为 $\overline{A}\,\overline{C}\,\overline{D}$。因此函数化简结果为 $F(A,B,C,D)=\overline{A}\,\overline{C}\,\overline{D}+\overline{B}\,\overline{D}$。

例 2.15 使用卡诺图化简逻辑函数 $F(A,B,C,D)=\sum m^4(1,5,6,7,11,12,13,$ $15)$，如图 2.33 所示，卡诺图中画了 5 个卡诺圈，判断所画卡诺圈是否正确，写出化简结果，说明如何避免画出多余卡诺圈。

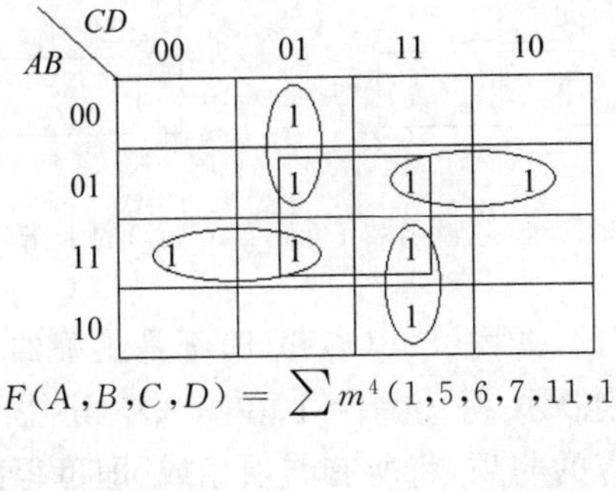

图 2.33 逻辑函数 $F(A,B,C,D)=\sum m^4(1,5,6,7,11,12,13,15)$ 的卡诺图

解：不正确，中间 4 个最小项构成的卡诺圈是多余圈，将造成化简结果出现多余项。去掉该多余圈后，剩下的 4 个卡诺圈包含了函数所有最小项，将 4 个卡诺圈对应的与项相或，即得到最简表达式 $F(A,B,C,D)=\overline{A}\,\overline{C}D+AB\overline{C}+ACD+\overline{A}BC$。

每个卡诺圈至少有一个独有的最小项,为避免画出多余卡诺圈,画完卡诺圈后,应检查每个卡诺圈是否含有独有的最小项。

2.8.5 含无关项的逻辑函数的化简

有些逻辑函数输入变量的某些取值组合不会出现,有些逻辑函数对于输入变量的某些取值组合,函数值可以任意,这些输入取值组合称为无关项,无关项值常用 d 或 $\varnothing$ 表示。对含无关项的逻辑函数进行化简时,无关项值可以取 1,也可以取 0,这取决于化简的需要。

例 2.16 用卡诺图化简含无关项的逻辑函数:$F(A,B,C,D)=\sum m^4(0,1,5,7,8,11,14)+\sum d^4(3,9,12,15)$。

解:① 画出函数 $F(A,B,C,D)=\sum m^4(0,1,5,7,8,11,14)+\sum d^4(3,9,12,15)$ 的卡诺图,如图 2.34 所示。

AB\CD	00	01	11	10
00	1	1	d	0
01	0	1	1	0
11	d	0	d	1
10	1	d	1	0

图 2.34　逻辑函数 $F(A,B,C,D)$ 的卡诺图

② 画卡诺圈,如图 2.35 所示。

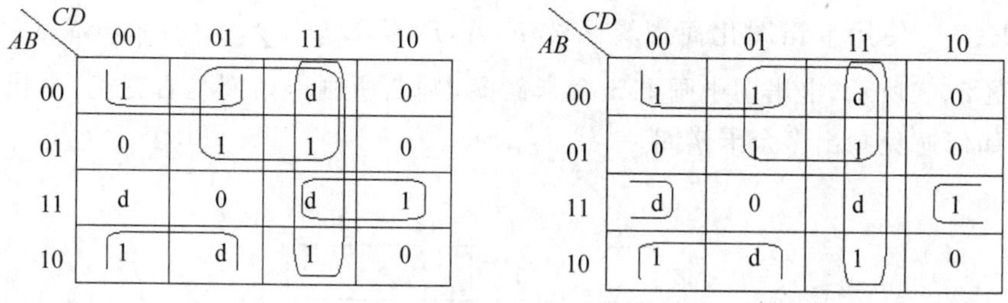

AB\CD	00	01	11	10
00	1	1	d	0
01	0	1	1	0
11	d	0	d	1
10	1	d	1	0

（a）

AB\CD	00	01	11	10
00	1	1	d	0
01	0	1	1	0
11	d	0	d	1
10	1	d	1	0

（b）

图 2.35　逻辑函数 $F(A,B,C,D)$ 的卡诺圈

卡诺圈的画法不是唯一的,如图 2.35(a)和(b)都是正确的卡诺圈画法。在图 2.35(a) 4 个无关项中,除 $d_{12}=0$,其他无关项 $d_{i\neq12}=1$;在图 2.35(b)中的 4 个无关项全部取值 1。

③ 写出每个卡诺圈对应的与项,将所有与项相或,即可得到最简表达式。

图 2.35(a)对应的化简结果为:$F(A,B,C,D)=\overline{B}\,\overline{C}+\overline{A}D+CD+ABC$;

图 2.35(b)对应的化简结果为:$F(A,B,C,D)=\overline{B}\,\overline{C}+\overline{A}D+CD+AB\overline{D}$。

这两种结果是等价的,都是函数 $F(A,B,C,D)$ 的最简表达式。

小结

本章首先介绍与、或、非、与非、或非、异或、同或等逻辑运算的规则及逻辑门的国内和国际标准符号,在分析晶体管和 MOS 管的开关特性后,给出简单 TTL 与非门的电路结构;然后,分析逻辑门的电压传输特性和逻辑门的性能指标,如输入输出高低电平、功耗、时延、噪声容限等;还介绍了集电极开路门(OC 门)、三态门(TSL 门)等特殊逻辑门的特性与应用,接着说明集成电路的制作过程、发展规律及集成电路的分类方法;最后一节是最小项的概念与特点,着重阐述了代数法、卡诺图法两种化简逻辑函数的方法。

逻辑函数的两种化简方法为本章的学习重点。

习题

一、填空题

1. 数字电路中,最基本的逻辑门有_____门、_____门和_____门。

2. 常用的复合逻辑门有_____门、_____门、_____门、_____门等。

3. CMOS 反相器由两个增强型的 MOS 管组成,一个是_____管,另一个是_____管,由于两管特性对称,所以称为互补对称 CMOS 反相器。

4. TTL 与非门输出高电平 U_{OH} 的典型值是 $3.3\sim$ _____ $(3.6、5、12)$ V,低电平 U_{OL} 的典型值是_____ ~0.35 V。

5. 普通 TTL 与非门输出只有逻辑_____和逻辑_____两种状态;TSL 三态与非门除了这两种状态,还有第三种状态,称为_____态。

6. 集电极开路的 TTL 与非门又称为_____门,多个集电极开路门的输出端可以并接在一起,实现逻辑_____功能。

7. 将 TTL 门电路与 CMOS 门电路进行比较,其中_____门电路速度更快,_____门电路功耗更低。

8. 使用三态门实现总线连接时,依靠_____端的控制作用,可以实现总线分时共享而不会引起数据_____。

9. TTL 与门多余的输入端可接逻辑_____电平;TTL 或门多余的输入端可接逻辑_____电平;CMOS 电路不用的输入端_____(能、不能)悬空。

10. 74LS00 是_____(TTL、CMOS)电路;74HC00 是_____(TTL、CMOS)电路。

11. 与普通门电路不同,OC 门应用时需要外接_____和_____。

12. 晶体管作为开关器件"非门"应用时,不能工作在_____状态,只能工作在_____状态或_____状态。

13. 输出晶体管处于截止状态,输出(集电极)电压为_____(高、低)电平,晶体管处于饱和状态,输出为_____电平。

14. TTL 门电路主要性能参数有标称电平、开门电平、关门电平、_____、_____、_____、_____,符号 t_{pd} 通常表示 _____ 等。

15. 一片与非门芯片具有 3 个三输入端与非门,该芯片至少有 _____ 只引脚。

16. 图 2.36 是 _____ 门,$Y_1 = $ _____(H 为高电平、L 为低电平)。

17. 图 2.37 是集电极开路门,$Y_2 = $ _____。

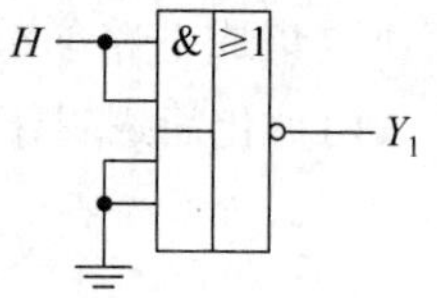

图 2.36　普通门 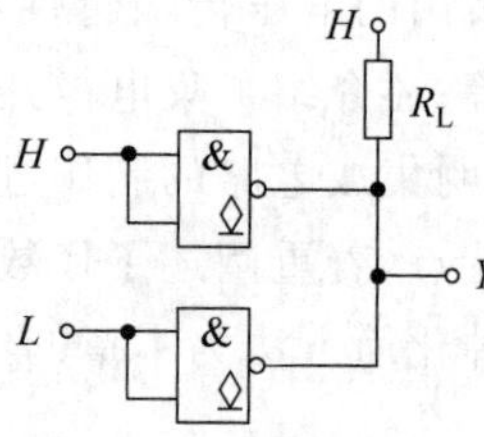　　　　　图 2.37　集电极开路门

18. 写出图 2.38 两个三态与非门的输出状态,$F_1 = $ _____状态,$F_2 = $ _____状态。

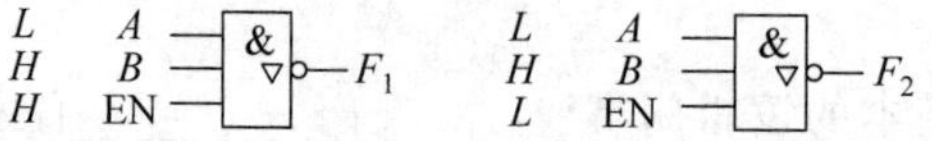

图 2.38　三态门

19. 用与非门实现逻辑函数 $F(A,B,C,D) = AB + CD$,逻辑函数应该改写为 $F(A,B,C,D) = $ _____。

20. 求逻辑表达式 F、G、H 的值:$F = A + \overline{0}(\overline{B+C}) + 1 = $ _____,$G = A\overline{B}C + 1 \cdot C = $ _____,$H = A + \overline{1} + A(1 + B + C) = $ _____。

21. 比较 74 系列与 54 系列芯片,_____ 系列芯片的温度范围宽。

22. 芯片 74LS04 与 74HC04 功能 _____、性能 _____(填相同或不相同)。

23. 在 ECL、TTL、MOS 三种门电路中,_____ 门速度最快,_____ 门功耗最低。

24. 大规模集成电路常采用 _____(ECL、TTL、MOS)电路结构。

25. $X \oplus 0 \oplus 1 \oplus 1 \oplus 1 \oplus 0 \oplus 1 = $ _____。

26. 输入高电平噪声容限"$U_{NH} = $ 输入高电平-输入高电平允许的 _____(最大值或最小值或中间值)",输入噪声容限通常是越 _____(大或小)越好。

27. 关门电平 U_{OFF} 是输入低电平允许的最 _____ 值,开门电平 U_{ON} 是输入高电平允许的最 _____ 值。

28. 门电路阈值电压 U_{TH} 是 _____(输入、输出)电压值。

29. 设 X 花开时,$X = 1$;不开时 $X = 0$。若蜜蜂飞来采蜜,则 $F = 1$,不来则 $F = 0$。蜜蜂飞来采花蜜的条件是,A 花开,B、C 花不开,写出表示蜜蜂采花蜜事件的逻辑函数 $F(A,B,C) = $ _____。

30. 已知逻辑函数 $F(A,B,C)$ 的最小项 $m_0 = 1$,则 $m_2 = $ _____,逻辑函数 $F(A,B,C)$ 全体最小项之和 $m_0 + m_1 + m_2 + m_3 + m_4 + m_5 + m_6 + m_7 = $ _____。

31. 用公式法化简逻辑函数：$AB+\overline{A}C+BC=$ _____ ，$AB+\overline{A}C+BCD=$ _____ 。

32. 已知逻辑函数 $F(A,B,C)$ 的真值表(见表 2.8)，该逻辑函数 $F(A,B,C)$ 的表达式为 _____ 。

表 2.8　逻辑函数 $F(A,B,C)$ 的真值表

A	0	0	0	0	1	1	1	1
B	0	0	1	1	0	0	1	1
C	0	1	0	1	0	1	0	1
F	0	0	0	1	0	1	1	0

33. 化简逻辑函数：$F(A,B)=A+AB=$ _____ ，$G(A,B)=A+\overline{A}B=$ _____ 。

34. 写出异或的逻辑表达式：$A \oplus B=$ _____ 。

35. 说出下列门名称，(a)：_____门，(b)：_____门，(c)：_____门，(d)：_____门，(e)：_____门。

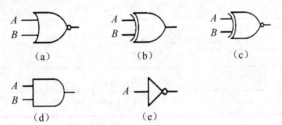

图 2.39　门电路符号

36. 写出逻辑函数的等价表达式。

$\overline{A+B+C}=$ __(1)__ $\cdot$ __(2)__ $\cdot$ __(3)__ ，$\overline{ABC}=$ __(4)__ $+$ __(5)__ $+$ __(6)__ 。

(1) = _____ ，(2) = _____ ，(3) = _____ ；

(4) = _____ ，(5) = _____ ，(6) = _____ 。

37. LSI、MSI、SSI 组合逻辑电路，分别指 _____ 规模、_____ 规模、_____ 规模集成程度的组合逻辑电路。

38. ＊有两个 TTL 与非门，关门电平分别为 $V_{\text{OFFA}}=1.1\text{V}$，$V_{\text{OFFB}}=0.9\text{V}$；开门电平分别为 $V_{\text{onA}}=1.3\text{V}$，$V_{\text{onB}}=1.7\text{V}$。两个门输出高低电平相同，_____ $(A、B)$ 门的抗干扰能力更强。

二、单选题

1. 具有"有 1 出 0、全 0 出 1"功能的逻辑门是(　　)。

　　A. 与非门　　　　B. 或非门　　　　C. 异或门　　　　D. 同或门

2. 使用三态门可以实现部件与总线的连接，各部件三态门"使能"控制端应(　　)。

　　A. 固定接 1　　　B. 固定接 0　　　C. 分时使能有效　　D. 同时使能有效

3. TTL 与非门阈值电压 U_I 的典型值是(　　)。

A. 0.3V   B. 3.6V   C. 0.8V   D. 1.4V

4. 一个二输入端的门电路,当两输入信号为"1 0"时,输出不是1的门电路为( )。

A. 与非门   B. 或门   C. 或非门   D. 异或门

5. 不属于 CMOS 逻辑电路优点的提法是( )。

A. 输出高低电平理想   B. 抗干扰能力强

C. 电源适用范围宽   D. 电流驱动能力强

6. CMOS 与非门用的多余输入端的处理方法有( )。

A. 接逻辑 1   B. 接逻辑 0   C. 悬空   D. 与输出引脚相连

7. *某芯片输出低电平为 $V_{OLMAX}=0.1V$,最大输入低电平为 $V_{ILMAX}=1.3V$,则其低电平噪声容限为 $V_{NL}=($)。

A. 2.0V   B. 1.4V   C. 1.6V   D. 1.2V

8. 表 2.9 所列的真值表对应的逻辑函数 $F(A,B)$ 为( )。

表 2.9 逻辑函数 $F(A,B)$ 真值表

A	B	F
0	0	0
0	1	1
1	0	1
1	1	0

A. $F=AB$ B. $F=A-B$ C. $F=A\oplus B$ D. $F=A+B$

9. 下列逻辑函数中,与 $F=A$ 相等的是( )。

A. $F_1=A\oplus 1$ B. $F_2=A\odot 1$ C. $F_3=\overline{A\cdot 1}$ D. $F_4=\overline{A+0}$

10. 逻辑函数 $F(A,B,C)$ 的最小项 $m_0=($),逻辑函数 $F(A,B,C,D)$ 的最小项 $m_0=($)。

A. ABC B. $\overline{A}\overline{B}\overline{C}$ C. $ABCD$ D. $\overline{A}\overline{B}\overline{C}\overline{D}$

11. 2020 年,我国集成电路产业规模达到 8848 亿元,"十三五"期间年均增速近 20%,为全球同期增速的( )倍。

A. 1   B. 2   C. 3   D. 4

12. 2020 年,我国集成电路进口总额 24 207 亿元,是石油进口金额的( )倍。

A. 0.1   B. 0.5   C. 1   D. 2

13. 关于摩尔定律的说法中,不正确的是( )。

A. 单位面积集成电路上可以容纳的晶体管数目在大约每经过 18 个月便会增加一倍

B. 处理器的性能每隔两年提升到原来的两倍

C. 过去 40 年,验证了摩尔定律的正确性

D. 摩尔定律永远正确

14. 关于核心技术,下列说法正确的是( )。

    A. 核心技术研发费时费力,因此,无须大力研发,把经济搞好,通过购买可获取

    B. 只要把握市场先机,短平快的通用技术也能赚大钱,如新冠疫情初期的口罩生产。因此,缺乏重要核心技术,也不影响我国经济的发展

    C. 我国人口众多,市场庞大,可以以市场换取重要的核心技术

    D. 重要核心技术必须掌握在自己手中,避免被他国卡脖子,核心技术是核心竞争力

三、分析题

1. 已知逻辑电路输入 A、B 和输出 Y_1、Y_2、Y_3、Y_4 的信号波形如图 2.40 所示。试判断 Y_1、Y_2、Y_3、Y_4 各为哪种逻辑门。

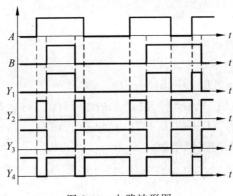

图 2.40 电路波形图

2. 电路图与输入波形如图 2.41 所示,试判断图中发光二极管在哪些时段会亮。

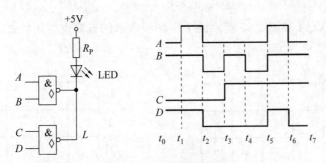

图 2.41 电路图及波形图

3. 试写出图 2.42 所示的数字电路的逻辑函数式,并分析电路功能。

4. 使用 TTL 与非门驱动发光二极管,如图 2.43 所示,已知发光二极管的正向压降为 2V,驱动电流为 10mA,已知输入 $U=5$V,与非门的电流驱动能力为 16mA。要求与非门输入 A、B 均为高电平时发光二极管亮,问与发光二极管相串联的限流电阻值的范围为多少?

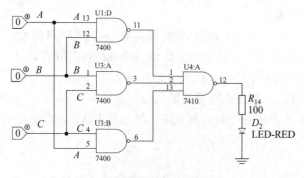

图 2.42　数字电路

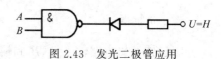

图 2.43　发光二极管应用

四、化简题

1. 用代数法化简下列逻辑函数。

(1) $F(A,B,C)=(A+\bar{B})C+\bar{A}B$。

(2) $F(A,B,C,D)=ABCD+\bar{B}C+\bar{A}D$。

(3) $F(A,B,C)=\overline{AB}C+\bar{A}\bar{B}C+AB\bar{C}+\overline{A}\overline{B}C+ABC$。

(4) $F(A,B,C,D)=A\bar{B}+B\bar{C}D+\bar{C}D+AB\bar{C}+A\bar{C}D$。

2. 利用卡诺图化简下列逻辑函数。

(1) $F(A,B,C,D)=\sum m(3,4,5,10,11,12)+\sum d(1,2,13)$。

(2) $F(A,B,C,D)=\sum m(1,2,3,5,6,7,8,9,12,13)$。

(3) $F(A,B,C,D)=\sum m(0,1,6,7,8,12,14,15)$。

(4) $F(A,B,C,D)=\sum m(0,1,5,7,8,14,15)+\sum d(3,9,12)$。

3. 写出如图 2.44 和图 2.45 所示的卡诺图所表示的最简逻辑函数式。

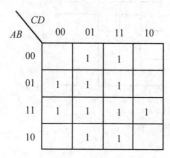

AB\CD	00	01	11	10
00		1	1	
01	1	1		
11	1	1	1	1
10		1	1	

图 2.44　$F(A,B,C,D)$卡诺图

AB\CD	00	01	11	10
00	1			1
01		1	1	
11	1	1	1	1
10	1			1

图 2.45　$G(A,B,C,D)$卡诺图

五、思考题

我国集成电路制造行业有哪些瓶颈？近年来,美国对华为的芯片禁令进一步升级,根源在于中国没有高端芯片的制造能力,所以一再被人"卡脖子",对此,你有何感想？

第3章

组合逻辑电路

如果电路没有时序器件,在任何时刻的输出仅仅取决于该时刻的输入,与电路原来的状态无关,这样的数字逻辑电路称为组合逻辑电路。组合逻辑电路由逻辑门及其他组合逻辑器件组合而成,电路中的数字信号只单向传输,一般没有反馈电路,其输出 Y 与输入 X 之间的逻辑函数 $f(\ )$ 可表示为 $Y_1 = f_1(X_1, X_2, \cdots, X_n)$,$Y_2 = f_2(X_1, X_2, \cdots, X_n)$,$\cdots$,$Y_m = f_m(X_1, X_2, \cdots, X_n)$,如果要求数字电路输入输出逻辑关系与时间无关,则可用组合逻辑电路实现。

3.1 SSI 组合逻辑电路的分析

组合逻辑电路的基本单元是与、或、非 3 种逻辑门,与非、或非、与或非是复合逻辑门,这些集成门电路属于小规模集成电路,用这些器件构成的组合逻辑电路属于 SSI 组合逻辑电路。组合逻辑电路实际上是逻辑函数的电路实现,电路图、真值表、卡诺图、波形图都是描述逻辑电路的图表工具。

1. 组合逻辑电路的一般分析步骤

对于给定组合逻辑电路,我们常常要分析其功能,SSI 组合逻辑电路的分析可分为以下 4 步。

(1) 从组合逻辑电路的输入至输出端,逐级写出逻辑函数表达式,最后得到电路的输出函数。

(2) 用公式法或卡诺图法化简逻辑函数,得到最简逻辑表达式。

(3) 将输入值不同取值代入最简逻辑函数表达式,计算出对应的函数值并将其填入真值表中,或者直接由最小项之和的标准表达式得到真值表。

(4) 观察真值表,找出输出与输入之间的关系,用准确的语言描述电路的逻辑功能。

2. 组合逻辑电路的分析示例

例 3.1 分析图 3.1 所示的 SSI 逻辑电路,写出电路对应的逻辑函数,画出电路的输入输出波形图。

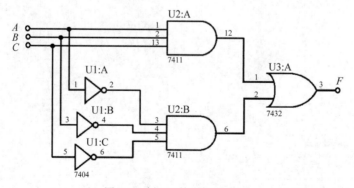

图 3.1 例 3.1 的逻辑电路图

解：(1) 写出电路对应的逻辑函数。

电路对应的逻辑函数为 $F(A,B,C)=ABC+\overline{A}\,\overline{B}\,\overline{C}$，已是最简函数，无须化简。

(2) 列出真值表，画出输入输出的波形。

逻辑函数为最小项之和的标准表达式，最小项为 ABC 与 $\overline{A}\,\overline{B}\,\overline{C}$，所以，仅当 $ABC=$ 111 或 $ABC=000$ 时，$F=1$；其他情况下，$F=0$。因此，无须计算，直接得到真值表，如表 3.1 所示。

表 3.1　图 3.1 逻辑电路的真值表

A	0	0	0	0	1	1	1	1
B	0	0	1	1	0	0	1	1
C	0	1	0	1	0	1	0	1
F	1	0	0	0	0	0	0	1

根据真值表，可画出逻辑函数的输入输出波形图，如图 3.2 所示。

(3) 分析电路功能。

从真值表中，可看出当三输入变量完全相同时，即全为 1 或全为 0 时，函数值为 1；其他情况下，函数值为 0。因此，该电路是三变量一致性检测电路。

例 3.2　如图 3.3 所示的逻辑电路有两个输出端：F、G，试写出电路对应的逻辑函数，并分析该电路的功能。

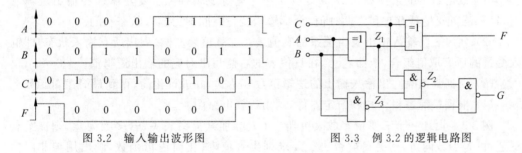

<table>
<tr><td>图 3.2　输入输出波形图</td><td>图 3.3　例 3.2 的逻辑电路图</td></tr>
</table>

解：图 3.3 所示的门电路采用国标符号，电路中含有"与非门"和"异或门"两种器件。

(1) 为了避免错误，应逐级写出逻辑表达式，最后写出输出函数 F、G 的表达式。$Z_1=A\oplus B$，$Z_3=\overline{AB}$；$F(A,B,C)=C\oplus Z_1=C\oplus(A\oplus B)=A\oplus B\oplus C$，$Z_2(A,B,C)=\overline{CZ_1}=\overline{C(A\oplus B)}$；$G(A,B,C)=\overline{Z_2Z_3}=\overline{\overline{C(A\oplus B)}\;\overline{AB}}$。

(2) 对输出函数进行化简。

函数 $F(A,B,C)$ 无须化简，$F(A,B,C)=A\oplus B\oplus C$；$G(A,B,C)=\overline{Z_2Z_3}=\overline{\overline{C(A\oplus B)}\;\overline{AB}}=(A\oplus B)C+AB$。

(3) 列出输出函数 $F(A,B,C)$ 与 $G(A,B,C)$ 对应的真值表，如表 3.2 所示。

表 3.2　图 3.3 逻辑电路的真值表

A	0	0	0	0	1	1	1	1
B	0	0	1	1	0	0	1	1
C	0	1	0	1	0	1	0	1
F	0	1	1	0	1	0	0	1
G	0	0	0	1	0	1	1	1

（4）分析电路功能。

由真值表可知：当输入信号 (A,B,C) 中 1 的个数为奇数个时，输出 F 为 1，其他情况为 0；当输入信号 (A,B,C) 中有两个或两个以上的 1 时，输出 G 为 1，其他为 0。因此，可认为 A 和 B 是被加数或加数，C 是低位的进位数，F 是带进位输入的一位二进制数加法的和，G 是向高位的进位数，即加法的进位输出。可见，该电路是一个带进位输入与进位输出的一位二进制加法器，这种功能的器件称为全加器，该电路就是一位全加器。

3.2　SSI 组合逻辑电路的设计

用 SSI 组合逻辑器件设计电路实现给定的功能，这个过程称为 SSI 组合逻辑电路的设计。组合逻辑电路的设计和组合逻辑电路的分析互为逆过程。

组合逻辑电路设计的基本步骤如下。

（1）根据给出的条件和最终要实现的功能进行逻辑抽象：设置输入和输出逻辑变量，每个逻辑变量具有 0 和 1 两种值，全部输入变量空间即为输入状态空间。

（2）列出表明输入输出逻辑关系的真值表。在真值表左侧，列出所有输入状态，即输入变量的所有取值组合，依照题意，在真值表的右侧写出对应的输出逻辑值。

（3）根据真值表写出输入输出的逻辑函数表达式，并进行化简，得到最简逻辑函数。

（4）根据最简逻辑函数和给定器件，画出逻辑电路图。

例 3.3　设计一个三变量多数表决器。3 人参加某提案表决，若多数同意，则提案获得通过；若少数同意，则提案被否决。要求列出真值表，化简逻辑函数，画出用与非门实现的电路图。

解：（1）设置输入输出逻辑变量。

根据题目的要求，表决人的意见对应输入逻辑变量，用变量 A、B、C 表示；表决结果对应输出逻辑变量，用变量 F 表示。当输入为 1 时，表示同意提案，为 0 时表示否决。输出 F 为 1 时，提案获得通过；为 0 时提案被否决。

（2）列出真值表，如表 3.3 所示。

表 3.3　三变量多数表决器的真值表

A	0	0	0	0	1	1	1	1
B	0	0	1	1	0	0	1	1

续表

C	0	1	0	1	0	1	0	1
F	0	0	0	1	0	1	1	1

（3）写出逻辑函数并进行化简。

表 3.3 中，输出逻辑函数共有 4 种情况下值为 1，所以函数式有 4 个最小项，它们是 $011 \rightarrow \overline{A}BC$、$101 \rightarrow A\overline{B}C$、$110 \rightarrow AB\overline{C}$、$111 \rightarrow ABC$。逻辑函数 $F(A,B,C)=\overline{A}BC+A\overline{B}C+AB\overline{C}+ABC=\sum m^3(3,5,6,7)$，利用卡诺图化简逻辑函数，如图 3.4 所示。

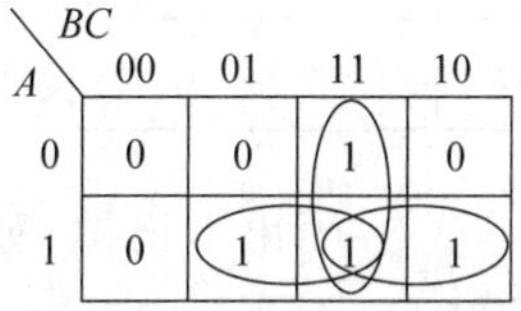

化简后，$F(A,B,C)=AB+BC+AC$。

（4）对最简与或表达式进行两次非运算，转换成与非-与非表达式，即 $F(A,B,C)=AB+BC+AC=\overline{\overline{AB+BC+AC}}=\overline{\overline{AB} \cdot \overline{BC} \cdot \overline{AC}}$。

（5）画出用与非门实现的逻辑电路图，如图 3.5(a) 和图 3.5(b) 所示分别是使用国标和国际标准的门电路符号绘制的电路图。

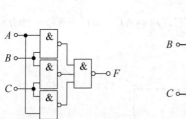

BC	00	01	11	10
0	0	0	1	0
1	0	1	1	1

图 3.4　利用卡诺图化简逻辑函数

（a）使用国标门电路符号绘制的电路图　　（b）使用国际标准门电路符号绘制的电路图

图 3.5　例 3.3 的逻辑电路图

例 3.4　球场照明亮度大于规定亮度后，球场才可举行比赛。某球场有甲、乙、丙、丁四盏照明灯，甲灯为高亮度灯，其余 3 盏灯均为普通亮度灯。当高亮度灯点亮时，只要再点亮一盏普通亮度灯，球场照明亮度就达标，可进行比赛；当高亮度灯熄灭时，3 盏普通亮度灯必须同时点亮，灯光才能满足比赛要求。设计逻辑电路，根据 4 盏照明灯的亮暗情况，判断球场灯光是否满足比赛的要求。如果可以进行比赛，则指示灯亮；若不能，则指示灯暗。要求列出真值表，化简逻辑函数，画出逻辑电路图。

解：（1）设置输入输出变量，列出真值表。

设变量 A、B、C、D 分别表示甲、乙、丙、丁 4 盏灯的明暗情况，灯亮变量值为 1，灯暗为 0。若灯光满足球场比赛要求，则函数值 $F=1$；若不满足，则函数值 $F=0$。依题意得真值表，如表 3.4 所示。

表 3.4   真值表

A	0	0	0	0	0	0	0	0	1	1	1	1	1	1	1	1
B	0	0	0	0	1	1	1	1	0	0	0	0	1	1	1	1
C	0	0	1	1	0	0	1	1	0	0	1	1	0	0	1	1
D	0	1	0	1	0	1	0	1	0	1	0	1	0	1	0	1
F	0	0	0	0	0	0	0	1	0	1	1	1	1	1	1	1

（2）画出卡诺图，如图 3.6 所示，将真值表填入卡诺图中，利用卡诺图化简逻辑函数。

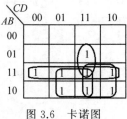

图 3.6   卡诺图

经化简，得到最简逻辑函数 $F(A,B,C,D)=AB+AC+AD+BCD$。

（3）画出逻辑电路图，如图 3.7 所示。

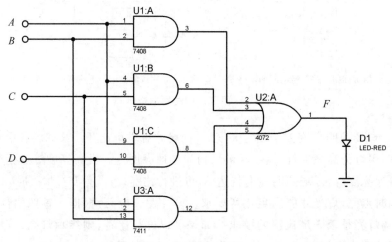

图 3.7   逻辑电路图 4

在例 3.4 题中，若用与非门设计电路，先将逻辑函数 $F(A,B,C,D)=AB+AC+AD+BCD$ 转换成与非-与非的形式：$F(A,B,C,D)=\overline{\overline{AB+AC+AD+BCD}}=\overline{\overline{AB}\cdot\overline{AC}\cdot\overline{AD}\cdot\overline{BCD}}$，然后画出用与非门实现的电路，如图 3.8 所示。

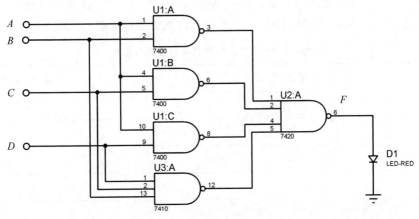

图 3.8　用与非门实现的电路图

3.3　常用 MSI 组合逻辑电路

为应用方便,将一些常用功能的逻辑电路制作成集成电路器件。常用的中规模集成程度(medium scale integrated)的组合逻辑电路器件有编码器、译码器、数据选择器、数据分配器、数值比较器、加法器、算术逻辑运算单元等。

3.3.1　编码器

1. 编码原则

用若干位代码去标识特定意义的信号,这个过程就是编码。n 位二进制代码可以表示 2^n 种不同的信息,若用 n 位编码,要能表示 M 个不同的信息,n 应满足 $2^n \geqslant M$。例如,101 键盘有 101 个按键,对按键编码时,若采用 6 位二进位编码,$2^6 = 64 < 101$,编码不足以表示 101 个按键;若采用 7 位编码,$2^7 = 128 > 101$,编码能够区分 101 个按键。因此,人们对 101 键盘编码时采用了 7 位二进制的 ASCII 码。

【思考】　如果要对 8 种信号进行编码,至少需要多少位二进制代码? 如果要对 9 种信号进行编码呢?

2. 普通编码器

编码器是一种实现编码功能的中规模组合逻辑器件,普通编码器任何时刻只允许输入一个有效信号,然后输出对应的二进制编码。3 位二进制普通编码器如图 3.9 所示。

图 3.9 所示的 3 位二进制普通编码器,输入为

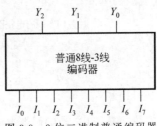

图 3.9　3 位二进制普通编码器

$I_0, I_1, \cdots, I_7$ 等 8 种需要编码的原始信息,输出量用 Y_2、Y_1、Y_0 分别表示对应的 8 种编码 000、001、010、011、100、101、110、111。3 位二进制普通编码器的真值表如表 3.5 所示。

表 3.5　3 位二进制普通编码器的真值表

输　入　编　码								输　出　编　码		
I_0	I_1	I_2	I_3	I_4	I_5	I_6	I_7	Y_2	Y_1	Y_0
1	0	0	0	0	0	0	0	0	0	0
0	1	0	0	0	0	0	0	0	0	1
0	0	1	0	0	0	0	0	0	1	0
0	0	0	1	0	0	0	0	0	1	1
0	0	0	0	1	0	0	0	1	0	0
0	0	0	0	0	1	0	0	1	0	1
0	0	0	0	0	0	1	0	1	1	0
0	0	0	0	0	0	0	1	1	1	1

表 3.5 中,编码器输入信号 I_i 为高电平有效,输出的编码 $Y_2 Y_1 Y_0$ 是原码。实际上,常见的编码器一般输入信号为低电平有效,输出的编码常常是对原码按位取反后的代码(类似反码)。根据表 3.5,可以求得输出逻辑函数,如下。

$$Y_2 = I_4 + I_5 + I_6 + I_7 = \overline{\overline{I_4}\,\overline{I_5}\,\overline{I_6}\,\overline{I_7}}$$

$$Y_1 = I_2 + I_3 + I_6 + I_7 = \overline{\overline{I_2}\,\overline{I_3}\,\overline{I_6}\,\overline{I_7}}$$

$$Y_0 = I_1 + I_3 + I_5 + I_7 = \overline{\overline{I_1}\,\overline{I_3}\,\overline{I_5}\,\overline{I_7}}$$

如图 3.10(a)所示是用或门实现的电路图,图 3.10(b)是用与非门实现的电路图。

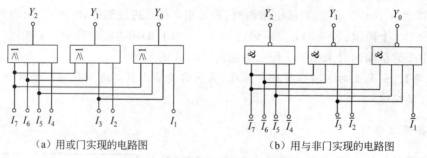

（a）用或门实现的电路图　　　　　　　　（b）用与非门实现的电路图

图 3.10　3 位二进制编码器的逻辑电路图

3. 优先编码器

在数字系统中,当编码器允许同时有多个输入信号有效,且每个输入信号有不同的优先级别时,编码器只对其中优先权最高的一个输入信号进行编码,具有这样功能的编码器称为优先编码器。

　　1) 9 线-4 线优先编码器

　　74LS147 是 9 线-4 线的优先编码器,输出 9 个输入信号对应的 4 位二进制代码,芯片符号如图 3.11 所示。

图 3.11　74LS147 芯片的引脚排列和常用符号

　　74LS147 属于中规模集成电路,图 3.11 中用符号 $\overline{I}_1 \sim \overline{I}_9$ 表示输入信号,上画线是为了提示输入低电平有效,输入端 $\overline{I}_9$ 的优先级别最高,$\overline{I}_1$ 的优先级别最低;输出端 4 位编码为 $\overline{DCBA}$,$\overline{D}$ 为最高位,$\overline{A}$ 位为最低位,上画线是为了提示编码输出是按位取反的代码。74LS147 的输入和输出均是低电平有效,所以以输入输出信号用带上画线符号表示,并不是表示信号必须进行非运算,才可作为电路的输入或输出,如果用不带上画线的符号表示输入输出信号,原则上也没错,只是不能通过符号知晓芯片输入输出低电平有效的特点。

　　74LS147 的真值表如表 3.6 所示,当无输入信号时,即全部输入为高电平:$\overline{I}_1\overline{I}_2\overline{I}_3\overline{I}_4\overline{I}_5\overline{I}_6\overline{I}_7\overline{I}_8\overline{I}_9=111111111$,输出端将全部为高电平 $\overline{DCBA}=1111$;当输入端 $\overline{I}_9=0$,表示 $\overline{I}_9$ 有输入,由于 $\overline{I}_9$ 优先级最高,此时,不论其他输入端是否有输入,即是否 $\overline{I}_{n\neq9}=0$,编码器输出"9"的代码,即 1001 按位取反后的代码 $\overline{DCBA}=\overline{1001}=0110$。

表 3.6　编码器 74LS147 的真值表

$\overline{I}_1$	$\overline{I}_2$	$\overline{I}_3$	$\overline{I}_4$	$\overline{I}_5$	$\overline{I}_6$	$\overline{I}_7$	$\overline{I}_8$	$\overline{I}_9$	$\overline{D}$	$\overline{C}$	$\overline{B}$	$\overline{A}$
×	×	×	×	×	×	×	×	×	1	1	1	1
×	×	×	×	×	×	×	×	0	0	1	1	0
×	×	×	×	×	×	×	0	1	0	1	1	1
×	×	×	×	×	×	0	1	1	1	0	0	0
×	×	×	×	×	0	1	1	1	1	0	0	1
×	×	×	×	0	1	1	1	1	1	0	1	0
×	×	×	0	1	1	1	1	1	1	0	1	1
×	×	0	1	1	1	1	1	1	1	1	0	0
×	0	1	1	1	1	1	1	1	1	1	0	1
0	1	1	1	1	1	1	1	1	1	1	1	0

　　2) 8 线-3 线优先编码器 74LS148

　　74LS148 芯片是一种 8 线-3 线优先编码器。74LS148 芯片的常用符号如图 3.12 所示,图中 $\overline{I}_1 \sim \overline{I}_7$ 为 8 个输入信号,优先级别依次递增,$\overline{Y}_2\overline{Y}_1\overline{Y}_0$ 为输出的编码信号,$\overline{S}$ 为使能输入端,$\overline{OE}$ 和 $\overline{GS}$ 共同指示芯片的工作状态。当 $\overline{S}$ 为低电平,且输入信号 $\overline{I}_1 \sim \overline{I}_7$ 有低电平时,芯片进行编码工作,输出 3 位二进制数按位取反后的代码 $\overline{Y}_2\overline{Y}_1\overline{Y}_0$,此时,状态信号 $\overline{OE}\,\overline{GS}=01$,表明允许芯片工作,且芯片有了有效的输入信号,芯片正常工作,输出了编码信号。$\overline{OE}$ 和 $\overline{GS}$ 信号可用于多片 74LS148 级联以扩展编码位数,两片 74LS148 通过 $\overline{OE}$ 和 $\overline{GS}$ 的恰当连接,可以扩展为 16 线-4 线优先编码器。

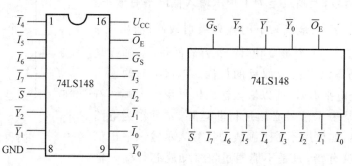

图 3.12　74LS148 芯片的常用符号

编码器 74LS148 的真值表如表 3.7 所示。

表 3.7　编码器 74LS148 的真值表

$\overline{S}$	$\overline{I_0}$	$\overline{I_1}$	$\overline{I_2}$	$\overline{I_3}$	$\overline{I_4}$	$\overline{I_5}$	$\overline{I_6}$	$\overline{I_7}$	$\overline{Y_2}$	$\overline{Y_1}$	$\overline{Y_0}$	$\overline{GS}$	$\overline{OE}$
1	×	×	×	×	×	×	×	×	1	1	1	1	1
0	1	1	1	1	1	1	1	1	1	1	1	1	0
0	×	×	×	×	×	×	×	0	0	0	0	0	1
0	×	×	×	×	×	×	0	1	0	0	1	0	1
0	×	×	×	×	×	0	1	1	0	1	0	0	1
0	×	×	×	×	0	1	1	1	0	1	1	0	1
0	×	×	×	0	1	1	1	1	1	0	0	0	1
0	×	×	0	1	1	1	1	1	1	0	1	0	1
0	×	0	1	1	1	1	1	1	1	1	0	0	1
0	0	1	1	1	1	1	1	1	1	1	1	0	1

3.3.2　译码器

根据输入的 n 位二进制代码,在 2^n 个输出端口的对应的一路获得输出,完成这样功能的器件称为译码器。例如,如果 3 线-8 线译码器输入 3 位二进制代码 011,那么译码器

0～7 号输出端口中的 3 号输出端获得输出。如果输出高电平有效,3 号输出逻辑 1 的电平;如果输出低电平有效,3 号输出逻辑 0 的电平。显然,译码器和编码器的功能正好相反。若译码器输入二进制代码有 n 位,则有 2^n 个输出端口。

译码器也是一种常用的中规模组合逻辑电路,在数字系统中,译码器不仅在代码转换与数码显示中得到广泛的应用,还常常用于数据分配、存储器寻址、信号控制等场合。根据功能差异,译码器可分为变量译码器、显示译码器和代码变换译码器。本节主要介绍变量译码器和显示译码器的外部工作特性和应用。

1. 变量译码器

74LS138 是一种 16 只引脚的 3 线-8 线变量译码器芯片,芯片符号如图 3.13 所示,第 16 脚是电源端,第 8 脚是接地端,A_2、A_1、A_0 是 3 位二进制代码输入端,$\overline{Y}_7 \sim \overline{Y}_0$ 是 8 个译码输出端口,G_1、$\overline{G}_{2A}$、$\overline{G}_{2B}$ 是芯片的使能信号。

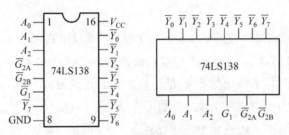

图 3.13　74LS138 芯片的引脚和常用符号

当使能信号 $G_1 = 1$,$\overline{G}_{2A} = \overline{G}_{2B} = 0$ 时,芯片进行译码工作,根据输入代码 $A_2A_1A_0$,相应输出端口 $\overline{Y}_i$ 产生低电平;若使能信号为其他取值,则 74LS138 输出端全部高电平,表示无输出。使能信号 G_1、$\overline{G}_{2A}$、$\overline{G}_{2B}$ 也可用于多片 74LS138 级联扩展功能,例如,通过使能信号恰当地连接,两片 74LS138 级联后可扩展成 4 线-16 线译码器。

译码器 74LS138 的真值表如表 3.8 所示。

表 3.8　译码器 74LS138 的真值表

G_1	$\overline{G}_{2A} + \overline{G}_{2B}$	A_2	A_1	A_0	$\overline{Y}_0$	$\overline{Y}_1$	$\overline{Y}_2$	$\overline{Y}_3$	$\overline{Y}_4$	$\overline{Y}_5$	$\overline{Y}_6$	$\overline{Y}_7$
×	1	×	×	×	1	1	1	1	1	1	1	1
0	×	×	×	×	1	1	1	1	1	1	1	1
1	0	0	0	0	0	1	1	1	1	1	1	1
1	0	0	0	1	1	0	1	1	1	1	1	1
1	0	0	1	0	1	1	0	1	1	1	1	1
1	0	0	1	1	1	1	1	0	1	1	1	1
1	0	1	0	0	1	1	1	1	0	1	1	1

G_1	$\overline{G_{2A}}+\overline{G_{2B}}$	A_2	A_1	A_0	$\overline{Y_0}$	$\overline{Y_1}$	$\overline{Y_2}$	$\overline{Y_3}$	$\overline{Y_4}$	$\overline{Y_5}$	$\overline{Y_6}$	$\overline{Y_7}$
1	0	1	0	1	1	1	1	1	1	0	1	1
1	0	1	1	0	1	1	1	1	1	1	0	1
1	0	1	1	1	1	1	1	1	1	1	1	0

74LS138 输出低电平有效,即输出端为低电平,表示产生输出。74LS138 各输出函数如下。

$$\overline{Y_0}=\overline{\overline{A_2}\,\overline{A_1}\,\overline{A_0}}=\overline{m_0}$$

$$\overline{Y_1}=\overline{\overline{A_2}\,\overline{A_1}A_0}=\overline{m_1}$$

$$\vdots$$

$$\overline{Y_7}=\overline{A_2A_1A_0}=\overline{m_7}$$

每个输出函数 $\overline{Y_i}$ 是输入变量 A_2、A_1、A_0 的一个最小项的反函数:$\overline{Y_i}=\overline{m_i(A_2,A_1,A_0)}$。

例 3.5　试用译码器 74LS138 实现逻辑函数 $F(A,B,C)=\overline{A}B+\overline{B}C+A\overline{C}$。

解:(1) 通过配项,求得函数 F 的最小项之和表达式为:

$$F(A,B,C)=\overline{A}BC+\overline{A}B\overline{C}+A\overline{B}C+\overline{A}\,\overline{B}C+AB\overline{C}+A\overline{B}\,\overline{C}=\sum m^3(1,2,3,4,5,6)。$$

(2) 将函数 F 的最小项之和表达式转换成与非-与非的形式,如下。

$$F(A,B,C)=\overline{\overline{\overline{A}BC+\overline{A}B\overline{C}+A\overline{B}C+\overline{A}\,\overline{B}C+AB\overline{C}+A\overline{B}\,\overline{C}}}$$

$$=\overline{\overline{\overline{A}BC}\cdot\overline{\overline{A}B\overline{C}}\cdot\overline{A\overline{B}C}\cdot\overline{\overline{A}\,\overline{B}C}\cdot\overline{AB\overline{C}}\cdot\overline{A\overline{B}\,\overline{C}}}$$

$$=\overline{\overline{Y_3}\cdot\overline{Y_2}\cdot\overline{Y_5}\cdot\overline{Y_1}\cdot\overline{Y_6}\cdot\overline{Y_4}}$$

其中,Y_i 为 A、B、C 的最小项,即 $Y_i=m_i(A,B,C)$,将 A、B、C 接入 74LS138 的输入端,74LS138 的 8 个输出就是最小项 $m_i(A,B,C)$ 的反函数,选取 $F(A,B,C)$ 的 6 个输出:$\overline{Y_1}=\overline{\overline{A}\,\overline{B}C}$,$\overline{Y_2}=\overline{\overline{A}B\overline{C}}$,$\overline{Y_3}=\overline{\overline{A}BC}$,$\overline{Y_4}=\overline{A\overline{B}\,\overline{C}}$,$\overline{Y_5}=\overline{A\overline{B}C}$,$\overline{Y_6}=\overline{AB\overline{C}}$,然后进行与非运算 $\overline{\overline{Y_1}\cdot\overline{Y_2}\cdot\overline{Y_3}\cdot\overline{Y_4}\cdot\overline{Y_5}\cdot\overline{Y_6}}$,便实现了函数 $F(A,B,C)=\overline{A}BC+\overline{A}B\overline{C}+\overline{A}BC+A\overline{B}\,\overline{C}+A\overline{B}C+AB\overline{C}$。用 74LS138 实现逻辑函数 F 的电路图如图 3.14 所示,图中使用了 8 输入端与非门 74LS30,多余的 2 个输入引脚接高电平,便成了 6 输入端与非门。

$$F(A,B,C)=\overline{1\cdot1\cdot\overline{Y_1}\cdot\overline{Y_2}\cdot\overline{Y_3}\cdot\overline{Y_4}\cdot\overline{Y_5}\cdot\overline{Y_6}}=\overline{\overline{Y_1}\cdot\overline{Y_2}\cdot\overline{Y_3}\cdot\overline{Y_4}\cdot\overline{Y_5}\cdot\overline{Y_6}}$$

在图 3.14 中,使用 1 片中规模集成电路器件 74LS138 和 1 片 8 输入端与非门 74LS30,就实现了逻辑函数 $F(A,B,C)=\overline{A}B+\overline{B}C+A\overline{C}$。如果电路全部使用与、或、非、与非、或非等小规模集成电路器件,至少需要 3 片芯片才可实现逻辑函数 $F(A,B,C)$,可见,与小规模集成电路器件相比,使用中规模集成电路器件进行电路设计,可以节约器件的数量,电路更简化,意味着不仅降低了制作成本,又提高了电路的可靠性。

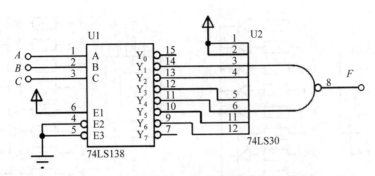

图 3.14　用 74LS138 实现逻辑函数 F 的电路图

2. 显示译码器

在数字系统中,信息常常需要通过终端显示出来,便于人们观察,因此,需要将表示数字、文字、符号等信息的二进制代码翻译成显示器的显示代码,使显示器直观地显示数字、文字、符号等信息,供人们查看。显示器有多种,如笔划段型数码管、点阵型显示器、液晶显示(liquid crystal display,LCD)器等,每种显示器控制显示的方式不同。显示器耗能较大,常常需要驱动电路才能正常显示,显示译码器具有译码和驱动双重功能。

1) 半导体显示器

发光二极管外加正向电压时,可以将电能转换成光能,即发光。笔划段型数码管将小型发光二极管封装成数码的笔划段,每段用一个发光二极管控制其显示,七段发光二极管组成"日"字形,用来显示数码 0～9,例如,要显示数码"4",就要点亮发光二极管的 b、c、f、g 段,熄灭 a、d、e 段,一个七段数码管显示一位数码,八段数码管显示带小数点的数码,如图 3.15(a)所示。点阵型显示器由行列矩阵式的可控发光点组成,每个发光点封装了一个发光二极管,由行列式矩阵的发光点阵来显示字符和图形,如图 3.15(b)所示。

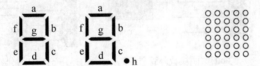

（a）七段和八段数码管　　　　　（b）点阵显示器

图 3.15　笔划段型数码管和点阵型显示器示意图

笔划段型数码管分为共阴极和共阳极两种,如图 3.16 所示,共阴极数码管器件内部的发光二极管阴极端连在一起,引出为数码管的公共端(com 引脚),因此,应用时,共阴极数码管 com 引脚要接地,这样数码管才可能点亮。共阴极数码管的输入信号连接到发光二极管的阳极,共阴极数码管的哪段需要点亮,该段的输入端就施加高电平,若输入低电平,该段就不亮。

共阳极数码管正好相反,数码管内部的发光二极管阳极端连在一起,引出为数码管的公共端(com 引脚)。应用时,共阳极数码管公共端必须接高电平,共阳极数码管各段

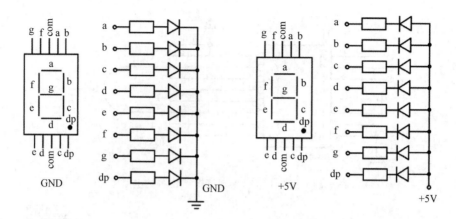

（a）共阴极数码管符号及内部电路　　　　　　　（b）共阳极数码管及内部电路

图 3.16　笔划段型八段数码管

输入端连接发光二极管的阴极,因此,共阳极数码管的哪一段要点亮,哪一段的输入端就施加低电平,若输入高电平,则该段就不亮。

例 3.6　使用七段共阴极数码管显示数字"3",试问该数码管的公共端应接什么电平?输入信号 a、b、c、d、e、f、g 应接什么电平?如果换成七段共阳极数码管显示数字"3",则公共端应接什么电平?输入信号 a、b、c、d、e、f、g 又应接什么电平?

解：要显示数字"3",数码管的 e、f 段应不亮,a、b、c、d、g 段要点亮,如图 3.17 所示。

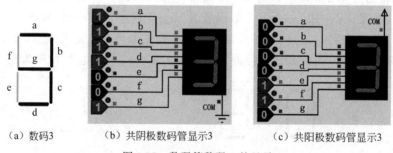

（a）数码3　　　　（b）共阴极数码管显示3　　　　（c）共阳极数码管显示3

图 3.17　数码管数码 3 的显示

使用共阴极数码管时,公共端应接地,笔端输入高电平点亮,输入 abcdefg 电平应为 1111001;使用共阳极数码管时,公共端应接高电平,笔端低电平点亮,输入信号 abcdefg 电平应为 0000110。

发光二极管导通电阻在几欧到几百欧之间,小型发光二极管正常发光的额定工作电流一般为 20mA 左右,红色发光二极管的压降一般为 1.8~2.2V,黄色发光二极管的压降一般为 1.8~2.0V,其他颜色的工作电压为 3V 左右。因此,无论是共阴极还是共阳极数码管,应用时,各段输入端应串联一个限流电阻,以防电流过大,烧毁发光二极管,但是,限流电阻也不可过大,以免电流过小,发光二极管显示过于暗淡或不发光。

例 3.7 图 3.18 中,发光二极管 D_1 的压降为 2V,工作电流为 $10\sim20mA$,如果电路电压 $U_1=3.6V$,试问限流电阻 R_1 的阻值范围为多少? 若电路电压 $U_1=5V$,限流电阻 R_1 的阻值范围又为多少?

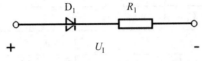

图 3.18 发光二极管应用电路

解: 当 $U_1=3.6V$ 时,R_1 的最大值 $R_{1MAX}=(3.6V-2V)/10mA=160\Omega$,$R_1$ 的最小值 $R_{1MIN}=(3.6V-2V)/20mA=80\Omega$,因此,当 $U_1=3.6V$ 时,限流电阻 R_1 阻值范围应在 $80\sim160\Omega$。

当 $U_1=5V$ 时,R_1 的最大值 $R_{1MAX}=(5V-2V)/10mA=300\Omega$,$R_1$ 的最小值 $R_{1MIN}=(5V-2V)/20mA=150\Omega$。因此,当 $U_1=5V$ 时,限流电阻 R_1 阻值范围应在 $150\sim300\Omega$。

2) 液晶显示器

当某些晶体的温度介于两个熔点之间时,呈现出液晶状态,此时既有液体的流动性,也不失晶体的某些特性,如分子结构排列整齐有序、透明度好,但是,其透明度和颜色可以随电场、磁场、光、温度等外界条件的变化而变化。例如,在极微小的电场作用下,液晶分子结构能在极短的时间内改变排序状态,从而影响透明度。若将电场施加在液晶不同部位,液晶通过对光线阻挡或偏转,依靠穿透的光线,能够显示出字形和图案。液晶显示器件本身并不发光,如果处于黑暗中,液晶不会显示任何图形。

液晶显示器是一种平板薄型显示器件,其驱动电压很低,工作电流极小,与 CMOS 电路组合起来可组成微功耗显示系统,广泛应用于仪器、仪表及电子产品的显示器中。

3) 显示译码器

显示译码器是既有译码功能,也有显示驱动功能的器件,可以将 4 位 8421 码转译成数码管的各段显示代码,同时提供较大的电流,以驱动数码管显示。七段显示译码器有 7448、7449、74247、74248、72249、74347、CD4511、CD4543 等中规模集成电路芯片,其中,7448 和 CD4511 是共阴极数码管常用的七段显示译码器。

如图 3.19 所示是七段显示译码器 74LS48 芯片引脚图,74LS48 的 4 位 8421 码输入端分别为 A_3、A_2、A_1、A_0。其中,A_3 为最高位,A_0 为最低位,输出的七段显示代码为

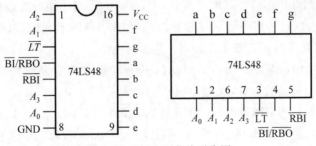

图 3.19 74LS48 芯片引脚图

a～g,该芯片内部的输出电路有上拉电阻,可以直接驱动共阴极数码管,芯片还有 3 个使能端: $\overline{LT}$、$\overline{BI/RBO}$、$\overline{RBI}$。显示译码器 74LS48 的真值表如表 3.9 所示。

表 3.9 显示译码器 7448 的真值表

$\overline{LT}$	$\overline{RBI}$	$\overline{BI/RBO}$	A_4	A_3	A_2	A_1	a	b	c	d	e	f	g	显示字符
1	1	1	0	0	0	0	1	1	1	1	1	1	0	显示 0
1	1	1	0	0	0	1	0	1	1	0	0	0	0	显示 1
1	1	1	0	0	1	0	1	1	0	1	1	0	1	显示 2
1	1	1	0	0	1	1	1	1	1	1	0	0	1	显示 3
1	1	1	0	1	0	0	0	1	1	0	0	1	1	显示 4
1	1	1	0	1	0	1	1	0	1	1	0	1	1	显示 5
1	1	1	0	1	1	0	0	0	1	1	1	1	1	显示 6
1	1	1	0	1	1	1	1	1	1	0	0	0	0	显示 7
1	1	1	1	0	0	0	1	1	1	1	1	1	1	显示 8
1	1	1	1	0	0	1	1	1	1	0	0	1	1	显示 9
1	1	1	1	0	1	0	0	0	0	1	1	0	1	显示 ⊏
1	1	1	1	0	1	1	0	0	1	1	0	0	1	显示 ⊐
1	1	1	1	1	0	0	0	1	0	0	0	1	1	显示 ⊔
1	1	1	1	1	0	1	1	0	0	1	0	1	1	显示 ⊑
1	1	1	1	1	1	0	0	0	0	1	1	1	1	显示 ⊨
1	1	1	1	1	1	1	0	0	0	0	0	0	0	无显示
0	×	×	×	×	×	×	1	1	1	1	1	1	1	显示 8

在正常工作状态下,$\overline{LT}$、$\overline{BI/RBO}$、$\overline{RBI}$接高电平,在 $A_3A_2A_1A_0$ 端输入 4 位 8421 码,74LS48 输出 7 段共阴极数码管的显示代码,数码管显示相应的十进制数码。74LS48 和共阴极数码管的连接方式如图 3.20 所示。

74LS48 各引脚的功能如下。

(1) 试灯信号$\overline{LT}$: 此信号低电平有效,当$\overline{LT}=0$ 时,不论输入 $A_3A_2A_1A_0$ 取何值,输出端 abcdefg=1111111,数码管显示数字“8”,此项功能用于测试数码管是否每一段都能够点亮,是否有损坏段。正常工作时,$\overline{LT}$应为高电平。

(2) 灭灯信号$\overline{BI}$: 当$\overline{LT}=1$,$\overline{BI}=0$ 时,不论其他输入端为何种电平,全部输出端 abcdefg=0000000,数码管灭灯,无显示。

(3) 条件灭零信号$\overline{RBI}$: 当$\overline{LT}=\overline{BI}=1$,$\overline{RBI}=0$ 时,若输入 $A_3A_2A_1A_0=0000$,abcdefg=0000000,数码管无显示;若 $A_3A_2A_1A_0\neq0000$,芯片正常工作,数码管显示相应的数码。

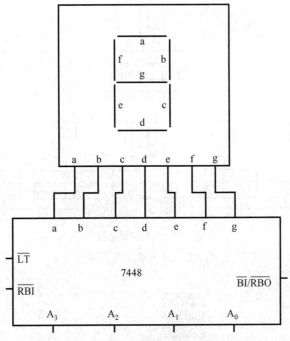

图 3.20　74LS48 和共阴极数码管的连接方式

（4）灭零输出信号$\overline{RBO}$：若$\overline{RBI}=0$且输入 $A_3A_2A_1A_0=0000$，$\overline{RBO}$输出为 0，表示输入为零，符合灭零条件，零被成功灭掉，零不予显示。

如图 3.21 所示是使用显示译码器 7448 构成的多位数字显示系统。整数最高位 7448 的$\overline{RBI}$与小数最低位的$\overline{RBI}$均接逻辑 0，若整数最高位或小数最低位输入 $A_3A_2A_1A_0=0000$，数码管将不显示零，如数据 012.340 最前和最后的零不应显示。小数点前的个位数字不管是 0 还是 1 都要显示，如数据 0.12 与 10.23 在小数点前的 0 必须显示，因此显示个位数的 7448 芯片$\overline{RBI}$应设置为 1，表明个位零不能灭掉。

多位显示系统中，还需将高位 7448 芯片的$\overline{RBO}$与相邻低位 7448 的$\overline{RBI}$连接。若高位 7448 芯片的$\overline{RBO}=0$，表明高位数 $A_3A_2A_1A_0=0000$，且条件灭零有效$\overline{RBI}=0$，高位数据零被成功灭掉，此时，相邻低位若是零，也应被灭掉。例如，0012.34 的第一位零被灭掉后，第二位零也应被灭掉，因此相邻低位 7448 芯片应$\overline{RBI}=0$，此时，高位 7448 芯片的$\overline{RBO}=$相邻低位的$\overline{RBI}=0$。若高位 7448 的$\overline{RBO}=1$，则表明高位输入 $A_3A_2A_1A_0\neq 0000$，或虽然输入是零但不灭掉显示，此时，相邻低位若是零，也必须显示，低位 7448 芯片应设置$\overline{RBI}\neq 0$，此时，高位 7448 芯片的$\overline{RBO}=$相邻低位的$\overline{RBI}=1$。例如，数据 1002.34 中的第一个零要显示出来，第一个零对应 7448 芯片$\overline{RBO}=1$，与之相邻的第二个零也不能被灭掉，第二个零对应的 7448 芯片应设置$\overline{RBI}=1$，满足高位 7448 芯片的$\overline{RBO}=$相邻低位的$\overline{RBI}$。故高位 7448 芯片的$\overline{RBO}$始终应和相邻低位 7448 芯片的$\overline{RBI}$相等，因此要将它们相连。

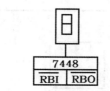

（a）单个数码管的连接

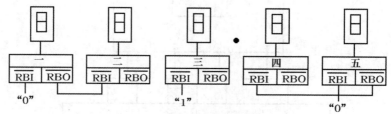

（b）多个数码管的连接

图 3.21　多位数字显示系统

3.3.3　数据选择器

1. 数据选择器的功能

从多路数据中选择一路数据进行输出的数字器件称为数据选择器，数据选择器也可以看作是多选一的电子开关。如图 3.22 所示为"四选一"的数据选择器的功能示意图，输入的 4 路数据为 $I_0I_1I_2I_3$，地址信号为 A_1A_0，使能信号为 $\overline{G}$。当使能信号有效时，即 $\overline{G}=0$，从 4 路数据 $I_0I_1I_2I_3$ 中选择地址信号 A_1A_0 指定的那路信号输出，如地址信号 $A_1A_0=00$，输出 $Y=I_0$；地址信号 $A_1A_0=11$，输出 $Y=I_3$。

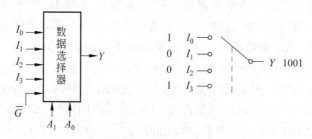

图 3.22　数据选择器的功能示意图

数据选择器也是常用的 MSI 组合逻辑器件。在远距离传输多位数据时，为了降低线路成本，常常将多路数据一位一位地发送到一条线路上传输，这时就需要数据选择器将并行数据转换成串行数据进行发送，如图 3.22 所示，"四选一"数据选择器输入并行数据 $I_3I_2I_1I_0=1001$，若每隔 Δt 时间，地址变化 1 次，发送 1bit 数据，经过 $4\Delta t$ 时间后，输出端 Y 得到串行数据 1001。

2．数据选择器的输出函数

74HC153 与 74HC151 分别是"四选一"和"八选一"的数据选择器,它们均属于中规模集成电路。74HC153 片内有两个"四选一"的数据选择器,分别由使能信号 $\overline{1E}$ 和 $\overline{2E}$ 控制,"八选一"的数据选择器 74HC151 有一对互补的输出 Y 和 $\overline{Y}$。

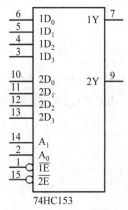

图 3.23 "四选一"的数据选择器 74HC153   图 3.24 "八选一"的数据选择器 74HC151

"四选一"数据选择器 74153 的真值表如表 3.10 所示,从表 3.10(a)可看出,由地址信号 A_1A_0 决定选择哪一路输入信号进行输出,如 $A_1A_0=00$,输出信号 $Y=D_0$,Y 与 D_1、D_2、D_3 无关;又如 $A_1A_0=11$,输出信号 $Y=D_3$,Y 与 D_0、D_1、D_2 无关。表 3.10(b)是简化后的真值表,它与表 3.10(a)等价。

表 3.10 "四选一"数据选择器 74153 的真值表

（a）功能表格式 1

D_3	D_2	D_1	D_0	A_1	A_0	Y
×	×	×	0	0	0	0
×	×	×	1	0	0	1
×	×	0	×	0	1	0
×	×	1	×	0	1	1
×	0	×	×	1	0	0
×	1	×	×	1	0	1
0	×	×	×	1	1	0
1	×	×	×	1	1	1

（b）功能表格式 2

D	A_1	A_0	Y
D_0	0	0	D_0
D_1	0	1	D_1
D_2	1	0	D_2
D_3	1	1	D_3

根据功能表 3.10,可以得到 74153 输出逻辑函数 Y,其值为各地址信号的最小项与对应数据形成的与项,再相或的结果。依据输出函数表达式可得芯片 74153 的内部电路

图,如图 3.25 所示,可以看出具有开关功能的数据选择器,其内部电路也是由基本的门电路组成的。

$$Y = f(D_3, D_2, D_1, D_0, A_1, A_0)$$

$$= \overline{A}_1\overline{A}_0 \cdot D_0 + \overline{A}_1 A_0 \cdot D_1 + A_1\overline{A}_0 \cdot D_2 + A_1 A_0 \cdot D_3$$

$$= m_0 D_0 + m_1 D_1 + m_2 D_2 + m_3 D_3$$

同理可得,可得到"八选一"数据选择器 74151 的输出函数。

$$Y = f(D_7, D_6, D_5, D_4, D_3, D_2, D_1, D_0, A_2, A_1, A_0)$$

$$= m_0 D_0 + m_1 D_1 + m_2 D_2 + m_3 D_3 + m_4 D_4 + m_5 D_5 + m_6 D_6 + m_7 D_7$$

$$= \overline{A}_2\overline{A}_1\overline{A}_0 \cdot D_0 + \overline{A}_2\overline{A}_1 A_0 \cdot D_1 + \overline{A}_2 A_1\overline{A}_0 \cdot D_2 + \overline{A}_2 A_1 A_0 \cdot D_3 +$$

$$A_2\overline{A}_1\overline{A}_0 \cdot D_4 + A_2\overline{A}_1 A_0 \cdot D_5 + A_2 A_1\overline{A}_0 \cdot D_6 + A_2 A_1 A_0 \cdot D_7$$

$$= \sum_{i=0}^{7} m_i (A_2, A_1, A_0) \cdot D_i$$

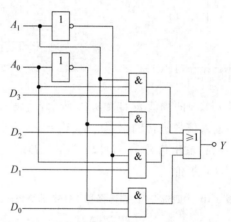

图 3.25 "四选一"数据选择器 74153 电路结构

例 3.8 分别使用"八选一"和"四选一"数据选择器 74HC151、74HC153 设计三变量多数判决器。

解: ① 设三变量分别为 A、B、C,判决结果为 F,依题意得到表 3.11 所示的真值表。

表 3.11 真值表

A	0	0	0	0	1	1	1	1
B	0	0	1	1	0	0	1	1
C	0	1	0	1	0	1	0	1
F	0	0	0	1	0	1	1	1

由真值表可得到三变量多数判决器对应的逻辑函数:$F(A, B, C) = \overline{A}BC + A\overline{B}C + AB\overline{C} + ABC$。

② 使用"四选一"数据选择器芯片 74HC153 设计电路。

74HC153 内含两个"四选一"数据选择器，$\overline{1E}$、$\overline{2E}$ 是两个数据选择器的使能信号，该信号低电平有效，若选择使用第一个"四选一"数据选择器，令 $\overline{1E}$ 接逻辑 0。74HC153 片内第一个"四选一"数据选择器的输出函数为：

$$1Y(A_1,A_0,1D_0,1D_1,1D_2,1D_3)$$
$$=m_0(A_1,A_0)\cdot 1D_0+m_1(A_1,A_0)\cdot 1D_1+m_2(A_1,A_0)\cdot 1D_2+m_3(A_1,A_0)\cdot 1D_3$$
$$=\overline{A}_1\overline{A}_0\cdot 1D_0+\overline{A}_1A_0\cdot 1D_1+A_1\overline{A}_0\cdot 1D_2+A_1A_0\cdot 1D_3$$

将三变量多数判决器输出函数 $F(A,B,C)$ 转换成表达式 $\sum\limits_{i=0}^{3} m_i(A,B)\,C_x$，其中 C_x 可以是 0、1、C、$\overline{C}$ 等值。

$$F(A,B,C)=\overline{A}BC+A\overline{B}C+AB\overline{C}+ABC$$
$$=\overline{A}\,\overline{B}\cdot 0+\overline{A}B\cdot C+A\overline{B}\cdot C+AB\cdot(\overline{C}+C)$$
$$=\overline{A}\,\overline{B}\cdot 0+\overline{A}B\cdot C+A\overline{B}\cdot C+AB\cdot 1$$

最后，将三变量多数判决器输出函数 $F(A,B,C)$ 与 74HC153 输出函数 $1Y(A_1,A_0)$ 进行对比，可知 74HC153 输入端应如此设置：$1D_0=0,1D_1=C,1D_2=C,1D_3=1,A_1=A,A_0=B$，如图 3.26 所示，一片 74HC153 便实现了三变量多数判决器的功能。完成同样的功能，若使用与门、或门、非门等小规模集成电路芯片，则要使用多片芯片。

③ 使用"八选一"数据选择器 74HC151 设计电路。

将输入变量 A、B、C 与"八选一"数据选择器 74HC151 的地址信号 $A_2A_1A_0$ 相连，再根据三变量多数判决器的真值表（见表 3.11），设置 74HC151 的输入信号 $D_7\sim D_0$ 的值，如图 3.27 所示，便实现了三变量多数判决器电路。

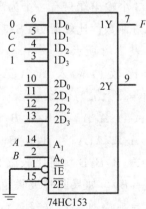

图 3.26 用 74HC153 实现的三变量多数判决器　　图 3.27 用 74HC151 实现的三变量多数判决器

从例 3.8 可知，使用数据选择器可以很方便实现逻辑函数，对于三变量的逻辑函数，使用数据选择器实现，比使用 SSI 逻辑电路实现的电路更加简单。

3.3.4 数据分配器

根据地址码,将一路数据分配到指定输出通道上的组合逻辑电路称为数据分配器,数据分配是数据选择的逆过程,数据分配器由地址码选择输出端,将输入数据分配到多路输出中的某一路,如图 3.28 所示。为了节约传输线路,常常将多路数据通过数据选择器分时发送到一路数据上,也就是将并行数据转换成串行数据发送出去,在接收端再通过数据分配器,还原成并行数据,如图 3.29 所示。

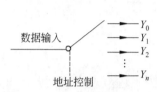

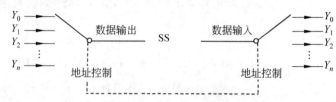

图 3.28 数据分配器功能示意图　　　　图 3.29 数据选择器和数据分配器应用示意图

3.3.5 数值比较器

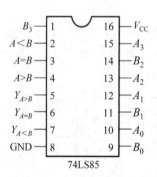

图 3.30　4 位二进制数值比较器 74LS85 的引脚

在运算器中,常常需要进行数值运算或数值比较,数值比较器是专门用来比较二进制数值大小的数字器件。芯片 74LS85 是比较两个 4 位二进制数值大小的器件,输入端除待比较的两个 4 位二进制数值 $A_3A_2A_1A_0$ 与 $B_3B_2B_1B_0$ 外,还有 3 个级联比较输入信号: $A>B$、$A<B$、$A=B$,输出有 3 个端口,即 $Y_{A>B}$、$Y_{A=B}$、$Y_{A<B}$,任何时候,这 3 个输出端只有一个为高电平,其他两个为低电平。4 位二进制数值比较器 74LS85 的引脚如图 3.30 所示,其真值表如表 3.12 所示。

由表 3.12 可知,若比较器输入 $A_3A_2A_1A_0 \neq B_3B_2B_1B_0$,输出 $Y_{A>B}Y_{A<B}Y_{A=B}$ 与级联输入($A>B$,$A<B$,$A=B$)无关,当 $A_3A_2A_1A_0 > B_3B_2B_1B_0$ 时,$Y_{A>B}Y_{A<B}Y_{A=B}=100$;当 $A_3A_2A_1A_0 < B_3B_2B_1B_0$ 时,$Y_{A>B}Y_{A<B}Y_{A=B}=010$。若比较器输入 $A_3A_2A_1A_0 = B_3B_2B_1B_0$,则比较器的输出 $Y_{A>B}Y_{A<B}Y_{A=B}$ 取决于级联输入信号($A>B$,$A<B$,$A=B$)。如果此时级联输入信号($A>B$,$A<B$,$A=B$)=100,则输出 $Y_{A>B}Y_{A<B}Y_{A=B}=100$;如果级联输入($A>B$,$A<B$,$A=B$)=010,则输出 $Y_{A>B}Y_{A<B}Y_{A=B}=010$;如果级联输入($A>B$,$A<B$,$A=B$)=001,则输出 $Y_{A>B}Y_{A<B}Y_{A=B}=001$。

表 3.12　4 位二进制数值比较器 74LS85 的真值表

比 较 输 入				级 联 输 入			输 出		
A_3B_3	A_2B_2	A_1B_1	A_0B_0	$A>B$	$A<B$	$A=B$	$Y_{A>B}$	$Y_{A<B}$	$Y_{A=B}$
$A_3>B_3$	$\times$	$\times$	$\times$	$\times$	$\times$	$\times$	1	0	0
$A_3<B_3$	$\times$	$\times$	$\times$	$\times$	$\times$	$\times$	0	1	0
$A_3=B_3$	$A_2>B_2$	$\times$	$\times$	$\times$	$\times$	$\times$	1	0	0
$A_3=B_3$	$A_2<B_2$	$\times$	$\times$	$\times$	$\times$	$\times$	0	1	0
$A_3=B_3$	$A_2=B_2$	$A_1>B_1$	$\times$	$\times$	$\times$	$\times$	1	0	0
$A_3=B_3$	$A_2=B_2$	$A_1<B_1$	$\times$	$\times$	$\times$	$\times$	0	1	0
$A_3=B_3$	$A_2=B_2$	$A_1=B_1$	$A_0>B_0$	$\times$	$\times$	$\times$	1	0	0
$A_3=B_3$	$A_2=B_2$	$A_1=B_1$	$A_0<B_0$	$\times$	$\times$	$\times$	0	1	0
$A_3=B_3$	$A_2=B_2$	$A_1=B_1$	$A_0=B_0$	1	0	0	1	0	0
$A_3=B_3$	$A_2=B_2$	$A_1=B_1$	$A_0=B_0$	0	1	0	0	1	0
$A_3=B_3$	$A_2=B_2$	$A_1=B_1$	$A_0=B_0$	0	0	1	0	0	1

3.3.6　加法器

加法器是计算机运算器的重要组成单元,计算机没有减法运算单元,减法运算也是通过加法来完成的,乘除法的实现也离不开加法运算。加法器的基本单元有半加器和全加器,两个二进制数的任意一位进行加法运算时,只考虑本位两个加数而不考虑来自低位的进位,完成这样功能的组合逻辑电路称为半加器。若本位数进行加法运算,还要加上低位加法产生的进位,这样的加法运算称为全加运算,实现全加运算的组合逻辑电路称为全加器。

1. 半加器

设 A_i 和 B_i 是两个一位二进制数,A_i 和 B_i 相加后的和为 S_i,向高位的进位为 C_i,表 3.13 是半加器的真值表。

表 3.13　半加器的真值表

A_i	B_i	S_i	C_i
0	0	0	0
0	1	1	0
1	0	1	0
1	1	0	1

半加器的逻辑表达式为 $S_i = \overline{A}_i B_i + A_i \overline{B}_i$，$C_i = A_i B_i$，显然，半加器是由一个异或门和一个与门构成的，半加器的符号和逻辑电路图如图 3.31 所示。

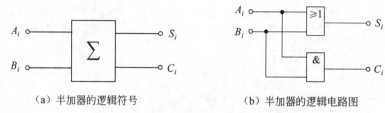

（a）半加器的逻辑符号   （b）半加器的逻辑电路图

图 3.31　半加器的逻辑符号和逻辑电路图

2. 全加器

两个二进制数相加时，如果还要加上来自低位的进位，实现这样功能的电路称为全加器。一位全加器具有 3 个输入端（A_i、B_i、C_{i-1}）和两个输出端（S_i、C_i）。其中，C_{i-1} 是低位向本位的进位数，C_i 是本位加法产生的向高一位的进位数，进位数为 1，表示有进位，进位数为 0，表示无进位。

全加器的逻辑符号和逻辑电路图如图 3.32 所示。

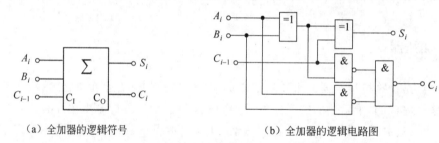

（a）全加器的逻辑符号   （b）全加器的逻辑电路图

图 3.32　全加器的逻辑符号和逻辑电路图

根据全加运算规则，可列出全加器的真值表如表 3.14 所示。

表 3.14　全加器的真值表

A_i	B_i	C_{i-1}	S_i	C_i
0	0	0	0	0
0	1	0	1	0
1	0	0	1	0
1	1	0	0	1
0	0	1	1	0
0	1	1	0	1
1	0	1	0	1
1	1	1	1	1

由表 3.14 可得全加器输出函数的最小项之和表达式然后用公式法或卡诺图法进行化简,求出全加器的最简输出函数:加法和 S_i 与进位 C_i 的表达式。

$$S_i = \overline{A}_i \overline{B}_i C_{i-1} + \overline{A}_i B_i \overline{C}_{i-1} + A_i \overline{B}_i \overline{C}_{i-1} + A_i B_i C_{i-1}$$
$$= A_i \oplus B_i \oplus C_{i-1}$$

$$C_i = \overline{A}_i B_i C_{i-1} + A_i \overline{B}_i C_{i-1} + A_i B_i \overline{C}_{i-1} + A_i B_i C_{i-1}$$
$$= A_i B_i + C_{i-1}(A_i \oplus B_i) = \overline{\overline{A_i B_i} \cdot \overline{C_{i-1}(A_i \oplus B_i)}}$$

多个全加器以串联方式级联,可完成多位二进制数的加法,n 个全加器串联可以完成两个 n 位二进制数的加法运算,如图 3.33 所示。低位全加器运算,产生进位信号后,高一位的全加器才启动运算,整个加法器的时延等于 n 个全加器时延之和,因此,串行进位的加法器速度较慢。

3. 集成二进制加法器

74LS283 是 4 位二进制加法器,如图 3.34 所示,输入信号 $A_3 A_2 A_1 A_0$ 与 $B_3 B_2 B_1 B_0$ 为两个 4 位加数,C_0 为进位输入,输出 4 位加法和 $S_3 S_2 S_1 S_0$,进位输出为 C_4。

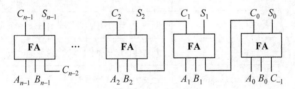

图 3.33　全加器的串行级联

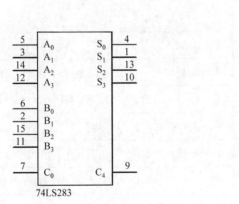

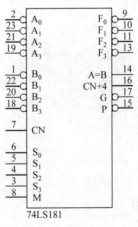

图 3.34　4 位加法器 74LS283 的引脚图　　图 3.35　4 位算术逻辑运算单元器 74LS181 的引脚图

3.3.7　算术逻辑运算单元

74LS181 是 4 位并行算术逻辑运算单元。输入信号 M 决定是进行算术运算还是逻辑运算,当 $M=1$ 时,完成逻辑运算;当 $M=0$ 时,完成算术运算。74LS181 可以完成 16 种逻

辑运算和 16 种算术运算,由 M 和 S_3、S_2、S_1、S_0 共同决定完成哪一种运算。

74LS181 的真值表见表 3.15,表中,"/"表示非运算,"+"表示或运算,隐含的"·"表示与运算,"加""减"表示算术加减运算。例如,输入:$S_3S_2S_1S_0=0001$,$A_3A_2A_1A_0=0011$,$B_3B_2B_1B_0=0110$,当 $M=1$ 时,执行逻辑运算 $F=\overline{A+B}$,输出 $F_3F_2F_1F_0=\overline{A_3A_2A_1A_0+B_3\ B_2\ B_1\ B_0}=\overline{0011+0110}=\overline{0111}=1000$;当 $M=0$,$\overline{CN}=0$ 时,执行逻辑运算 $A+B$,输出 $F_3F_2F_1F_0=A_3A_2A_1A_0+B_3B_2B_1B_0=0011+0110=0111$;当 $M=0$,$\overline{CN}=1$ 时,执行算术逻辑运算:$(A+B)$ 加 1,输出 $F_3F_2F_1F_0=(A_3A_2A_1A_0+B_3B_2B_1B_0)$ 加 $1=(0011+0110)$ 加 $1=0111$ 加 $1=1000$。

表 3.15　74LS181 功能表

S_3	S_2	S_1	S_0	$M=1$(逻辑运算)	$M=0$(算术运算)	
					$\overline{CN}=0$(无进位)	$\overline{CN}=1$(有进位)
0	0	0	0	$F=/A$	$F=A$	$F=A$ 加 1
0	0	0	1	$F=/(A+B)$	$F=A+B$	$F=(A+B)$ 加 1
0	0	1	0	$F=(/A)B$	$F=A+/B$	$F=(A+/B)$ 加 1
0	0	1	1	$F=0$	$F=$ 负 1(补码形式)	$F=0$
0	1	0	0	$F=/(AB)$	$F=A$ 加 $A(/B)$	$F=A$ 加 $A(/B)$ 加 1
0	1	0	1	$F=/B$	$F=(A+B)$ 加 A/B	$F=(A+B)$ 加 A/B 加 1
0	1	1	0	$F=A\oplus B$	$F=A$ 减 B 减 1	$F=A$ 减 B
0	1	1	1	$F=A(/B)$	$F=A(/B)$ 减 1	$F=A(/B)$
1	0	0	0	$F=/A+B$	$F=A$ 加 AB	$F=A$ 加 AB 加 1
1	0	0	1	$F=/(A\oplus B)$	$F=A$ 加 B	$F=A$ 加 B 加 1
1	0	1	0	$F=B$	$F=(A+/B)$ 加 AB	$F=(A+/B)$ 加 AB 加 1
1	0	1	1	$F=AB$	$F=AB$ 减 1	$F=AB$ 加 1
1	1	0	0	$F=1$	$F=A$ 加 A	$F=A$ 加 A 加 1
1	1	0	1	$F=A+(/B)$	$F=(A+B)$ 加 A	$F=(A+B)$ 加 A 加 1
1	1	1	0	$F=A+B$	$F=(A+/B)$ 加 A	$F=(A+/B)$ 加 A 加 1
1	1	1	1	$F=A$	$F=A$ 减 1	$F=A$

用 Proteus 电路仿真软件对 74LS181 功能进行验证,仿真结果如图 3.36、图 3.37 所示。

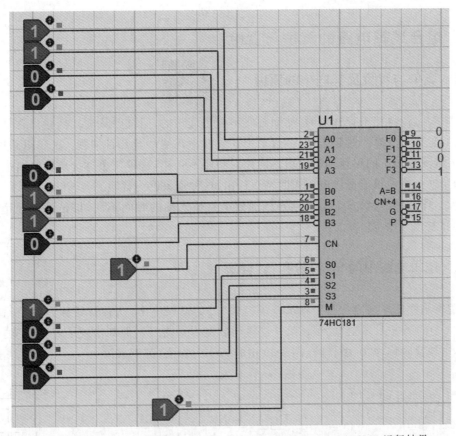

图 3.36　输入 $S_3S_2S_1S_0=0001, M=1, A=0011, B=0110, 74LS181$ 运行结果

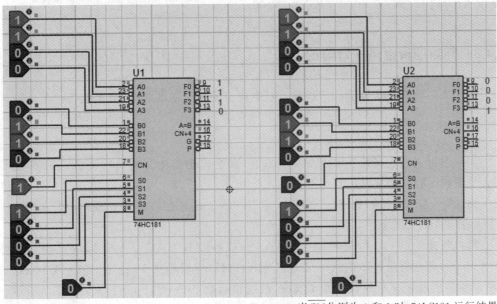

图 3.37　输入 $S_3S_2S_1S_0=0001, M=0, A=0011, B=0110,$ 当 $\overline{CN}$ 分别为 0 和 1 时, 74LS181 运行结果

3.4 组合逻辑电路的竞争与冒险

3.4.1 竞争与冒险及其产生的原因

理想上,门电路不存在延时,然而现实不会是理想的,门电路从输入到输出总是存在一定的延迟,尽管这个时延很短,一般单个逻辑门为几纳秒至几百纳秒。逻辑电路中,多个输入变量经过不同路径到达输出端的先后顺序不一样,这种现象称为逻辑电路中的竞争,如果这个竞争可能造成电路瞬时错误输出,这种现象称为冒险。

除了器件的时延,多个输入信号施加到电路输入端的时间不同,也是竞争冒险发生的原因之一。

3.4.2 逻辑电路中的"0"冒险和"1"冒险

逻辑函数值本该为"0",但却出现了短暂"1"的错误输出,这种冒险称为"1"型冒险,图 3.38 中的 $A \cdot \overline{A}$ 发生"1"型冒险。逻辑函数值本该为"1",但却出现了短暂"0"的错误输出,这种冒险称为"0"型冒险,图 3.39 中的 $A + \overline{A}$ 发生"0"型冒险。

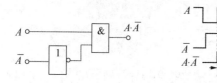 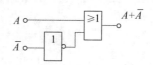

图 3.38 逻辑电路中的"1"型冒险   图 3.39 逻辑电路中的"0"型冒险

3.4.3 判断逻辑电路中冒险的方法

竞争不一定会产生冒险。可以通过观察或者借助卡诺图,判断竞争能否产生冒险。

1. 观察法

如果逻辑表达式在某些输入变量取值下,表达式能够转变成 $A + \overline{A}$ 或 $A\overline{A}$ 的形式,那么原逻辑函数存在冒险。

例 3.9 判断逻辑函数 $F(A,B,C) = AB + \overline{A}C$ 是否存在冒险? 逻辑函数 $Y(A,B,C) = AB + \overline{A}C + BC$ 呢?

解: 当 $B = C = 1$ 时,逻辑函数 $F(A,B,C) = AB + \overline{A}C = A + \overline{A}$,因此逻辑函数 $F(A,B,C)$ 存在冒险。不论 A 或 B 或 C 如何取值,逻辑函数 $Y(A,B,C) = AB + \overline{A}C + BC$ 都不会出现 $X + \overline{X}$ 或 $X\overline{X}$ 相似情况,故逻辑函数 $Y(A,B,C)$ 不存在冒险。

2. 卡诺图判断法

观察法依赖于个人的观察能力,难有规律可循。卡诺图不仅有助于化简逻辑函数,借助卡诺图,也可以更直观地判断逻辑函数有无冒险。

判断冒险的步骤是首先画出函数对应的卡诺图,然后画出与或式逻辑函数中每一个与项对应的卡诺圈,观察这些卡诺圈有无相切的情况,若有,则存在冒险,否则,不存在冒险。

消除冒险的方法是在卡诺圈相切的地方加上一个冗余卡诺圈,使相切的卡诺圈相交,这样就消除了冒险现象。

【思考】 无冒险的逻辑函数是不是最简表达式?

例 3.10 借助卡诺图,判断逻辑函数 $F(A,B,C,D)=\overline{A}\overline{B}+B\overline{C}\overline{D}+ACD$ 是否存在冒险?若有冒险,应如何消除?

解:画出逻辑函数 $F(A,B,C,D)$ 的卡诺图,因为函数有 3 个与项,故卡诺图有 3 个卡诺圈,观察到 $\overline{A}\overline{B}$ 卡诺圈与 $B\overline{C}\overline{D}$ 卡诺圈相切,$\overline{A}\overline{B}$ 卡诺圈还与 ACD 卡诺圈相切,因此存在冒险。在两处相切的地方分别添加冗余圈 $\overline{A}C\overline{D}$、$BCD$,函数添加冗余项后,逻辑函数变成 $F(A,B,C,D)=\overline{A}\overline{B}+B\overline{C}\overline{D}+ACD+\overline{A}C\overline{D}+BCD$,这个函数可消除冒险现象。

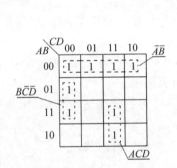

图 3.40 函数 F 的卡诺图

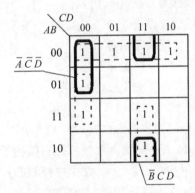

图 3.41 消除冒险后逻辑函数 $F(A,B,C,D)$ 的卡诺图

小结

本章首先介绍 SSI 组合逻辑电路的分析与设计方法;然后阐述常用 MSI 组合逻辑器件的功能与应用,如编码器、译码器、数据选择器、数据分配器、加法器、算术逻辑运算器等 MSI 组合逻辑器件的功能与应用;最后介绍组合逻辑电路中存在的竞争冒险现象及解决方法。

SSI 组合逻辑电路的分析与设计方法是本章的学习重点。

习题

一、填空题

1. 常用中规模集成组合逻辑电路有_____器、_____器、_____器、分配器、全加器、数据(数值)比较器等。

2. 对于集成组合逻辑电路芯片，_____表完全准确表示了芯片的逻辑功能。

3. 有一个 86 键的键盘，每按其中一个键，输出按键对应的 7 位 ASCII 码，完成这种功能，需要的 MSI 器件是_____器。

4. 现有赤、橙、黄、绿、青、蓝、紫、白共 8 盏灯，对应灯号为 000、001、010、011、100、101、110、111，要求用户输入灯号，就能自动点亮对应颜色的灯，实现这个功能，需要的 MSI 组合逻辑器件是_____。

5. 输入十路数据，根据给定的条件，选择一路输出，完成这样功能的 MSI 器件是_____器。

6. 74LS138 芯片是_____线-_____线集成译码器；74LS148 芯片是_____线-_____线集成优先编码器。

7. 两片集成译码器 74LS138 芯片级联可构成一个_____线-_____线译码器。

8. 目前常用的显示器件有_____显示器和_____显示器。数码管内部的七段发光二极管的两种接法分别是_____极接法和_____极接法。

9. 共阴极接法的 LED 数码管应与输出_____电平有效的译码器配套使用，而共阳 LED 数码管应与输出_____电平有效的译码器配套使用。

10. 三年级四班有 52 位学生，现采用二进制编码器对每位学生进行编码，则至少需要_____位二进制代码才能区分不同的学生。

11. 可用一片_____数据选择器芯片实现一个三变量逻辑函数。

12. 与数据选择器功能相反的器件是_____。

13. 图 3.42 所示电路的 $Y(A,B,C)=$_____。

$$\overline{F}_0 = \overline{\overline{A}_2\overline{A}_1\overline{A}_0} = \overline{m}_0, \quad \overline{F}_1 = \overline{m}_1, \cdots, \overline{F}_i = \overline{m}_i, \cdots, \overline{F}_7 = \overline{m}_7$$

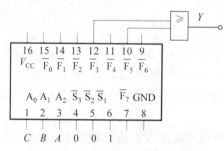

图 3.42　译码器应用电路

14. 用译码驱动器 7448 测试数码管的好坏,7448 的$\overline{LT}$应该设置为_____电平。

15. 串行加法器比并行加法器的速度_____。

16. 算术逻辑运算器 74181 能够完成_____运算与_____运算。

17. 显示译码器 7448 和共_____极数码管配对使用;共阳极数码管使用时,com 端要接_____(高、低)电平。

18. 两个 4 位二进制数值比较器级联后,可实现两个_____位二进制数值比较的功能;使用全加器级联的方法,完成两个 4 位二进制数的串行加法运算,需要_____个全加器。

19. 数码管和点阵显示器都是利用_____发光达到显示的目的。

20. 数码管各段代号如图 3.43 所示,共阴极数码管要显示"4",各段输入 abcdefg＝_____,com＝_____;共阳极数码管要显示"4",各段输入 abcdefg＝_____,com ＝_____。(高电平填 1,低电平填 0)

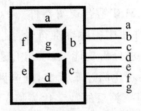

图 3.43　数码管各段标识

二、判断题(对的打√,错的打×)

1. 组合逻辑电路输入决定输出,没有记忆功能。　　　　　　　　　　　　(　　)

2. 3 线-8 线译码器就是三进制-八进制译码器。　　　　　　　　　　　　(　　)

3. 逻辑表达式 $F(A,B,C,D)＝AB\overline{C}+\overline{A}CD+BC$ 不会产生冒险。　　　(　　)

4. 共阴极数码管各段需要低电平驱动才能显示。　　　　　　　　　　　(　　)

5. 用 Proteus 平台电路仿真,每个元件标号必须唯一。　　　　　　　　　(　　)

6. 半加器与全加器的区别在于半加器无进位输出,而全加器有。　　　　(　　)

7. 3 线-8 线译码器的每一个输出信号就是输入变量的一个最小项。　　　(　　)

8. 设计组合逻辑电路时,化简逻辑函数的目的是得到最简化的电路。　　(　　)

9. 消除冒险的逻辑表达式是最简表达式。　　　　　　　　　　　　　　(　　)

10. 借助卡诺图,可以判断逻辑函数有无冒险。　　　　　　　　　　　　(　　)

三、单选题

1. 四输入端的译码器,其输出端最多为(　　)个。

　　A. 4　　　　　　　　B. 8　　　　　　　　C. 10　　　　　　　　D. 16

2. 当优先编码器 74LS148 的输入 $\overline{I}_0 \sim \overline{I}_7＝11011101$ 时,输出 $\overline{Y}_2\overline{Y}_1\overline{Y}_0$ 为(　　　)。

　　A. 101　　　　　　　B. 001　　　　　　　C. 010　　　　　　　D. 110

3. 普通译码器的输入量是(　　)。

    A. 二进制代码　　　B. 八进制代码　　　C. 十进制代码　　　D. 十六进制代码

4. 高电平有效的编码器的输出数据是(　　)。

    A. 二进制代码　　　B. 八进制代码　　　C. 十进制代码　　　D. 十六进制代码

5. 能实现 1 位二进制带输入输出进位的加法运算的器件是(　　)。

    A. 半加器　　　　　B. 全加器　　　　　C. 加法器　　　　　D. 运算器

6. 要设计一个 8 位数值比较器，需要的输入、输出引脚数至少为(　　)。

    A. 8 和 3　　　　　B. 16 和 3　　　　　C. 8 和 8　　　　　D. 16 和 16

7. 使用一小型 LED 作为 5V 电源指示灯，该 LED 导通时的额定电流为 20mA，电压为 2V，与该 LED 串联的限流电阻应为(　　)Ω。

    A. 150　　　　　　B. 200　　　　　　C. 500　　　　　　D. 1000

8. 下列说法错误的是(　　)。

    A. 译码器 74LS138 属于 MSI 组合逻辑器件

    B. Proteus 仿真平台，元件使用国际标准符号

    C. 给定组合逻辑电路，要求分析功能，属于组合逻辑电路分析事件

    D. 设计逻辑电路时，如果不化简逻辑函数，则电路功能可能不正确

9. 真值表是记录逻辑事件因果关系的数字化表格，下列哪种说法不正确(　　)。

    A. 电路设计时，真值表中作为"因"的输入数据要全面

    B. 电路设计时，真值表中作为"果"的输出数据要准确

    C. 电路设计时，如果有 n 个输入变量，那么将有 $2n$ 种输入组合

    D. 真值表与逻辑函数是逻辑事件因果关系的不同表示方式

10. 组合逻辑电路中存在竞争冒险现象，关于竞争冒险，下列说法正确的是(　　)。

    A. 竞争不会产生冒险现象

    B. 竞争一定会产生冒险现象

    C. 竞争产生的冒险现象无法从系统设计上解决

    D. 竞争产生的冒险现象有时可以从系统设计上解决

四、分析题

1. 某逻辑电路真值表如表 3.16 所示，分析其功能，并画出其最简逻辑电路图。

表 3.16　真值表

A	B	C	F
0	0	0	0
0	0	1	0
0	1	0	0
0	1	1	1

续表

A	B	C	F
1	0	0	1
1	0	1	1
1	1	0	1
1	1	1	1

2. 写出图 3.44 所示电路对应的逻辑函数式,并进行化简。

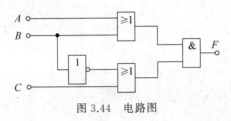

图 3.44　电路图

五、设计题

1. 设计组合逻辑电路,实现判别四位二进制数据是否为 4 的倍数的功能。

2. 某公司董事会有 4 位董事,其中一位是董事长,董事长拥有公司 40％的股份,其余 3 位董事分别占 30％、20％和 10％的股份,董事会现在要对一项议案进行表决,若同意者的股份超过 50％,则议案获得通过;若同意者的股份小于或等于 50％,则议案不通过。试设计组合逻辑电路,根据 4 人的投票结果,判断议案能否通过,若通过,指示灯点亮。

3. 设计四变量多数表决电路,当输入端中有 3 个或 4 个为逻辑"1"时,输出才为"1"。依题意列出真值表,写出逻辑函数式,化简得到最简表达式,再将最简表达式写成"与非-与非"的形式,用与非门实现电路。

4. 设计组合逻辑电路实现二位二进制加法器:

$$被加数(2 位)+加数(2 位)=和(2 位)、进位(1 位)$$

要求列出真值表,写出逻辑表达式,化简得到最简函数式,画出电路图。

5. 分别用 3-8 线译码器 74138 和八选一数据选择器 74151 实现逻辑函数 $F(A, B, C)=\overline{A}BC+A\overline{B}C+AB\overline{C}$,允许使用 SSI 门电路芯片,但是,电路必须包含 74138 或 74151 芯片。

第4章

时序逻辑电路

在日常生活中,有时输出不仅与当前输入有关,还与过去的输入或状态有关。例如,对于 111 序列检测器,当电路输入第一个 1 时,输出 0;继续输入第二个 1,电路仍然输出 0;连续输入 3 个 1 后,电路输出 1,表示识别到了 111 序列。很显然,序列检测器在不同的时间,同样的输入得到不同的输出,这个功能用组合逻辑电路是没有办法实现的,需要使用有记忆功能的时序逻辑电路来完成。本章介绍时序逻辑电路的基本单元——触发器及常用的 MSI 时序逻辑器件的特性和功能,详细阐述时序逻辑电路的分析和设计方法。

4.1 SSI 时序逻辑器件——触发器

与、或、非等门电路是组合逻辑电路的基本单元,而触发器是时序逻辑电路的基本单元,触发器的输出不仅与输入有关,和过去的输入或状态也有关,触发器是时序电路的基本记忆单元。触发器的输出常用符号 Q 表示,触发器的输出也称触发器的状态,触发器有一对互补的状态 Q 和 $\bar{Q}$,触发器的先后状态用 Q^n、Q^{n+1}、Q^{n+2}······表示,当前状态 Q^n 也可以省略上标,用 Q 表示。

$$Q^{n+1} = f(Q^n, x)$$

触发器的输入信号称为激励信号或驱动信号,和与、或、非等逻辑门不同,触发器的输入信号要用规定的符号表示。如图 4.1 所示,与门的输入输出没有规定符号,SR 触发器的输入用 (S, R) 表示,SR 触发器有一对互补的输出状态 $(Q, \bar{Q})$,SR 触发器的状态不仅与当时的输入 R、S 有关,还与前一时刻的状态 Q 有关。

4.1.1 触发器的结构

以 RS 触发器为例,对触发器的结构由低级至高级进行分析。

1. 基本 RS 触发器

两个或非门输出端相互反馈至另一或非门的输入端,如图 4.2 所示,就构成了一个基本 RS 触发器,其真值表如表 4.1 所示。实际上触发器也是由基本逻辑门构成的电路,只是电路加了反馈功能。

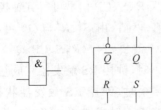

图 4.1 与门和 SR 触发器符号

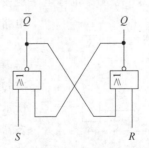

图 4.2 或非门构成的基本 RS 触发器

表 4.1 RS 触发器的真值表			
S	R	Q^n	Q^{n+1}
0	0	0	0
0	0	1	1
0	1	0	0
0	1	1	0
1	0	0	1
1	0	1	1
1	1	0	d
1	1	1	d

表 4.2 RS 触发器简化的真值表			
S	R	Q^{n+1}	功能说明
0	0	Q^n	状态不变
1	0	1	置1
0	1	0	置0
1	1	d	不确定

只要功能满足表 4.1 的触发器即为 RS 触发器,表 4.2 是表 4.1 的简化表示方式。从表 4.2 可知,SR＝00 时,RS 触发器的状态不变 $Q^{n+1}=Q^n$;SR＝01 或 10 时,新状态 $Q^{n+1}=S$;SR＝11 时,$Q^{n+1}=\bar{Q}^{n+1}=0$,此时,破坏了触发器状态 Q、$\bar{Q}$ 互补的关系,而且将来触发器的状态 Q^{n+2} 可能不确定,因此 RS 触发器应用时有约束条件,要求 $R\cdot S=0$,触发器的输出方程称为触发器的状态方程或特征方程,RS 触发器的特征方程为

$$\begin{cases} Q^{n+1}=S+\bar{R}Q^n \\ R\cdot S=0 \end{cases}$$

2. 钟控 RS 触发器

基本 RS 触发器不受时钟信号的控制,输入信号 (S,R) 一直影响输出状态 Q,一般时序电路需要按照时钟信号的节拍工作,时钟信号没有到达,电路要保持原来的状态。因此图 4.2 的基本 RS 触发器难于在实践中获得应用。钟控 RS 触发器比基本 RS 触发器多一个时钟脉冲 CP(clock pulse)信号,当 CP 信号为 1 时,钟控 RS 触发器和基本 RS 触发器的功能相同;当 CP 信号为 0 时,不论 (S,R) 取何值,触发器状态保持不变 $Q^{n+1}=Q^n$。所以,钟控 RS 触发器也称电平触发的 RS 触发器。如图 4.3 所示是钟控 RS 触发器的电路。

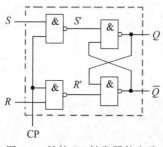

图 4.3 中,由输入 R、S、CP 信号可得到钟控 RS 触发器内部信号 S'、R' 值,然后,由 S'、R' 与 Q^n 可求出新状态 Q^{n+1}、$\bar{Q}^{n+1}$,实际上 $Q^{n+1}=f(R,S,CP,Q^n)$,如表 4.3 所示,显然,当 CP＝1 时,钟控 RS 触发器完成基本 RS 触发器的功能;当 CP＝0 时,钟控 RS 触发器状态保持不变,$Q^{n+1}=Q^n$,钟控 RS 触发器接受时钟信号 CP 的控制。

图 4.3 钟控 RS 触发器的电路

表 4.3 钟控 RS 触发器的真值表

CP	R	S	R'	S'	Q^n	Q^{n+1}	$\bar{Q}^{n+1}$	功能说明
1	0	0	1	1	0	0	1	$Q^{n+1}=Q^n$
1	0	0	1	1	1	1	0	
1	0	1	1	0	0	1	0	$Q^{n+1}=S$
1	0	1	1	0	1	1	0	
1	1	0	0	1	0	0	1	
1	1	0	0	1	1	0	1	
1	1	1	0	0	0	$\varnothing$	$\varnothing$	$Q^{n+1}=\varnothing$
1	1	1	0	0	1	$\varnothing$	$\varnothing$	
0	$\varnothing$	$\varnothing$	1	1	0	0	1	$Q^{n+1}=Q^n$
0	$\varnothing$	$\varnothing$	1	1	1	1	0	

3. 带异步置位端和异步复位端的钟控 RS 触发器

在钟控 RS 触发器电路的输出级添加置位和复位信号,置位和复位信号不受其他输入信号(S,R)和时钟信号 CP 的控制,直接快速地将触发器状态 Q 置位为 1 或复位为 0,因此置位和复位信号属于异步控制信号,即不与 CP 同步。通常置位信号和复位信号为低电平有效,置位信号用 $\bar{S}_\mathrm{D}$ 表示,复位信号用 $\bar{R}_\mathrm{D}$ 表示。

基本、钟控、带异步置位和复位信号的 RS 触发器符号如图 4.4 所示。

例 4.1 有一个带异步置位和异步复位信号的钟控 RS 触发器,复位、置位信号均为低电平有效,$\bar{R}_\mathrm{D}$ 为复位信号,$\bar{S}_\mathrm{D}$ 为置位信号,已知 $\bar{R}_\mathrm{D}$、$\bar{S}_\mathrm{D}$、CP、S、R 的波形,初始状态 $Q=0$,试画出该触发器的状态波形 Q。

解:根据 RS 触发器的真值表,及 $\bar{R}_\mathrm{D}$、$\bar{S}_\mathrm{D}$、CP、S、R 的波形,可以画出触发器的状态 Q 波形,如图 4.5 所示。

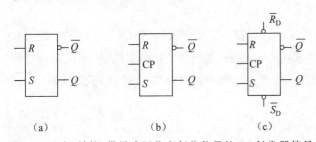

图 4.4 基本、钟控、带异步置位和复位信号的 RS 触发器符号　　图 4.5 钟控 RS 触发器的状态波形

4. 主从 RS 触发器

时序电路要求按照一定的时序基准运行,通常 CP 信号就是时序基准,我们希望触发

器严格按照 CP 的节拍变化,在一个 CP 周期内,触发器的状态最多变化一次。如果在一个 CP 周期内,触发器状态 Q 发生多次变化,这种现象称为触发器的空翻现象。钟控 RS 触发器在一个 CP 周期内,触发器的状态可能变化多次,图 4.5 中,在 CP 第一个周期内,Q 从 $0 \to 1 \to 0$,触发器状态 Q 发生了两次变化,因此,图 4.5 的触发器存在空翻现象。

触发器的空翻现象应当尽量避免,在钟控 RS 触发器电路结构上改进而来的主从 RS 触发器,可以克服空翻现象。主从 RS 触发器由两级钟控 RS 触发器连接而成,第 1 级称为主触发器,第 2 级为从触发器,两级 CP 信号取值正好相反。若第 1 级 CP=1,则第 2 级 CP=0;若第 1 级 CP=0,则第 2 级 CP=1。主 RS 触发器和从 RS 触发器交替工作,一个工作,另一个保持状态,从触发器的状态就是整个主从 RS 触发器的状态。

第 1 级主触发器的输出状态 Q_M 与 $\bar{Q}_M$ 作为第 2 级从触发器的输入信号 $S_从$ 与 $R_从$,$S_从 = Q_M$,$R_从 = \bar{Q}_M$,因为 Q_M 与 $\bar{Q}_M$ 互反,所以 $S_从 R_从 = 01$ 或 10。按照 RS 触发器的功能,$SR = 01$ 或 10 时,RS 触发器的状态和 S 信号相同,因此,从触发器工作时,$Q_从^{n+1} = S_从 = Q_M$,$\bar{Q}_从^{n+1} = R_从 = \bar{Q}_M$,从触发器状态 $Q_从$ 只是将主触发器的状态 Q_M 传递出去,主从 RS 触发器的状态实际上由主触发器状态 Q_M 决定,只不过在 CP 下降沿时,通过从触发器传递出去。

当 CP=1 时,$CP_主 = 1$,按照 RS 触发器的功能,主触发器的状态(Q_M,$\bar{Q}_M$)随 S、R、Q_M 进行变化,主触发器的状态可能发生多次变化,此时,从触发器因 $CP_从 = 0$,保持原状态 $Q_从$,亦即整个主从 RS 触发器保持状态 Q。当 CP 从 $1 \to 0$ 时,$CP_主 = 0$,$CP_从 = 1$,主触发器停止工作,保持状态 Q_M,而从触发器开始工作,将主触发器最后状态 Q_M 传递出去:$Q_M = S_从 \to Q_从$。这样在 CP 的一个周期内,从触发器的状态 $Q_从$ 最多发生一次变化,并且变化发生在 CP 的下降沿时刻,从触发器状态 $Q_从$ 就是主从触发器的状态 Q,也就是说,在一个 CP 周期内,主从触发器的状态 Q 最多发生一次变化,因此,主从触发器克服了空翻现象。

主从 RS 触发器的电路如图 4.6 所示,其结构如图 4.7 所示。

例 4.2 某 RS 主从触发器的时钟信号 CP 与输入信号 S、R 如图 4.8 所示,试画出该 RS 主从触发器的状态波形。

解:根据 RS 触发器的功能:$SR = 01$ 或 10,$Q_M^{n+1} = S$;$SR = 00$,$Q_M^{n+1} = Q_M^n$;$SR = 11$,Q_M^{n+1} 将不确定,首先画出主触发器的状态 Q_M 波形,然后在 CP 的下降沿,画出从触发器状态波形,即主从触发器的新状态 Q^{n+1} 波形,该 RS 主从触发器的状态波形如图 4.9 所示。

5. 边沿 RS 触发器

边沿 RS 触发器分为下降沿触发器和上升沿触发器。上升沿触发器在时钟 CP 上升沿后状态可能改变,在其他时间保持不变;下降沿触发器在时钟 CP 下降沿后状态可能改变,在其他时间保持不变。边沿触发器在 CP 有效边沿前一时刻的输入信号,对 CP 边沿后的新状态 Q 有影响,而在其他时间段,边沿触发器的输入信号对 CP 有效边沿后的新

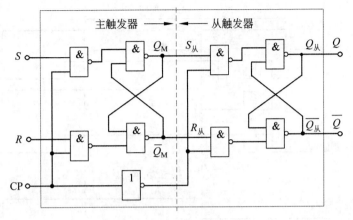

图 4.6　主从 RS 触发器电路

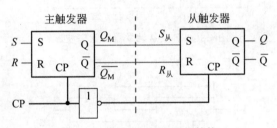

图 4.7　主从 RS 触发器的结构

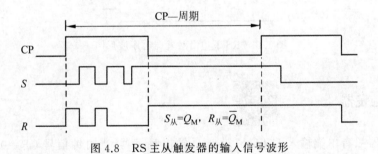

图 4.8　RS 主从触发器的输入信号波形

状态 Q 没有影响。

　　因此,边沿触发器只要求在 CP 有效边沿前的输入信号保持稳定,其他时间段的输入信号可以接受干扰,故边沿触发器的抗干扰性能较好。在时序电路中,边沿触发器获得了广泛的应用。因为一个时钟周期只有一个有效边沿(上升沿或下降沿),所以边沿触发器不存在空翻现象,图 4.10 为一个 RS 下边沿触发器时序波形图。

　　JK 触发器和 D 触发器是时序电路常用的触发器,因为边沿触发器是应用最广泛的触发器,所以主要对 JK 边沿触发器和 D 边沿触发器进行详细讨论。

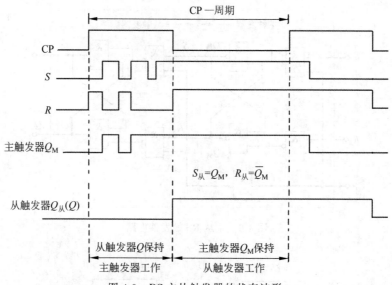

图 4.9　RS 主从触发器的状态波形

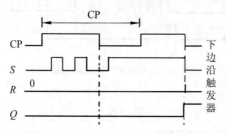

图 4.10　RS 下边沿触发器时序波形图

4.1.2　D 触发器

  D 触发器只有单端输入 D 信号,对于 D 钟控触发器,当时钟信号 CP=0 时,D 触发器 $Q^{n+1}=Q^n$;当 CP=1 时,D 触发器 $Q^{n+1}=D$。如果是 D 边沿触发器,新状态 Q^{n+1} 等于有效边沿前一时刻的输入信号 D。如图 4.11 所示为 D 触发器的符号,如图 4.12 所示为具有异步置位信号 $\overline{S}_D$ 和异步复位信号 $\overline{R}_D$ 的上升沿 D 触发器符号,异步信号优先级别最高,不受 CP 信号的约束。图 4.12 触发器的异步信号低电平有效,当 $\overline{S}_D=0,\overline{R}_D=1$ 时,不论 CP、D、Q^n 为何值,触发器置位 $Q^{n+1}=1$;当 $\overline{S}_D=1,\overline{R}_D=0$ 时,不论 CP、D、Q^n 为何值,触发器复位 $Q^{n+1}=0$;一般应用时令异步信号无效,$\overline{S}_D=\overline{R}_D=1$,这样触发器才能受到输入和时钟信号的影响,避免 $\overline{S}_D$、$\overline{R}_D$ 同时为低电平,否则,触发器可能进入不确定的状态。

图 4.11 D 触发器的符号 图 4.12 带异步信号 $\overline{S}_D$、$\overline{R}_D$ 的 D 触发器符号

显然，D 触发器的特征方程为 $Q^{n+1}=D$。假设 D 触发器的初始状态为 0，如图 4.13 所示是 D 钟控触发器和 D 边沿触发器的时序波形图。

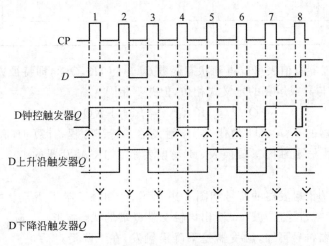

图 4.13 D 钟控触发器和 D 边沿触发器的时序波形图

4.1.3 JK 触发器

JK 触发器的符号如图 4.14 和图 4.15 所示。JK 触发器的真值表如表 4.4 所示，钟控 JK 触发器在时钟信号有效时，即 CP=1 时，$JK=00$，$Q^{n+1}=Q^n$；$JK=01$，$Q^{n+1}=0$；$JK=10$，$Q^{n+1}=1$；$JK=11$ 时，$Q^{n+1}=\overline{Q}^n$。与 RS 触发器相比，JK 触发器无论什么输入，都不会出现不确定的状态，由于 JK 触发器对输入没有限制条件，所以 JK 触发器的应用更广泛。同样，JK 触发器根据内部结构的不同，分为钟控 JK 触发器、主从 JK 触发器、边沿 JK 触发器等。也有具有异步置位信号 $\overline{S}_D$、复位信号 $\overline{R}_D$ 的 JK 触发器。

图 4.14 JK 触发器的符号 图 4.15 带异步信号 $\overline{S}_D$、$\overline{R}_D$ 的 JK 触发器符号

表 4.4　JK 触发器的真值表

J	K	Q^n	Q^{n+1}	功能描述
0	0	0	0	$Q^{n+1}=Q^n$
0	0	1	1	状态不变
0	1	0	0	$Q^{n+1}=0$
0	1	1	0	置 0
1	0	0	1	$Q^{n+1}=1$
1	0	1	1	置 1
1	1	0	1	$Q^{n+1}=\overline{Q}^n$
1	1	1	0	状态取反

根据 JK 触发器真值表可以得到状态函数 $Q^{n+1}(J,K,Q^n)$，即特征方程，注意 JK 触发器的特征方程与异或运算的定义式相仿，但并不相同。

$$Q^{n+1}(J,K,Q^n)=J\overline{Q}^n+\overline{K}Q^n$$

将 JK 触发器的 J、K、Q^n 值代入 JK 触发器的特征方程，计算 JK 触发器的新状态 Q^{n+1}，得到 JK 触发器的状态转换表，此表也表示了 JK 触发器的功能。

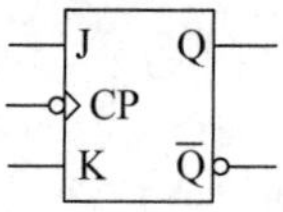

例 4.3　JK 边沿触发器的符号如图 4.16 所示，已知触发器 J、K 信号的波形，假设初始状态为零，试画出该触发器 Q 端的状态波形。

图 4.16　JK 边沿触发器的符号

解：从触发器符号可知，触发器是下降沿触发，在下降沿过后，触发器才可能更新状态，根据 JK 触发器的功能，可画出触发器 Q 端的状态波形，如图 4.17 所示。

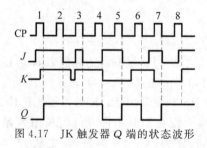

图 4.17　JK 触发器 Q 端的状态波形

图 4.18　T 触发器符号

4.1.4　T 触发器

若把 JK 触发器的 J 端、K 端连在一起，作为单端输入，那么就构成了 T 触发器，其符号如图 4.18 所示。T 触发器的特征方程为 $Q^{n+1}=T\overline{Q}^n+\overline{T}Q^n$，当 $T=1$ 时，$Q^{n+1}=\overline{Q}^n$；当 $T=0$ 时，$Q^{n+1}=Q^n$。

4.2 SSI 时序逻辑电路分析

4.2.1 时序逻辑电路概述

时序逻辑电路输出不仅与输入有关,还与电路原来的状态有关。从结构上看,时序逻辑电路由组合逻辑电路和存储电路两部分组成,如图 4.19 所示。

根据时序基准的特点,时序逻辑电路分为同步时序逻辑电路和异步时序逻辑电路。在同步时序电路中,所有的触发器使用统一的时钟信号,所有的触发器将同步更新状态,如图 4.20 所示;在异步时序电路中,各触发器的时钟信号不完全同步,所有触发器的新状态不是同步得到的,如图 4.21 所示。

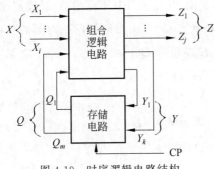

图 4.19 时序逻辑电路结构

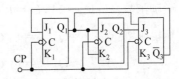

图 4.20 同步时序逻辑电路

按电路有无输入,时序逻辑电路分为摩尔型(moore)时序逻辑电路和米里型(mealy)时序逻辑电路,摩尔型时序逻辑电路只有时钟信号,没有输入信号;米里型时序逻辑电路既有时钟信号,也有输入信号。图 4.20 和图 4.21 所示的时序逻辑电路均属于摩尔型时序逻辑电路,如图 4.22 所示的时序逻辑电路有输入信号 X,属于米里型时序逻辑电路。

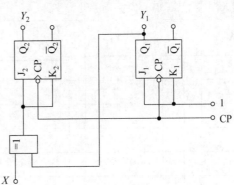

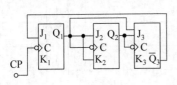

图 4.21 异步时序逻辑电路

图 4.22 米里型同步时序逻辑电路

4.2.2　SSI 时序逻辑电路分析

与组合逻辑电路的学习方法类似，首先，我们学习时序逻辑电路的分析方法，然后学习时序逻辑电路的设计方法。时序逻辑电路的分析有如下 4 个步骤。

（1）根据给定的时序逻辑电路，列出输出函数表达式和激励函数表达式。

（2）建立状态转移真值表。

（3）作出时序电路状态表，画出状态图。

（4）用文字或时序图描述电路的逻辑功能。

例 4.4　图 4.22 所示的时序逻辑电路由两个边沿触发器和一个异或门组成，分析图 4.22 时序电路的逻辑功能。

解：图 4.22 中的触发器为下降沿的触发器，输出 $Y_2 Y_1$ 在 CP 下降沿后，触发器得到新状态 $Q_2^{n+1} Q_1^{n+1}$，亦即新输出 $Y_2^{n+1} Y_1^{n+1}$，触发器新状态 Q^{n+1} 由下降沿前一时刻的状态 Q^n 及触发器的激励 J、K 共同决定，$Q_2^{n+1} = f_2(J_2, K_2, Q_2^n)$，$Q_1^{n+1} = f_1(J_1, K_1, Q_1^n)$。

（1）列出激励函数和输出函数表达式。

激励函数：$J_1 K_1 = 11$，$J_2 = K_2 = X \oplus Y_1 = X \oplus Q_1^n$。

输出函数：$Y_2^{n+1} = Q_2^{n+1} = J_2 \overline{Q_2^n} + \overline{K_2} Q_2^n = X \oplus Q_1^n \oplus Q_2^n$，

$$Y_1^{n+1} = Q_1^{n+1} = J_1 \overline{Q_1^n} + \overline{K_1} Q_1^n = \overline{Q_1^n}.$$

（2）建立状态转移真值表。

根据 JK 触发器的功能表及激励函数，计算出新状态，在状态转移真值表中用次态表示。将 J_2、K_2、$Q_2^n(Y_2)$ 的所有取值代入触发器的特征方程：$Q_2^{n+1} = J_2 \overline{Q_2}^n + \overline{K_2} Q_2^n$ 中，计算出新状态 Q_2^{n+1}，同理可得新状态 Q_1^{n+1}，从而得到状态转移真值表，如表 4.5 所示。

表 4.5　状态转移真值表

输入	现	态	激 励	函 数			次	态
X	Y_2	Y_1	J_2 $(X \oplus Q_1)$	K_2	J_1	K_1	Y_2^{n+1}	Y_1^{n+1}
0	0	0	0	0	1	1	0	1
0	0	1	1	1	1	1	1	0
0	1	0	0	0	1	1	1	1
0	1	1	1	1	1	1	0	0
1	0	0	1	1	1	1	1	1
1	0	1	0	0	1	1	0	0
1	1	0	1	1	1	1	0	1
1	1	1	0	0	1	1	1	0

(3) 作出状态图。

因为激励 J、K 是由(X,Y_1,Y_2)决定的,所以将表 4.5 中间列的激励函数 JK 去除,得到状态表 4.6,进一步缩小状态表至表 4.7,然后将状态表转换成如图 4.23 所示的状态图。状态图有 00、01、10、11 共 4 状态,每种状态施加不同输入 $X=0$ 或 $X=1$,在时钟有效边沿之后,转向的新状态也不同。

表 4.6　状态表格式 1

输入 X	现态 Y_2Y_1		次态 $Y_2^{n+1}Y_1^{n+1}$	
0	0	0	0	1
0	0	1	1	0
0	1	0	1	1
0	1	1	0	1
1	0	0	1	1
1	0	1	0	0
1	1	0	0	1
1	1	1	1	0

表 4.7　状态表格式 2

现　态	次态 $Y_2^{n+1}Y_1^{n+1}$			
Y_2Y_1	$X=0$		$X=1$	
0　0	0　1		1　1	
0　1	1　0		0　0	
1　0	1　1		0　1	
1　1	0　0		1　0	

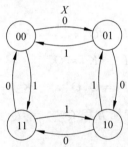

图 4.23　状态转移图

(4) 分析并描述电路功能。

从状态图中可知:当 $X=0$ 时,电路状态(输出)Y_2Y_1 的转换过程为:00→01→10→11→00,完成加法计数;当 $X=1$ 时,电路状态(输出)Y_2Y_1 的转换过程为 00→11→10→01→00,完成减法计数;故该同步时序电路功能是模四可逆二进制计数器。“模四”指总共能够计 4 个数;“可逆”指既可以进行加法计数,也可以进行减法计数;“二进制计数器”指计数值以二进制数表示。

据此,可画出该电路的时序波形图,如图 4.24 所示,该波形图也表示了电路功能。

例 4.5 分析如图 4.25 所示的时序逻辑电路的功能(输出 $Q_3Q_2Q_1$)。

解:(1) 该电路是下降沿触发的摩尔型同步时序逻辑电路。

(2) 求状态方程。

从图 4.25 中,可得到电路的驱动方程为

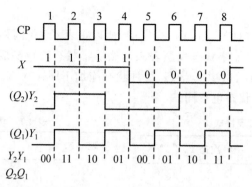

图 4.24　时序波形图

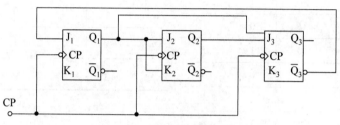

图 4.25　给定时序逻辑电路

$$\begin{cases} J_1 = \overline{Q}_3^n, & K_1 = 1 \\ J_2 = K_2 = Q_1^n \\ J_3 = Q_1^n Q_2^n, & K_3 = 1 \end{cases}$$

将驱动方程代入触发器的特征方程 $Q^{n+1} = J\overline{Q}^n + \overline{K}Q^n$，即可得到触发器的状态方程：

$$\begin{cases} Q_1^{n+1} = J_1\overline{Q}_1^n + \overline{K}_1 Q_1^n = \overline{Q}_3^n \, \overline{Q}_1^n \\ Q_2^{n+1} = J_2\overline{Q}_2^n + \overline{K}_2 Q_2^n = Q_1^n \overline{Q}_2^n + \overline{Q}_1^n Q_2^n \\ Q_3^{n+1} = J_3\overline{Q}_3^n + \overline{K}_3 Q_3^n = Q_1^n \, Q_2^n \, \overline{Q}_3^n \end{cases}$$

（3）根据状态方程，进行状态计算，列出状态转换表，如表 4.8 所示。

表 4.8　状态转换表

现　　态			次　　态		
Q_3^n	Q_2^n	Q_1^n	Q_3^{n+1}	Q_2^{n+1}	Q_1^{n+1}
0	0	0	0	0	1
0	0	1	0	1	0
0	1	0	0	1	1

续表

现　　态			次　　态		
Q_3^n	Q_2^n	Q_1^n	Q_3^{n+1}	Q_2^{n+1}	Q_1^{n+1}
0	1	1	1	0	0
1	0	0	0	0	0
1	0	1	0	1	0
1	1	0	0	1	0
1	1	1	0	0	0

（4）根据状态转换表，画出状态转换图，如图 4.26 所示。

（5）描述逻辑功能。从图 4.26 可知，该电路是具有自启动功能的五进制（模五）同步加法计数器。电路的时序波形如图 4.27 所示。

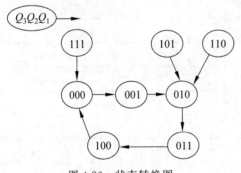

图 4.26　状态转换图

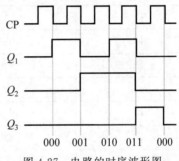

图 4.27　电路的时序波形图

4.3　SSI 时序逻辑电路设计

4.3.1　SSI 同步时序逻辑电路设计入门示例

同步时序逻辑电路的设计比组合逻辑电路的设计要复杂得多，我们先从一个示例来初步了解同步时序电路设计的方法。

例 4.6　试设计一个带有进位输出的模十一的 4 位二进制（或称十一进制）加法计数器。

解：（1）进行逻辑抽象，设定输入、输出及状态变量。对 CP 脉冲计数，计满 11 个数，输出 1，设输出变量为 C，11 个状态为 0000～1010，分别用 S_0～S_{10} 表示。

（2）作出原始状态转移图，如图 4.28 所示，图中的"/C"表示输出。

（3）列出状态转移真值表。将状态转移图填入状态转移真值表中，如表 4.9 所示，选用下降沿触发器，CP 每次下降沿后，电路得到加 1 后的新状态，计满 11 个数后，进位 C 输出 1，实现模十一的加法计数功能。

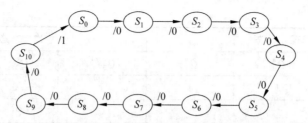

图 4.28 模十一加法计数器的原始状态转移图

表 4.9 模十一的加法计数器原始状态转移真值表

CP	现态 S_i	进位 C	次态 S_{i+1}
↓	S_0	0	S_1
↓	S_1	0	S_2
↓	S_2	0	S_3
↓	S_3	0	S_4
↓	S_4	0	S_5
↓	S_5	0	S_6
↓	S_6	0	S_7
↓	S_7	0	S_8
↓	S_8	0	S_9
↓	S_9	0	S_{10}
↓	S_{10}	1	S_0

（4）进行状态分配。系统有 11 个状态，如果对状态进行编码，表示每个状态需要 4 位二进制数，系统需要 4 个触发器，当没有 CP 下降沿 ↓ 时，状态值 $Q_3Q_2Q_1Q_0$ 保持不变，$Q_i^{n+1}=Q_i^n$；当 CP 下降沿 ↓ 来临后，按计数值的要求，Q_i 会更新状态值，可能 $Q_i^{n+1}\neq Q_i^n$。表 4.10 所列是编码后的状态转移真值表。

表 4.10 编码后的状态转移真值表

状 态 S_i	现 态				进 位 C	次 态			
	Q_3^n	Q_2^n	Q_1^n	Q_0^n		Q_3^{n+1}	Q_2^{n+1}	Q_1^{n+1}	Q_0^{n+1}
S_0	0	0	0	0	0	0	0	0	1
S_1	0	0	0	1	0	0	0	1	0
S_2	0	0	1	0	0	0	0	1	1
S_3	0	0	1	1	0	0	1	0	0
S_4	0	1	0	0	0	0	1	0	1

状态	现 态				进 位	次 态			
S_i	Q_3^n	Q_2^n	Q_1^n	Q_0^n	C	Q_3^{n+1}	Q_2^{n+1}	Q_1^{n+1}	Q_0^{n+1}
S_5	0	1	0	1	0	0	1	1	0
S_6	0	1	1	0	0	0	1	1	1
S_7	0	1	1	1	0	1	0	0	0
S_8	1	0	0	0	0	1	0	0	1
S_9	1	0	0	1	0	1	0	1	0
S_{10}	1	0	1	0	1	0	0	0	0

（5）求状态函数。从表 4.10 分离出次态第一列 Q_3^{n+1}，得到 Q_3^{n+1} 的真值表，如表 4.11 所示。

表 4.11　输出状态 Q_3^{n+1} 的真值表

状态	现 态				次 态
S_i	Q_3^n	Q_2^n	Q_1^n	Q_0^n	Q_3^{n+1}
S_0	0	0	0	0	0
S_1	0	0	0	1	0
S_2	0	0	1	0	0
S_3	0	0	1	1	0
S_4	0	1	0	0	0
S_5	0	1	0	1	0
S_6	0	1	1	0	0
S_7	0	1	1	1	1
S_8	1	0	0	0	1
S_9	1	0	0	1	1
S_{10}	1	0	1	0	0
$S_{11} \sim S_{15}$	1011～1111				×

将真值表数据填入卡诺图中，如图 4.29 所示，可求得 Q_3^{n+1} 的状态方程：

$$Q_3^{n+1} = f(Q_3^n, Q_2^n, Q_1^n, Q_0^n) = Q_3^n \bar{Q}_1^n + Q_2^n Q_1^n Q_0^n 。$$

同理可求状态方程 Q_2^{n+1}、Q_1^{n+1}、Q_0^{n+1} 及输出函数 C。

$$Q_2^{n+1} = Q_2^n \bar{Q}_0^n + Q_2^n \bar{Q}_1^n + \bar{Q}_2^n Q_1^n Q_0^n$$

$$Q_1^{n+1} = \bar{Q}_1^n Q_0^n + \bar{Q}_3^n Q_1^n \bar{Q}_0^n$$

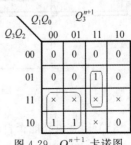

图 4.29　Q_3^{n+1} 卡诺图

$$Q_0^{n+1} = \bar{Q}_1^n \bar{Q}_0^n + \bar{Q}_3^n \bar{Q}_0^n \tag{4-1}$$

$$C = Q_3^n Q_1^n$$

(6) 选用触发器实现状态方程,并求出触发器的激励函数,亦即驱动函数。若选用 JK 触发器,将状态方程与 JK 触发器特征方程 $Q^{n+1} = J\bar{Q}^n + \bar{K}Q^n$ 进行对比,可得到各 JK 触发器的激励函数(驱动函数)。

$$\begin{cases} Q_3^{n+1} = Q_3^n \bar{Q}_1^n + Q_2^n Q_1^n Q_0^n \\ Q_2^{n+1} = Q_2^n Q \bar{Q}_0^n + Q_2^n \bar{Q}_1^n + \bar{Q}_2^n Q_1^n Q_0^n \\ Q_1^{n+1} = \bar{Q}_1^n Q_0^n + \bar{Q}_3^n Q_1^n \bar{Q}_0^n \end{cases} \tag{4-2}$$

特征方程: $\qquad\qquad Q_0^{n+1} = \bar{Q}_1^n \bar{Q}_0^n + \bar{Q}_3^n \bar{Q}_0^n$

$$\begin{cases} Q_3^{n+1} = J_3 \bar{Q}_3^n + \bar{K}_3 Q_3^n \\ Q_2^{n+1} = J_2 \bar{Q}_2^n + \bar{K}_2 Q_2^n \\ Q_1^{n+1} = J_1 \bar{Q}_1^n + \bar{K}_1 Q_1^n \end{cases} \tag{4-3}$$

特征方程: $\qquad\qquad Q_0^{n+1} = J_0 \bar{Q}_0^n + \bar{K}_0 Q_0^n$

激励函数:

$$\begin{cases} J_3 = Q_2^n Q_1^n Q_0^n, & K_3 = Q_1^n \\ J_2 = Q_1^n Q_0^n, & K_2 = Q_1^n Q_0^n \\ J_1 = Q_0^n, & K_1 = Q_0^n + Q_3^n \\ J_0 = \overline{Q_3^n Q_1^n}, & K_0 = 1 \end{cases} \tag{4-4}$$

(7) 根据激励函数与输出函数表达式连接电路。因为是同步时序逻辑电路,各触发器的时钟信号务必连接在一起,如图 4.30 所示。

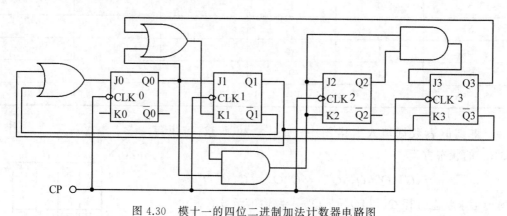

图 4.30   模十一的四位二进制加法计数器电路图

(8) 检查电路能否自启动。根据状态方程式 4-2,再次列出状态转移真值表,如表 4.12 所示,画出状态图。

表 4.12 设计的电路的状态转移真值表

状态符号	现态 $Q_3^n Q_2^n Q_1^n Q_0^n$				输出	次态 $Q_3^{n+1} Q_2^{n+1} Q_1^{n+1} Q_0^{n+1}$			
	Q_3^n	Q_2^n	Q_1^n	Q_0^n	C	Q_3^{n+1}	Q_2^{n+1}	Q_1^{n+1}	Q_0^{n+1}
S_0	0	0	0	0	0	0	0	0	1
S_1	0	0	0	1	0	0	0	1	0
S_2	0	0	1	0	0	0	0	1	1
S_3	0	0	1	1	0	0	1	0	0
S_4	0	1	0	0	0	0	1	0	1
S_5	0	1	0	1	0	0	1	1	0
S_6	0	1	1	0	0	0	1	1	1
S_7	0	1	1	1	0	1	0	0	0
S_8	1	0	0	0	0	1	0	0	1
S_9	1	0	0	1	0	1	0	1	0
S_{10}	1	0	1	0	1	0	0	0	0
S_{11}	1	0	1	1	1	0	0	0	0
S_{12}	1	1	0	0	0	1	0	0	1
S_{13}	1	1	0	1	0	1	1	1	0
S_{14}	1	1	1	0	1	0	1	0	0
S_{15}	1	1	1	1	1	1	0	0	0

设计的电路的状态转移图如图 4.31 所示,十一进制加法计数器的有效工作状态为 $S_0 \sim S_{10}$,从图中可看出,当电路意外进入非工作状态 $S_{11} \sim S_{15}$ 时,在时钟信号的作用下,能够进入十一进制加法计数器的工作轨道中,所以设计的电路具有自启动的功能。

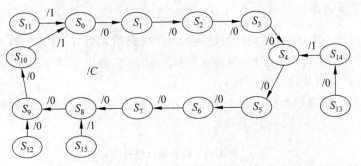

图 4.31 设计的电路的状态转移图

4.3.2　SSI 同步时序逻辑电路设计方法

给定与时间有关的功能,设计出满足要求的时序逻辑电路,就是时序逻辑电路的设计过程。时序逻辑电路的设计与其分析互为逆过程。

同步时序逻辑电路的设计步骤如下。

(1) 进行逻辑抽象,设定输入、输出变量,确定系统的全部状态及状态之间的转换关系,建立原始状态图,列出状态转移真值表。

(2) 进行状态化简,求出最小化状态转移真值表。

在状态表中,找出等价状态,将等价状态合并成一个状态,得到最小化状态转移真值表,最小化状态表对应最简状态图。

(3) 进行状态分配,对于最小化状态表中的每个状态,按照一定的规则,用二进制编码进行表示,列出编码后的最小化状态表。

(4) 求激励函数和输出函数的表达式。

触发器的输入函数即为激励函数,也称驱动函数,根据最小化状态表,求出每个状态变量的状态方程,将状态方程与给定触发器的特征方程进行对比,得到激励函数表达式。根据最小化状态表,求出输出函数表达式。

(5) 根据激励函数和输出函数表达式,连接时序逻辑电路图,然后将触发器的时钟信号 CP 连在一起,作为时序逻辑电路的时钟信号,这样,完成预定功能的同步时序逻辑电路就设计出来了。

(6) 检查设计的电路能否自启动。

检查电路功能之外的状态,在 CP 的作用下,能否回归执行电路功能的轨道中。若能,则设计的电路可自启动;否则,电路状态偏离有效工作状态时,不能回归电路功能的轨道,电路就没有自启动功能。

从上述时序逻辑电路的设计过程来看,时序逻辑电路的设计显然要比组合逻辑电路的设计复杂,下面对时序逻辑电路的设计步骤进行详细讨论。

1. 建立原始状态图与状态表

例 4.7　设计 101 序列检测器,假设同步时序电路输入为 X,其输出为 Z。输入 X 为一组按时间排列的串行二值序列,当输入序列为 101 时,输出 Z 为 1,否则 Z 为 0,试作出该电路的原始状态图及状态表。

解:(1) 作出电路原始状态图。设输入为 X,输出 Z,根据题意,电路输入输出关系如表 4.13 所示。

表 4.13　输入输出信号

X	0	0	1	1	0	1	1	0	0	1	0	1	0	1	0	0
Z	0	0	0	0	0	1	0	0	0	0	0	1	0	1	0	0

设定 S_0 为初始状态，S_1 为输入了"1"的状态，S_2 为连续两位输入为"10"的状态，S_3 为连续三位输入为"101"的状态，如图 4.32 所示。

设定的状态 $S_0 \sim S_3$ 包含了系统所有的状态，无论何时输入何值，电路状态一定可以用这 4 种状态之一表示。原始状态图如图 4.33 所示。

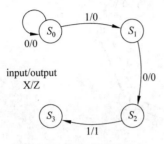

图 4.32　状态变量的设定

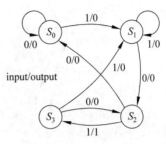

图 4.33　原始状态图

（2）根据原始状态图，列出原始状态表。原始状态图表示了每种状态在不同的输入下的新状态，将原始状态图 4.33 填入原始状态转移表 4.14 中。

表 4.14　原始状态表

现　　态	次态/输出	
	$X=0$	$X=1$
S_0	$S_0/0$	$S_1/0$
S_1	$S_2/0$	$S_1/0$
S_2	$S_0/0$	$S_3/0$
S_3	$S_2/0$	$S_1/0$

例 4.8　有一个 3 位二进制加/减法计数器，当输入 X 为 1 时，实现加 1 计数；当 X 为 0 时，实现减 1 计数。试作出计数器电路的原始状态图和状态表。

解：（1）作出电路原始状态图。分析：3 位二进制计数器的计数模值为 8，计数器所包含的状态数目非常明确，共有 8 个状态，分别为 000、001、010、011、100、101、110、111。

设输入 X 为 1 时，计数器进行加法计数，电路状态转移次序为 000→001→010→011→100→101→110→111→000。

设输入 X 为 0 时，计数器进行减法计数，电路状态转移次序为 111→110→101→100→011→010→001→000→111。

因此，电路的原始状态转移图如图 4.34 所示。

（2）根据原始状态图，列出原始状态表。3 位二进制加/减法计数器的状态转移真值表如表 4.15 所示。

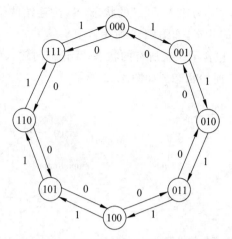

图 4.34 3 位二进制加、减法计数器的原始状态图

表 4.15 3 位二进制加/减法计数器的状态转移真值表

现态 $Q_3^n Q_2^n Q_1^n$			次态 $Q_3^{n+1} Q_2^{n+1} Q_1^{n+1}$					
			$x=0$			$x=1$		
0	0	0	1	1	1	0	0	1
0	0	1	0	0	0	0	1	0
0	1	0	0	0	1	0	1	1
0	1	1	0	1	0	1	0	0
1	0	0	0	1	1	1	0	1
1	0	1	1	0	0	1	1	0
1	1	0	1	0	1	1	1	1
1	1	1	1	1	0	0	0	0

2. 进行状态化简

如果能够减少状态数量,那么可以用更少的二进制代码位数来表示状态。状态编码的每一位源自一个触发器的状态端 Q_i,状态编码位数 n 越少,意味着需要的触发器数量 M 越少,电路也就越简化,因此,在时序逻辑电路的设计过程中,状态化简十分有必要。

例 4.9 某时序系统原始状态共有 A、B、C、D、E、F 6 个状态,如果我们对这 6 个状态进行化简,去除了 2 个状态,余下了 4 个状态,试问,现在每个状态要用几 bit 编码?通过状态化简,电路能节约几个触发器?

解:化简前,有 6 个状态,每个状态需要 3bit 代码表示,电路要使用 3 个触发器,化简后,系统有 4 个状态,状态要用 2bit 编码,电路需要使用 2 个触发器,因此,通过状态化简,电路节约了 1 个触发器。

【思考】 如果最小化状态表的全部状态为 $S_0S_1S_2S_3S_4\cdots S_{17}$,电路需要多少个触发器?

如果两个状态在相同的输入情况下,次态和输出总是相同,那么这两个状态等效,可以合并为一个状态。如果次态和输出有不相同之处,如何判断两个状态是否等效呢?如果两个状态相同输入,输出不同,那么这两个状态一定不等效;如果两个状态相同输入,输出相同,且次态满足相同、交错、循环、等效其中之一的条件,那么这两个状态是等效的。

表 4.16 两个状态等效的 4 种情况

(a) 次态相同

现　态	次态/输出	
	$X=0$	$X=1$
A	$C/0$	$B/1$
B	$C/0$	$B/1$

(b) 次态循环

现　态	次态/输出	
	$X=0$	$X=1$
E	$D/1$	$E/0$
F	$D/1$	$F/0$

(c) 次态交错

现　态	次态/输出	
	$X=0$	$X=1$
E	$D/1$	$F/0$
F	$D/1$	$E/0$

(d) 次态等效

现　态	次态/输出	
	$X=0$	$X=1$
A	$C/0$	$B/1$
B	$C/0$	$B/1$
D	$C/1$	$A/0$
E	$C/1$	$B/0$

状态等效关系具有传递性,若状态 S_1 与 S_2 等效,S_2 与 S_3 等效,则 S_1 与 S_3 等效。等效状态的集合称为等效类,若等效类中不能再包含更多的等效状态,则这个等效类称为最大等效类。假设 (S_1,S_2) 是等效类,(S_2,S_3) 也是等效类,而且等效类 (S_1,S_2,S_3) 不能包含其他状态,那么等效类 (S_1,S_2,S_3) 就是最大等效类。状态化简就是寻找所有的最大等效类,将每个最大等效类合并成一个状态,这样就完成了状态化简。

例 4.10 已知某原始状态表如表 4.17(a) 所示,进行状态化简,求出最小化状态表。

解: C 状态与 D 状态当输入 $X=1$ 时,输出不同,故 C、D 不等效。A 状态与 B 状态当输入相同时,输出相同,次态也相同,故 A、B 等效,我们消去 B 状态。E 状态与 F 状态当输入相同时,输出相同;E、F 状态当输入 $X=0$ 时,次态都是 D 状态,当输入 $X=1$ 时,E 的次态也是 E 状态,即次态循环,F 次态也循环,故 E、F 等效,消去 F 状态。最后,状态化简后的最小化状态表如表 4.17(c) 所示,最小化状态表只有 A、C、D、E 4 个状态。

表 4.17 原始状态表与最小化状态表

（a）原始状态表

现　态	次态/输出	
	$X=0$	$X=1$
A	A/0	C/0
B	A/0	C/0
C	A/1	D/0
D	A/1	D/1
E	D/1	E/0
F	D/1	F/0

（b）最小化状态表

现　态	次态/输出	
	$X=0$	$X=1$
A	A/0	C/0
C	A/1	D/0
D	A/1	D/1
E	D/1	E/0

状态化简时,任意两个原始状态都要进行比较,以便找出所有的等效状态,若甲状态和乙状态进行了比较,乙状态就不必再和甲状态进行比较了。例 4.10 有 6 个原始状态,系统需要比较的次数为 $(6\times5)/2=15$ 次。n 个状态比较的次数为 $n\times(n-1)/2$,随着原始状态数量的增加,比较次数剧增,如 10 个原始状态,需要进行状态比较 $(10\times9)/2=45$ 次,这么多次数的比较,很容易出现重复比较和遗漏比较的现象。因此,我们要借助隐含表进行状态比较,以确保不遗漏,也不重复进行状态比较。如图 4.35 所示是 $ABCDEFG$ 7 个状态的隐含表,对 7 个状态 A、B、C、D、E、F、G 两两之间进行比较,然后将比较结果填入表中,√表示等效,×表示不等效,等效条件直接填入。例如,图 4.36,表示状态 AC 等效,而状态 AE 等效的条件是状态 CE 等效,状态 CE 等效的条件是状态 AC 等效,可知状态 CE 等效,进而状态 AE 也等效,故状态(A,C,E)是一个最大等效类,可以合并为一个状态。这样,具有 7 个原始状态的系统 A、B、C、D、E、F、G,就化简成了 4 个状态 A、B、D、F。

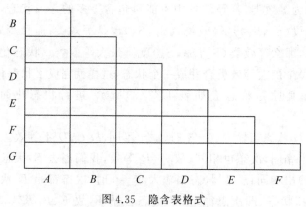

图 4.35　隐含表格式

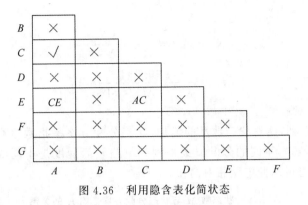

图 4.36　利用隐含表化简状态

3. 进行状态编码

1）状态编码方案的数量

把用符号表示的状态用一组二进制代码来表示,称为状态编码,如 A 状态的编码为 00,B 状态的编码为 01。状态数量 M 与编码位数 n 应满足:$2^{n-1} \leqslant M \leqslant 2^{n}$。例如,某电路有 A、B、C、D 4 种状态,$M = 4 = 2^{2}$,那么状态要用 2 位编码,即 $A = 00$、$B = 01$、$C = 10$、$D = 11$ 是一种状态编码方案;$A = 00$、$B = 10$、$C = 11$、$D = 01$ 也是一种状态编码方案,A、B、C、D 4 种状态共有 24 种编码方案,如表 4.18 所示。在方案 1～8 中,不同的编码方案可以通过编码 $00 \rightarrow 01 \rightarrow 11 \rightarrow 10 \rightarrow 00$ 循环得到。例如,$A = 00$、$B = 01$、$C = 11$、$D = 10$ 是第 1 种编码方案,向右移动一个编码后,得到第 7 种编码方案 $A = 10$、$B = 00$、$C = 01$、$D = 11$。因此,方案 1～8 属于同一种独立的编码方案,方案 9～16 是第二种独立的编码方案,方案 17～24 是第三种独立的编码方案。

表 4.18　$M = 4$, $n = 2$ 的全部编码方案

状 态	方　案											
	1	**2**	**3**	**4**	**5**	**6**	**7**	**8**	**9**	**10**	**11**	**12**
A	00	10	01	11	00	01	10	11	00	10	01	11
B	01	11	00	10	11	11	00	01	11	01	10	00
C	11	01	10	00	11	10	01	00	01	11	00	10
D	10	00	11	01	01	00	11	10	10	00	11	01

状 态	方　案											
	13	**14**	**15**	**16**	**17**	**18**	**19**	**20**	**21**	**22**	**23**	**24**
A	00	01	10	11	00	10	01	11	00	01	10	11
B	11	10	01	00	11	11	00	01	01	00	11	10
C	10	11	00	01	01	11	00	10	10	11	00	01
D	01	00	11	10	11	01	10	11	11	10	01	00

如果状态数为 M,需要的二进制代码位数为 n,状态分配方案数为 K_{S},独立的方案

数为 K_u，那么 K_S、K_u 为

$$K_S = A_n^M = \frac{2^n!}{(2^n - M)!}$$

$$K_u = \frac{(2^n - 1)!}{(2^n - M)! \; n!}$$

2）状态分配原则

从表 4.19 可看到，随着状态数量的增加，状态分配方案呈指数级增长。虽然所有的分配方案都可行，但是，不同的分配方案得到的电路繁简程度是不同的。按照如下规则给状态分配代码，将可以使电路相对简化。

表 4.19　状态数 M 与状态分配方案总数 K 的关系

状态数 M	二进制代码位数 n	分配方案总数 K_S	独立分配方案数 K_U
1	0	—	—
2	1	2	1
3	2	24	3
4	2	24	3
5	3	6720	140
6	3	20 160	420
7	3	40 320	840
8	3	40 320	840
9	4	4.15×10^9	10 810 800
10	4	2.91×10^{10}	75 675 600

状态分配原则如下。

（1）次态相同的现态，优先分配相邻代码。

（2）同一现态的次态，优先分配相邻代码。

（3）相同输出的现态，优先分配相邻代码。

（4）次态次数最多的分配逻辑 0。

进行状态分配时，应优先满足原则（1），然后按照要求的频度进行分配，原则（4）是用来确定零状态的。

例 4.11　已知表 4.20 是最小化状态表，要求进行状态编码，得出编码后的状态表。

表 4.20　最小化状态表

现　态	次态/输出	
	$X=0$	$X=1$
A	C/0	D/0
B	C/0	A/0
C	B/0	D/0
D	A/1	B/1

解：状态 A 和 B、状态 A 和 C 次态半数相同，满足原则(1)的一半，因此不予优先考虑分配相邻代码；根据原则(2)，状态 C 和 D、状态 C 和 A、状态 B 和 D、状态 A 和 B 应分配相邻代码；根据原则(3)，现态 A、B、C 输出相同，状态 A、B、C 应分配相邻代码；根据原则(4)，次态 A、B、C、D 均出现两次，代码 00 可分配给 A、B、C、D 之一。因为 AB 与 AC 在原则(2)、(3)均有相邻要求，根据要求的频度，应先给 AB 及 AC 分配相邻代码，最后，给状态分配相邻代码的优先级为：$(AB, AC) \rightarrow (CD, BD, BC)$。

图 4.37 中的(c)方案较多满足分配原则，因此选(c)方案，即 A、B、C、D 编码为 00、10、01、11，或 A、B、C、D 编码为 00、01、10、11，表 4.21 所示为编码后的状态表，将现态 10 和 11 行对调了顺序。

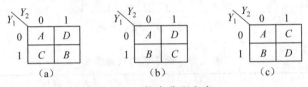

图 4.37 状态分配方案

表 4.21 编码后的状态表 1

现态 $Y_2^n Y_1^n$		次态 $Y_2^{n+1} Y_1^{n+1}$/输出	
		$X=0$	$X=1$
0	0	10/0	11/0
0	1	10/0	00/0
1	1	00/1	01/1
1	0	01/0	11/0

例 4.12 给定状态表 4.22，对状态进行编码，列出编码后的状态表。

表 4.22 给定状态表

现 态	次态/输出	
	$X=0$	$X=1$
A	B/0	C/0
B	D/0	E/0
C	E/0	D/0
D	A/1	A/0
E	A/0	A/1

表 4.22 有 5 个状态，因此需要用 3 位二进制代码表示每个状态。根据状态编码的原则(1)，状态 D 和 E 应该优先分配相邻代码；根据状态编码的原则(2)，状态 B 和 C、状态

D 和 E 应分配相邻代码;根据状态编码的原则(3),状态 A、B、C 应两两相邻;次态 A 出现 4 次,次态 B、C、D、E 分别出现 1、1、2、2 次,根据状态编码的原则(4),状态 A 应分配逻辑 0,因此 $A = 000$,分配相邻代码优先次序为 $DE \rightarrow BC \rightarrow (AB, AC)$。卡诺图具有物理位置相邻、逻辑也相邻的特点,因此,可以借助卡诺图分配状态代码。

如图 4.38 所示,状态 A、B、C、D、E 的编码可分配为 000、001、011、010、110,编码后的状态表如表 4.23 所示。

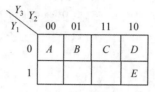

图 4.38　状态编码方案

表 4.23　编码后的状态表 2

现　　态	次态/输出	
	$X = 0$	$X = 1$
000	001/0	011/0
001	010/0	110/0
011	110/0	010/0
010	000/1	000/0
110	000/0	000/1

4. 求解激励函数与输出函数表达式

将二进制编码状态表按照次态对每个二进制位进行拆分,得到每个触发器的状态表,可求得每个触发器的状态方程,同理可得输出方程。然后,将触发器的状态方程与特征方程进行对比,求出触发器的激励函数,如 J、K、D 等激励函数。

例 4.13　已知状态编码表如表 4.24 所示,若选用 D 触发器实现电路,试求触发器激励函数 D 和系统输出函数 Z。

解:将编码状态表 4.24 拆分成 Y_2^{n+1}、Y_1^{n+1}、Z 等 3 个表,如表 4.25 所示,每个表其实是一个卡诺图,分别求出状态方程 Y_2^{n+1}、Y_1^{n+1} 及输出函数 Z,$Z = Y_2 Y_1 + X Y_1$,$Y_2^{n+1} = \overline{X} \overline{Y}_1 \overline{Y}_2 + X Y_2$,$Y_1^{n+1} = \overline{Y}_1$。由于 D 触发器的特征方程为 $Y_2^{n+1} = D_2$,$Y_1^{n+1} = D_1$,所以两个 D 触发器激励函数分为 $D_2 = \overline{X} \overline{Y}_1 \overline{Y}_2 + X Y_2$,$D_1 = \overline{Y}_1$。

5. 绘制电路图

根据触发器的激励函数与输出函数,绘制电路图。每个触发器的状态 Q 为系统状态编码的 1 位,状态编码有多少位,就需要绘制多少个触发器,根据编码位数,绘制若干给定触发器符号,然后根据各触发器的激励函数与输出函数表达式连接电路,最后将各触发器的时钟信号连在一起,如此,实现给定功能的同步时序逻辑电路就设计出来了。

表 4.24 编码状态表		
现态 $Y_2 Y_1$	次态/输出 $Y_2^{n+1}Y_1^{n+1}/Z$	
	$X=0$	$X=1$
0 0	1 1/0	0 1/0
0 1	0 0/0	0 0/1
1 1	0 0/1	1 0/0
1 0	0 1/0	1 1/0

表 4.25 激励函数与输出函数

Y_2^{n+1}

$Y_2Y_1 \backslash X$	0	1
00	1	0
01	0	0
11	0	1
10	0	1

$Y_2^{n+1}=X\overline{Y}_2\overline{Y}_1+XY_2$

Y_1^{n+1}

$Y_2Y_1 \backslash X$	0	1
00	1	1
01	0	0
11	0	0
10	1	1

$Y_1^{n+1}=\overline{Y}_1$

Z

$Y_2Y_1 \backslash X$	0	1
00	0	0
01	0	1
11	1	1
10	1	0

$Z=Y_2Y_1+XY_1$

例 4.14 系统二进制状态表如表 4.24 所示,给定 JK 触发器,试设计电路,完成状态表的功能。

解: 例 4.12 已求得状态方程和输出方程,$Y_2^{n+1}=\overline{X}\overline{Y}_1\overline{Y}_2+XY_2$,$Y_1^{n+1}=\overline{Y}_1$,$Z=Y_2Y_1+XY_1$。将 2 号触发器状态方程 $Y_2^{n+1}=\overline{X}\overline{Y}_1\overline{Y}_2+XY_2$ 与 JK 触发器特征方程 $Y_2^{n+1}=J_2\overline{Y}_2+\overline{K}_2Y_2$ 对比,得到 2 号 JK 触发器的激励函数 $J_2=\overline{X}\overline{Y}_1$,$K_2=\overline{X}$;将 1 号状态方程 $Y_1^{n+1}=\overline{Y}_1$ 与 JK 触发器特征方程 $Y_1^{n+1}=J_1\overline{Y}_1+\overline{K}_1Y_1$ 对比,得到 1 号 JK 触发器的激励函数 $J_1=K_1=1$。

根据激励函数 (J_2,K_2,J_1,K_1) 和输出函数 Z($Z=Y_2Y_1+XY_1$;$J_2=\overline{X}\overline{Y}_1$,$K_2=\overline{X}$;$J_1=K_1=1$),连接电路。

激励函数和输出函数连接完毕后,再将各触发器时钟信号连在一起,作为同步时序系统的时钟,电路如图 4.39 所示,该同步时序逻辑电路能够实现给定的功能。

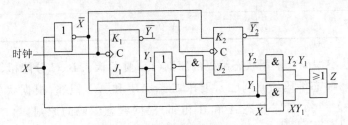

图 4.39 同步时序逻辑电路图

4.3.3 SSI 同步时序逻辑电路设计应用

下面举例说明同步时序逻辑电路设计方法。

例 4.15 设计一个序列检测器,用于检测串行二进制序列,每当连续输入 3 个(或 3 个以上)1 时,序列检测器输出 1,其他情况下均输出 0。

分析: 如果输入如下序列 X,则输出为 Z。

输入 X：0111011110。

输出 Z：0001000110。

解 设系统初始状态为 A；接收到第一个 1，进入 B 状态；连续接收两个 1，进入 C 状态；连续接收 3 个或 3 个以上的 1 时，进入 D 状态。

（1）作出原始状态转移图（见图 4.40）和原始状态转移表（见表 4.26）。

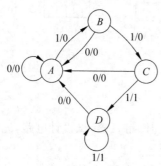

图 4.40 状态转移图

表 4.26 原始状态转移表

现态	次态/输出 Z	
	$X=0$	$X=1$
A	$A/0$	$B/0$
B	$A/0$	$C/0$
C	$A/0$	$D/1$
D	$A/0$	$D/1$

（2）进行状态化简。从状态转移表可知状态 CD 等效，因此，将状态 CD 合并为状态 C，系统的最小化状态表如表 4.27 所示。

表 4.27 系统的最小化状态表

现　　态	次态/输出 Z	
	$X=0$	$X=1$
A	$A/0$	$B/0$
B	$A/0$	$C/0$
C	$A/0$	$C/1$

（3）进行状态编码。根据状态编码的原则（1），要求状态 B、C 分配相邻代码；根据状态编码的原则（2），要求状态 AB 和 AC 相邻；根据状态编码的原则（3），要求状态 A 和 B 相邻；根据状态编码的原则（4），次态 A 出现 3 次，B 出现 1 次，C 出现 2 次，因此要求状态 A 分配代码 00，综上考虑，要求分配相邻代码的状态对的优先级为 $BC \rightarrow AB \rightarrow AC$，状态编码如图 4.41 所示。

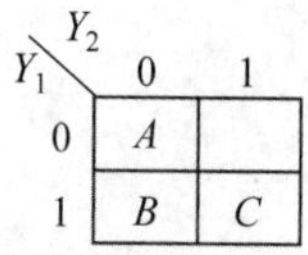

图 4.41 状态编码

综合考虑，最佳状态编码方案应为 $A=00$、$B=01$、$C=11$、$D=10$ 或 $A=00$、$B=10$、$C=11$、$D=01$。已编码状态表如表 4.28 所示。

（4）求解激励函数和输出函数。从状态表分解出状态函数 $Y_2^{n+1}(Y_1^n, Y_2^n, X)$、$Y_1^{n+1}(Y_1^n, Y_2^n, X)$ 与输出函数 $Z(Y_1^n, Y_2^n, X)$ 的卡诺图，如图 4.42 所示。

表 4.28　已编码状态表

现态 $Y_2^n Y_1^n$		次态 $Y_2^{n+1} Y_1^{n+1}$/输出 Z	
		$X=0$	$X=1$
0	0	00/0	01/0
0	1	00/0	11/0
1	1	00/0	11/1
1	1	dd/d	dd/d

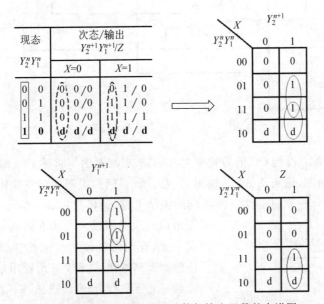

图 4.42　从状态表得到激励函数与输出函数的卡诺图

由卡诺图求得状态方程与输出方程：$Y_2^{n+1} = XY_1^n + XY_2^n$，$Y_1^{n+1} = XY_1^n + X\bar{Y}_2^n$，$Z = XY_2^n$。如果选用 JK 触发器，将状态方程与触发器的特征方程进行对比，求出触发器的激励函数 J、K。

$$Y_2^{n+1} = XY_1^n + XY_2^n = XY_1^n(Y_2^n + \bar{Y}_2^n) + XY_2^n$$

$$= (X + XY_1^n)Y_2^n + XY_1^n\bar{Y}_2^n = XY_1^n\bar{Y}_2^n + XY_2^n$$

对比触发器的特征方程 $Q_2^{n+1} = J_2\bar{Q}_2^n + \bar{K}_2 Q_2^n$，得 $J_2 = XY_1^n$，$K_2 = \bar{X}$；

$$Y_1^{n+1} = XY_1^n + X\bar{Y}_2^n = XY_1^n + X\bar{Y}_2^n(Y_1^n + \bar{Y}_1^n) = X(Y_1^n + \bar{Y}_2^n Y_1^n) + X\bar{Y}_2^n\bar{Y}_1^n$$

$$= XY_1^n + X\bar{Y}_2^n\bar{Y}_1^n = X\bar{Y}_2^n\bar{Y}_1^n + XY_1^n$$

对比触发器的特征方程 $Q_1^{n+1} = J_1\bar{Q}_1^n + \bar{K}_1 Q_1^n$，得 $J_1 = X\bar{Y}_2^n$，$K_1 = \bar{X}$。

（5）根据解激励函数和输出函数表达式，画出电路图，如图 4.43 所示。

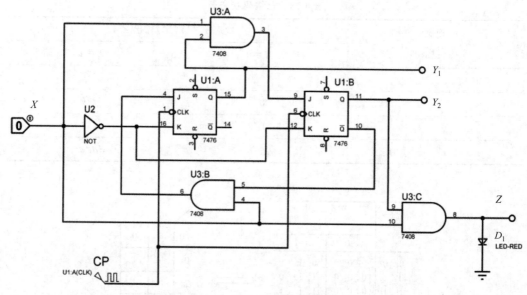

图 4.43   111 序列检测器电路

测试电路功能：设置 CP 信号频率为 0.5 Hz，观察输出与时钟 CP、输入 X 的关系，在 CP 连续 3 个周期内，输入 X 置 1，输出 $Z=1$，指示灯亮，说明电路功能正确。

例 4.16 设计一款自动饮料售卖机的控制电路，该机只售卖 1.5 元一杯的饮料，它的投币口每次只能投入一枚五角或一元的硬币，机内有一元、五角两种硬币检测传感器。投入硬币后，传感器即刻给出一元或五角硬币输入信号，若机器收到一元五角钱后，自动送出一杯饮料；若收到两元钱后，在送出饮料的同时，找回一枚五角的硬币。要求使用 D 触发器设计售卖机电路，如图 4.44 所示。

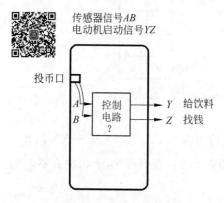

图 4.44   自动饮料售卖机

解：(1) 设定输入输出变量，确定系统的状态量及状态的转移过程。

取传感器硬币检测信号为输入变量 A 和 B，投入一枚一元硬币时用 $A=1$ 表示，未投时 $A=0$；投入一枚五角硬币时用 $B=1$ 表示，未投时 $B=0$。机器送出饮料和找钱信号为两个输出变量，分别用 Y、Z 表示，输出饮料时 $Y=1$，不输出饮料时 $Y=0$，找回一枚五角硬币时 $Z=1$，不找时 $Z=0$。

设未投币前机器的初始状态为 S_0；收到五角钱后，状态为 S_1；收到一元钱（一枚一元硬币或两枚五角硬币）后，状态为 S_2。无论何时，系统一定处于这 3 种状态之一。在 S_0 状态，若投入五角（$AB=01$）则电路进入 S_1，输出 $YZ=00$（不给饮料，不找钱）；若投入一元硬币（$AB=10$）则电路进入 S_2，输出 $YZ=10$（给饮料，不找钱）。在 S_1 状态，若投入五角（$AB=01$）则电路进入 S_2，输出 $YZ=00$（不给饮料，不找钱）；若投入一元硬币（$AB=$

10)则电路进入 S_0 状态,输出 $YZ=10$(给饮料,不找钱)。在 S_2 状态,若投入五角后($AB=$ 01)则电路进入 S_0 状态,输出 $YZ=10$(给饮料,不找钱);若投入一元硬币($AB=10$)则电路进入 S_0 状态,输出 $YZ=11$(给饮料,并找钱)。无论哪个状态(S_0、S_1、S_2),不投硬币,即输入 $AB=00$,维持原来的状态,并且没有输出,亦即不给饮料,也不找钱。因为投币口每次只能投一枚硬币,所以 $AB\neq11$。系统状态转移图如图 4.45 所示。

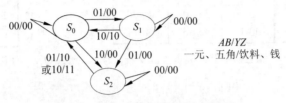

图 4.45　例 4.15 的系统状态转移图

（2）将状态转移图数据填入状态转移表,进行状态化简。

从状态转移表 4.29 可以看出,S_0、S_1、S_2 这 3 个状态的输出均不完全相同,故系统无等效状态。

表 4.29　状态转移表

状态 $S_i S_i^{n+1}/YZ$ 新状态/输出饮料、钱	输入 $AB=00$ （0 元 0 角）	输入 $AB=01$ （0 元 5 角）	输入 $AB=11$ （1 元 5 角）	输入 $AB=10$ （1 元 0 角）
S_0	$S_0/00$	$S_1/00$	dd/dd	$S_2/00$
S_1	$S_1/00$	$S_2/00$	dd/dd	$S_0/00$
S_3	dd/dd	dd/dd	dd/dd	dd/dd
S_2	$S_2/00$	$S_0/10$	dd/dd	$S_0/11$

（3）进行状态编码。根据状态编码的原则,分别给状态 S_0、S_1、S_2 分配代码 00、01、10,得到已编码状态图,如图 4.46 所示。图中 $Q_1^{n+1}Q_0^{n+1}$ 表示 1 号和 0 号触发器的新状态,YZ 表示控制送出饮料和找钱的输出信号。

（4）求解状态函数和输出函数表达式。将图 4.46 拆分成 Q_1^{n+1}、Q_0^{n+1}、Y、Z 4 个表,亦即触发器状态函数 Q_1^{n+1}、Q_0^{n+1} 和系统输出函数 Y、Z 的卡诺图,如图 4.47 所示,从而求解出状态函数和输出函数表达式。

| $Q_1^{n+1}Q_0^{n+1}/YZ$ | | | |
$Q_1^nQ_0^n$ \ AB	00	01	11	10
$S_0=00$	00/00	01/00	dd/dd	10/00
$S_1=01$	01/00	10/00	dd/dd	00/10
$S_3=11$	dd/dd	dd/dd	dd/dd	dd/dd
$S_2=10$	10/00	00/10	dd/dd	00/11

图 4.46　已编码状态图

由图 4.47 可得触发器状态函数为 $Q_1^{n+1}=Q_1\overline{A}\overline{B}+Q_0B+\overline{Q}_1\overline{Q}_0A$,同理可得状态函数 Q_0^{n+1} 和输出函数 Y、Z 的卡诺图(图 4.48)与函数式为 $Q_0^{n+1}=Q_0\overline{A}\overline{B}+\overline{Q}_1\overline{Q}_0B$,$Y=Q_1B+Q_1A+Q_0A$,$Z=Q_1A$。

（5）求出给定触发器的激励函数,画出电路图。题目要求用 D 触发器设计电路,因此触发器的激励函数为 $D_1=Q_1\overline{A}\overline{B}+Q_0B+\overline{Q}_1\overline{Q}_0A$,$D_0=Q_0\overline{A}\overline{B}+\overline{Q}_1\overline{Q}_0B$。

新状态/输出饮料、找钱

$Q_1^{n+1}Q_0^{n+1}/YZ$

Q_1Q_0＼AB	00	01	11	10
$S_0=00$	00/00	01/00	dd/dd	10/00
$S_1=01$	01/00	10/00	dd/dd	00/10
$S_2=11$	dd/dd	dd/dd	dd/dd	dd/dd
$S_3=10$	10/00	00/10	dd/dd	00/11

Q_1^{n+1}

Q_1Q_0＼AB	00	01	11	10
00	0	0	d	1
01	0	1	d	0
11	d	d	d	d
10	1	0	d	0

图 4.47　由已编码状态表求解触发器 1 的状态函数 Q_1^{n+1} 的卡诺图

Q_0^{n+1}

Q_1Q_0＼AB	00	01	11	10
00	0	1	d	0
01	1	0	d	0
11	d	d	d	d
10	0	0	d	0

Y

Q_1Q_0＼AB	00	01	11	10
00	0	0	d	0
01	0	0	d	1
11	d	d	d	d
10	0	1	d	1

Z

Q_1Q_0＼AB	00	01	11	10
00	0	0	d	0
01	0	0	d	0
11	d	d	d	d
10	0	0	d	1

图 4.48　状态函数 Q_0^{n+1} 与输出函数 Y、Z 的卡诺图

根据激励函数和输出函数连接电路,如图 4.49 所示,该电路能够完成给定自动饮料售卖机的控制功能。

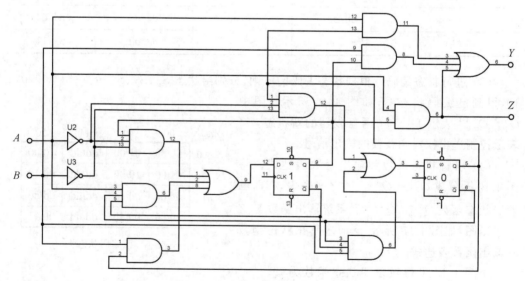

图 4.49　自动饮料售卖机的控制电路

4.4 MSI 时序逻辑电路及其应用

触发器属于 SSI 时序逻辑电路,为方便应用,将一些常用功能的 SSI 时序逻辑电路集成为 MSI 时序逻辑芯片。常用的 MSI 时序逻辑器件有寄存器、计数器和节拍发生器。

4.4.1 寄存器

1. 数码寄存器

使用 D 触发器存储信息,一个 D 触发器只能存储 1bit 数据。图 4.50 中,D 触发器为上升沿触发器,根据 D 触发器的特征方程 $Q_i^{n+1}=D_i^n$,当 CP↑后,D 触发器将 CP↑前一时刻 D_i 值传递给 CP↑后的 Q_i^{n+1},CP 上升沿消失后,Q 保持不变。

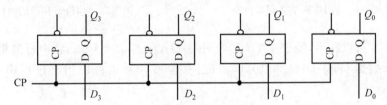

图 4.50　4 位数码寄存器

寄存器常常通过三态门输出,当三态门使能信号有效时,数据通过三态门输出到外部总线上;当三态门使能信号无效时,三态门输出处于高阻状态,寄存器数据不能传输到总线上,而高阻状态又使寄存器不会对总线造成影响。寄存器的输入端也常有输入使能信号,当输入使能信号有效时,外部数据打入寄存器中保存。

如图 4.51 所示是具有输入输出使能的 4 位数码寄存器,当输入使能有效时,即 G 信号出现上升沿时,$\overline{Q}_i=\overline{D}_i$。当输出使能有效时,即 $\overline{E}_n=0$ 时,输出三态非门打开,输出 $Q_i=\overline{\overline{D}_i}=D_i$;当输出控制 $\overline{E}_n=1$ 时,输出 Q_i 处于高阻状态,不影响总线。

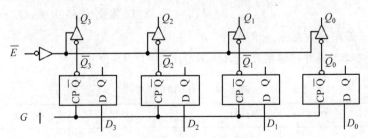

图 4.51　4 位数码寄存器

2. 移位寄存器

计算机运算器通过算术运算、逻辑运算、移位等运算对数据进行处理,移位寄存器也是数字系统常用的硬件器件。如图 4.52 所示是具有数据移位功能的寄存器,每次 CP 下降沿后,数据 $Q_3Q_2Q_1Q_0$ 向左移动一位,即 $Q_3 \leftarrow Q_2 \leftarrow Q_1 \leftarrow Q_0 \leftarrow D_0$。移位寄存器的时序波形图如图 4.53 所示。

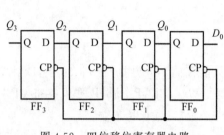

图 4.52 四位移位寄存器电路

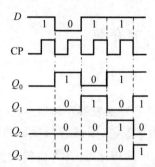

图 4.53 移位寄存器的时序波形图

从图 4.53 可以看出,经过 4 个 CP 周期后,$Q_3Q_2Q_1Q_0 = 1011$,将串行数据 $D = 1011$ 转换成并行数据 $Q_3Q_2Q_1Q_0 = 1011$,因此,移位寄存器也可以用来进行串-并数据的转换。

74LS194 是四位双向移位寄存器,其功能如表 4.30 所示。左移数据输入端为 D_{SL},

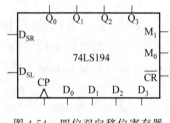

图 4.54 四位双向移位寄存器 74LS194

右移数据输入端为 D_{SR},$\overline{CR}$ 为异步清零端。当 $\overline{CR} = 0$ 时,不论 CP 或其他输入信号为何值,实现状态清零,$Q_3Q_2Q_1Q_0 = 0000$;当 $\overline{CR} = 1$,CP↑ 到达后,根据 M_1M_0 的取值,实现以下 4 种不同的操作。

$M_1M_0 = 00$,实现数据保持功能,$Q_3Q_2Q_1Q_0$ 保持不变,即 $Q_3^{n+1}Q_2^{n+1}Q_1^{n+1}Q_0^{n+1} = Q_3^nQ_2^nQ_1^nQ_0^n$。

$M_1M_0 = 01$,实现数据右移功能,$D_{SR} \rightarrow Q_0 \rightarrow Q_1 \rightarrow Q_2 \rightarrow Q_3$,$D_{SR}$ 是右移数据输入信号。

$M_1M_0 = 10$,实现数据左移功能,$Q_0 \leftarrow Q_1 \leftarrow Q_2 \leftarrow Q_3 \leftarrow D_{SL}$,$D_{SL}$ 是左移数据输入信号。

$M_1M_0 = 11$,实现并行置数功能,$Q_3Q_2Q_1Q_0 = D_3D_2D_1D_0$。

表 4.30 74LS194 的功能

$\overline{CR}$	CP	M_1M_0	$Q_0^{n+1}Q_1^{n+1}Q_2^{n+1}Q_3^{n+1}$	功 能
0	×	× ×	0000	异步清零
1	↑	00	$Q_0^nQ_1^nQ_2^nQ_3^n$	状态保持
1	↑	01	$D_{SR}Q_0^nQ_1^nQ_2^n$	右移

续表

$\overline{CR}$	CP	M_1M_0	$Q_0^{n+1}Q_1^{n+1}Q_2^{n+1}Q_3^{n+1}$	功　能
1	↑	10	$Q_1^nQ_2^nQ_3^nD_{SL}$	左移
1	↑	11	$D_3D_2D_1D_0$	并行置数

例 4.17　已知图 4.54 四位双向移位寄存器 74LS194 的各端口信号：$Q_0Q_1Q_2Q_3=$ 1001、$D_0D_1D_2D_3=0110$、$D_{SR}=0$、$D_{SL}=1$、$\overline{CR}=0$，当 M_1M_0 分别为 00、01、10、11 时，试问一个 CP↑后，$Q_0Q_1Q_2Q_3$ 的值为多少？

解：当 M_1M_0 分别为 00、01、10、11 时，寄存器 74LS194 分别处于数据保持、数据右移、数据左移和并行置数状态，因此，一个 CP↑后，$Q_0Q_1Q_2Q_3$ 的值分别为 1001、0100、0011、0110。

例 4.18　已知四位双向移位寄存器 74LS194 的应用电路如图 4.55 所示，试分析电路的功能。

解：(1) 起始 $M_1M_0=11$，74LS194 完成并行置数功能，由于 $D_0D_1D_2D_3=1000$，所以第 1 个 CP↑后，$Q_0Q_1Q_2Q_3=1000$，$D_{SR}=Q_3=0$。

(2) 随后 $M_1M_0=01$，74LS194 实现数据右移功能，$D_{SR}\to Q_0\to Q_1\to Q_2\to Q_3$，第 2 个 CP↑后，$Q_0Q_1Q_2Q_3=D_{SR}100=0100$，$D_{SR}$ 更新为 $D_{SR+1}=Q_3=0$；第 3 个 CP↑后，$Q_0Q_1Q_2Q_3=D_{SR+1}010=0010$，$D_{SR+2}=Q_3=0$；第 4 个 CP↑后，$Q_0Q_1Q_2Q_3=D_{SR+2}001=0001$，$D_{SR+3}=Q_3=1$；第 5 个 CP↑后，$Q_0Q_1Q_2Q_3=D_{SR+3}000=1000$，回到第 1 个 CP↑后的状态。

电路状态图如图 4.56 所示。

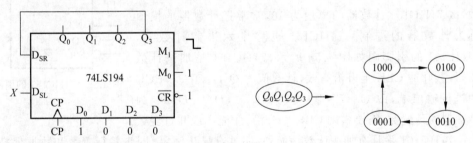

图 4.55　四位双向移位寄存器 74LS194 的应用电路　　图 4.56　电路状态图

最终，$Q_0Q_1Q_2Q_3$ 在 1000→0100→0010→0001→1000 之间循环，此电路称为四位环形计数器，这种类型的计数器也称寄存器型计数器。

环形计数器可用于 CPU 时序逻辑电路中，由于 CPU 是分时处理事件的，在不同的节拍完成不同的操作，因此，需要节拍信号来控制操作信号起作用的时效期。图 4.57 中，CPU 采用四节拍时序，4 个节拍信号分别为 W_0、W_1、W_2 和 W_3。图 4.55 四位环形计数器的输出信号 Q_0、Q_1、Q_2、Q_3 可充当 4 个节拍信号 W_0、W_1、W_2、W_3。

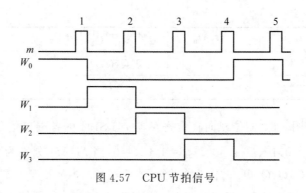

图 4.57　CPU 节拍信号

4.4.2　计数器

计数器是指用于计算脉冲个数的器件。一般是通过检测计数脉冲的边沿(上升沿或下降沿),来计算脉冲的个数的,计数值用二进制数值表示。计数器按照数码变化的规律分为加法计数器、减法计数器和可逆计数器,加法计数器的计数值朝增量方向变化,如随着计数脉冲的到达,计数值 0000→0001→0010→……,那么该计数器就是加法计数器;减法计数器的计数值朝减量方向变化,如计数值 0011→0010→0001→……;可逆计数器兼具加法计数和减法计数的功能,有一个加/减法选择端。

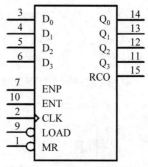

图 4.58　74HC161 的引脚图

1. 十六进制加法计数器 74HC161

计数器计数个数的最大值称为计数器的模值,计数器 74HC161 的计数值范围为 0000B～1111B,最多能计 16 个数,故 74HC161 计数器的模值为 16,常常把计数器的模值称为计数器的进制。74HC161 也称十六进制计数器,74HC161 的引脚图如图 4.58 所示,74HC161 是加法计数器,计数脉冲 CLK 上升沿有效,计数值为 $Q_3Q_2Q_1Q_0$,RCO 为进位输出端,$RCO = ENT \cdot Q_3Q_2Q_1Q_0$,$D_3D_2D_1D_0$ 为计数器的预置数,需要借助 CLK 上升沿,才能实现并行置数。

74HC161 除具有加法计数功能外,还具有异步清零、同步并行置数和数据保持的功能,如表 4.31 所示。

表 4.31　计数器 74HC161 的功能

$\overline{MR}$	$\overline{LD}$	ENP	ENT	CP	Q_3^{n+1}	Q_2^{n+1}	Q_1^{n+1}	Q_0^{n+1}	功　能
0	×	×	×	×	0	0	0	0	异步清零
1	0	×	×	↑	D_3	D_2	D_1	D_0	并行置数
1	1	1	1	↑	Q_3^n	Q_2^n	Q_1^n	Q_0^n+1	加法计数

续表

$\overline{MR}$	$\overline{LD}$	ENP	ENT	CP	Q_3^{n+1}	Q_2^{n+1}	Q_1^{n+1}	Q_0^{n+1}	功　能
1	1	0	$\times$	$\times$	Q_3^n	Q_2^n	Q_1^n	Q_0^n	状态保持
1	1	$\times$	0	$\times$	Q_3^n	Q_2^n	Q_1^n	Q_0^n	状态保持

$$RCO = ENT \cdot Q_3^n Q_2^n Q_1^n Q_0^n$$

异步清零：当 $\overline{MR}=0$，$Q_3 Q_2 Q_1 Q_0 = 0000$。

同步并行置数：当 $\overline{MR}=1$，$\overline{LD}=0$，在 CP↑作用后，$Q_3 Q_2 Q_1 Q_0 = D_3 D_2 D_1 D_0$。

加法计数：当 $\overline{MR}=\overline{LD}=1$，$CT_T \times CT_P = 1$ 时，对 CP 脉冲上升沿计数，在 CP↑后，计数值 $Q_3^{n+1} Q_2^{n+1} Q_1^{n+1} Q_0^{n+1} = Q_3^n Q_2^n Q_1^n Q_0^n + 1$。

数据保持：当 $\overline{MR}=\overline{LD}=1$，$ENT \times ENP = 1$ 时，$Q_3^{n+1} Q_2^{n+1} Q_1^{n+1} Q_0^{n+1} = Q_3^n Q_2^n Q_1^n Q_0^n$。

借助 74LS161 异步清零和同步并行置数的功能，可以改变计数模值。

例 4.19　图 4.59 与图 4.60 为计数电路，分析电路的功能。

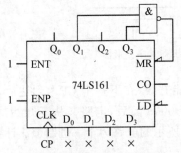 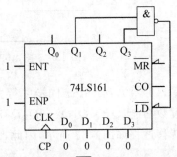

图 4.59　借助 $\overline{CR}$ 功能的计数电路　　　图 4.60　借助 $\overline{LD}$ 功能的计数电路

解：(1) 图 4.59 中，$ENT=ENP=1$，当 $Q_3 Q_2 Q_1 Q_0 = 0000 \sim 1001$ 时，$Q_3 Q_1 = 0$，与非门输出高电平，$\overline{MR}=1$，74LS161 异步清零信号无效。因为 74LS161 是 TTL 电路，$\overline{LD}$ 引脚悬空相当于接高电平，$\overline{LD}=1$，同步并行置数功能也无效，此时，电路处于加法计数状态，统计 CP 脉冲上升沿的个数。当计数值增至 $Q_3 Q_2 Q_1 Q_0 = 1010$ 时，与非门输出变为低电平，$\overline{MR}=0$，74LS161 异步清零生效。由于异步清零速度非常快，$Q_3 Q_2 Q_1 Q_0$ 瞬间就从 1010 就变成 0000，$Q_3 Q_2 Q_1 Q_0$ 维持 1010 的时间十分短暂，所以 1010 不是有效的状态，应予忽略，图 4.59 电路的状态转移图如图 4.61 所示。从图 4.62 可以看出，状态波形上表现为毛刺，若在状态端 Q_i 接上滤波电容，此毛刺可以被平滑滤除。

图 4.61 的有效状态转移过程为 $0000 \rightarrow 0001 \rightarrow 0010 \rightarrow \cdots \rightarrow 1001 \rightarrow 0000$，共计 10 个状态，故此电路为十进制加法计数器。

(2) 图 4.60 中，74LS161 芯片的 $ENT=ENP=1$，$\overline{MR}$ 悬空，等同 $\overline{MR}=1$，异步清零功能无效，当 $Q_3 Q_2 Q_1 Q_0 = 0000 \sim 1001$ 时，与非门输出高电平，$\overline{LD}=1$，同步并行置数功能无效，此时，74LS161 对 CP 脉冲进行加法计数。当计数值 $Q_3 Q_2 Q_1 Q_0 = 1010$ 时，与非门

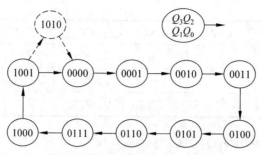

图 4.61　图 4.59 电路的状态转移图

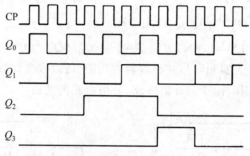

图 4.62　图 4.59 电路的状态时序波形图

输出低电平，$\overline{LD}=0$，74LS161 同步并行置数功能有效，在下一个 CP↑到达后，74LS161 完成并行置数功能，$Q_3Q_2Q_1Q_0=D_3D_2D_1D_0=0000$ 随后，电路又从零开始加法计数。电路状态转移过程如图 4.63 所示，因此，图 4.60 所示的电路为十一进制加法计数器。

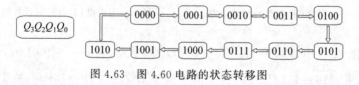

图 4.63　图 4.60 电路的状态转移图

2. 十进制计数器 74HC160

74HC160 也是上升沿加法计数器，如图 4.64 所示。与 74HC161 不同，74HC160 为十进制计数器，计数范围为 0000B～1001B，RCO＝ENT·$Q_3\overline{Q_2}\overline{Q_1}Q_0$，74HC160 的其他功能与 74HC161 类似，如异步清零、同步并行置数的条件和功能都一样，74HC160 和 74HC161 功能测试如图 4.65 所示。

例 4.20　试用多片 74HC160 构成百进制和六十进制计数器。

解：用两片 74HC160 级联可构成百进制或六十进制计数器，芯片 U2 和 U1 分别输出十位与个位数码的显示代码，74HC160 的输出连接至 BCD 数码管进行显示。图 4.66 中，$\overline{LD}=\overline{MR}=ENT=ENP=1$，74HC160 处于加法计数状态，每次按下开关，再往上拨，产生一次 CLK 上升沿，低位计数芯片 U1 计数值增 1，低位芯片 U1 进位输出 RCO 连接

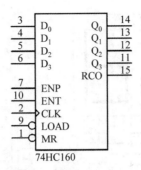

图 4.64　计数器 74HC160

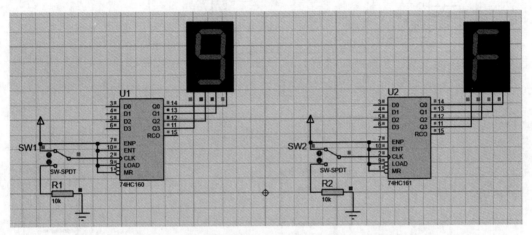

图 4.65　验证计数器 74HC160 和 74HC161 的功能

至高位芯片 U2 的计数使能端 ENP、ENT，每次低位产生进位，触发高位计数值增 1。

① 用 74HC160 构成百进制计数器。

每次 CP↑上升沿过后，低位芯片 U1 计数值 $Q_3Q_2Q_1Q_0$ 增 1，当 U1：$Q_3Q_2Q_1Q_0$＝1001 时，产生进位输出 RCO，令高位芯片 U2：ENT＝ENP＝1，启动高位芯片 U2 对 CP 计数 1 次，显然，每 10 个 CP↑，高位芯片计数值 $Q_3Q_2Q_1Q_0$ 增 1，这样就构成百进制计数器，两位数码管显示 00～99 之间的数码。

② 用 74HC160 构成六十进制计数器。

与百进制计数器同理，图 4.67 中，每次 CP↑后，低位芯片 U3 加 1；每 10 次 CP↑，高位芯片 U4 加 1。高位芯片 U4 的 Q_2Q_1 连接至与非门输入端，与非门输出端连接至 U4 清零端$\overline{MR}$。当高位芯片 U4 计数值 $Q_3Q_2Q_1Q_0$ 在 0000～0101 之间时，与非门输出逻辑 1，不影响 U4 计数；当高位芯片 U4 计数值 $Q_3Q_2Q_1Q_0$＝0110 时，与非门输出逻辑 0，$\overline{MR}$＝0，U4 异步清零 $Q_3Q_2Q_1Q_0$＝0000，然后高位芯片又从零开始计数。由于异步清零速度极快，$Q_3Q_2Q_1Q_0$ 为 0110 的时间太短暂，不能成为一个状态，所以高位芯片 U4 的计数值 $Q_3Q_2Q_1Q_0$ 在 0000～0101 之间变化，两位数码管显示 00～59 之间的数码。

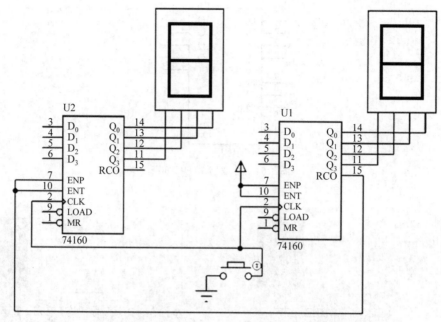

图 4.66　百进制计数器

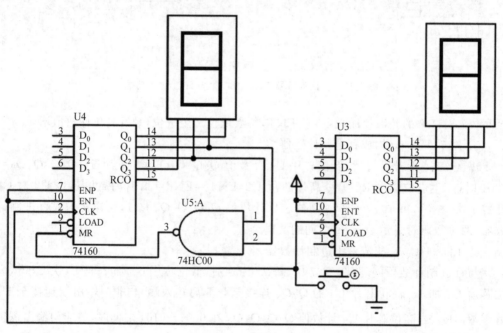

图 4.67　六十进制计数器

4.5 异步时序逻辑电路

如果时序电路中的时序器件不是同步更新状态,而是有先有后的更新状态,这样的时序逻辑电路就是异步时序逻辑电路。如图 4.68 所示的时序逻辑电路由 3 个 JK 触发器组成,电路 CP 信号也是第一级 JK 触发器的时钟信号,第一级 JK 触发器状态 Q_1 作为第二级的时钟信号,第二级 JK 触发器状态 Q_2 作为第三级的时钟信号,因此,各触发器不能同步更新状态,每个触发器 $J=K=1$。根据 JK 触发器的特征方程 $Q^{n+1}=J\overline{Q}^n+\overline{K}Q^n$,可知 $Q^{n+1}=\overline{Q}^n$,每个触发器在各自时钟下降沿后,更新状态,即 Q 实现翻转,从图 4.68 可看出,触发器状态波形 $Q_3Q_2Q_1$ 的变化规律为 000→001→010→011→100→101→110→111→000。显然,该电路是一个异步模八加法计数器。

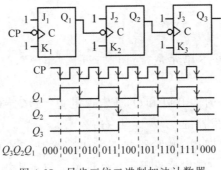

图 4.68 异步三位二进制加法计数器

小结

触发器是时序逻辑电路的基本单元,触发器状态不仅与当时的输入有关,还与前一时刻的状态有关。触发器按结构可分为基本触发器、钟控触发器、主从触发器和边沿触发器。钟控触发器状态要接受时钟信号的控制;主从触发器在一个时钟周期内状态最多翻转一次,克服了触发器的“空翻”现象;边沿触发器在时钟信号触发边沿的前一时刻接收输入信号,触发边沿之后更新状态,边沿触发器的抗干扰性较好,边沿触发器有上升沿和下降沿两种触发方式。有些触发器具有异步复位端和异步置位端,当这些异步信号有效时,不管输入信号如何,不管有没有时钟信号,触发器状态无条件清零或置 1。常用的触发器有 JK 触发器和 D 触发器,要求掌握这两种触发器的特征方程和功能。

按照触发时钟的特点,时序逻辑电路可以分为同步时序逻辑电路和异步时序逻辑电路,在同步时序逻辑电路中,各触发器使用统一的时钟信号,各触发器同步更新状态。在异步时序逻辑电路中,各触发器的时钟信号不一样,不能同步更新状态。按照有无输入信号,时序逻辑电路可以分为摩尔型时序逻辑电路和米里型时序逻辑电路,无输入信号的为摩尔型时序逻辑电路,有输入信号的为米里型时序逻辑电路。

给定 SSI 同步时序逻辑电路,列出状态转移真值表,画出状态转移图,从状态转移图中可分析出电路的功能,此过程即为同步时序逻辑电路的分析,要求掌握 SSI 同步时序逻辑电路的分析方法。如果要求设计的电路功能与时间有关,则必须使用时序逻辑电路实现,SSI 同步时序逻辑电路的设计步骤如下:首先分析电路的状态空间,设定状态变量;然后画出状态转移图,进行状态化简,得到最小化状态表;接着根据规则,对状态进行编码;最后求解激励函数和输出函数,绘制电路图。要求理解 SSI 同步时序逻辑电路的设计方法,并能够设计简单的 SSI 同步时序逻辑电路,如序列检测器。

常用 MSI 时序逻辑器件有寄存器、计数器等,要求掌握寄存器、计数器的功能及其应用方法,了解异步时序逻辑电路的概念。

习题

一、概念型填空题

1. 组合逻辑电路的基本单元是"与门""或门""非门",时序逻辑电路的基本单元是_____。

2. 触发器有一对互补的输出 Q 和 $\bar{Q}$,通常规定 $Q=1$,$\bar{Q}=0$ 时为触发器的_____状态;$Q=0$,$\bar{Q}=1$ 时为触发器的_____状态。

3. 在 CP 信号一个周期内,触发器状态发生多次翻转的现象称为_____现象,_____触发器和_____触发器克服了这种现象。与主从触发器相比,边沿触发器的_____性能更好。

4. 按功能分类,触发器可分为 SR 触发器、_____触发器、_____触发器、_____触发器等。

5. 按结构分类,触发器可分为钟控触发器、_____触发器、_____触发器等。

6. 时序逻辑电路可以用_____方程、_____方程、_____方程等描述。

7. 按照触发时钟信号是否同步,时序逻辑电路可分为_____和_____时序逻辑电路。

8. JK 触发器的特征方程为 $Q^{n+1}=$_____;D 触发器的特征方程为 $Q^{n+1}=$_____。

9. 欲使边沿 JK 触发器实现 $Q^{n+1}=\bar{Q}^n$ 的功能,应在有效边沿前使 JK=_____;欲使边沿 JK 触发器实现 $Q^{n+1}=Q^n$ 的功能,则应在有效边沿前使 JK=_____。

10. 如果使用触发器寄存 n 位数据,则应使用_____个 D 触发器。

11. 把 JK 触发器的_____端和_____端连在一起,作为 T 端,就构成了 T 触发器。

12. 已知 JK 上边沿触发器具有异步置位信号 $\bar{S}_d$ 和异步复位信号 $\bar{R}_d$,当 $\bar{S}_d=1$,$\bar{R}_d=0$,$J=1$,$K=0$ 时,当 CP↑后,$Q^{n+1}=$_____。

13. 设计某同步时序逻辑电路,状态简化后有 9 个状态,状态编码需要_____位二进制数,电路实现时需要_____个触发器。

14. 某密码箱当连续按 3 次"1"键,再按 1 次"0"键时,密码箱打开,密码箱开启控制信号应该用_____逻辑电路产生。

15. 如果两个状态在任何时候,输入相同,输出相同,并且次态也相同,那么这两个状态是_____的。

16. 要设计一个十四进制的加法计数器,该电路至少需要_____个触发器。

17. 请列举两种常用 MSI 集成时序逻辑部件_____、_____。

18. 状态编码时,状态表中出现次数最多的次态应分配逻辑_____。

19. 集成计数器从计数值的变化方向分为加法计数器、_____计数器和_____计数器。

20. 时序逻辑电路的设计步骤为:①画出原始状态图和状态表;②进行_____;③进行_____;④求激励函数和输出函数;⑤画出逻辑电路图。

二、填空题

1. 用两片 74161(模十六的二进制同步加法计数器)最多能构成模_____的计数器。

2. 用两片十进制计数器 74HC160 可构成_____进制计数器。

3. 如图 4.69 所示的电路是模_____的同步加法计数器。

4. 如图 4.70 所示的电路是模_____的同步加法计数器。

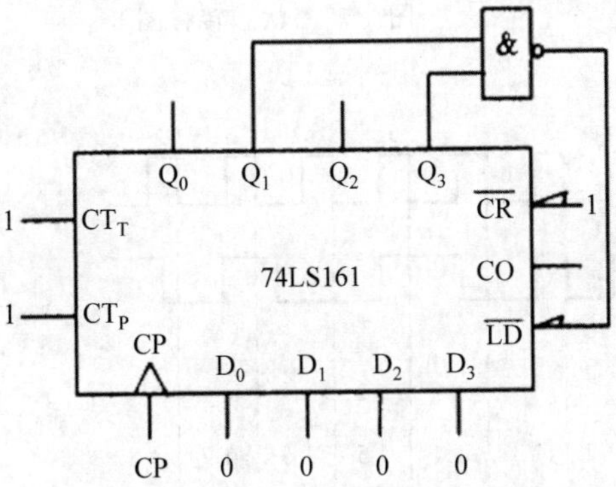

图 4.69 同步加法计数器的电路图 1

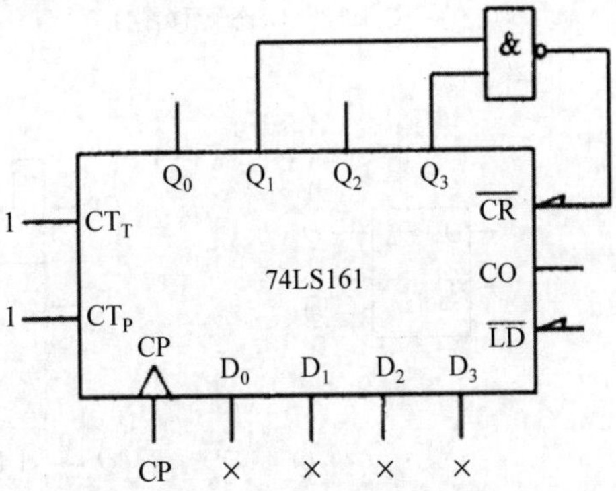

图 4.70 同步加法计数器的电路图 2

5. 如图 4.71 所示的电路属于_____时序逻辑电路。

6. 某同步时序逻辑电路的状态转移图如图 4.72 所示,其功能是_____。

7. 某同步时序逻辑电路的状态转移图如图 4.73 所示,其功能是_____。

8. 图 4.74 中,边沿 D 触发器 Q 端波形在标识处的电平:1.1 _____,1.2 _____,1.3 _____,1.4 _____,1.5 _____,1.6 _____,1.7 _____,1.8 _____。(填 0 或 1)

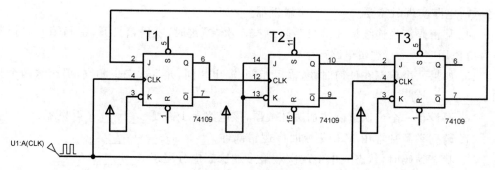

图 4.71　电路图

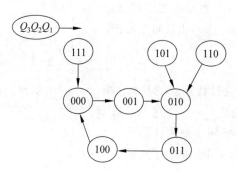

图 4.72　状态转移图 1

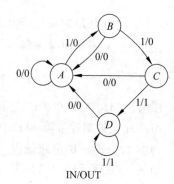

图 4.73　状态转移图 2

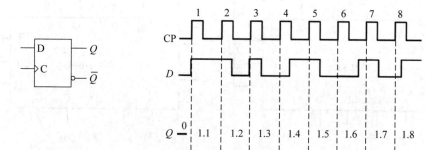

图 4.74　待完善的时序电路波形图 1

9. 图 4.75 中,边沿 JK 触发器 Q 端波形在标识处的电平:2.1 _____,2.2 _____,2.3 _____,2.4 _____,2.5 _____,2.6 _____,2.7 _____,2.8 _____。(填 0 或 1)

10. 对表 4.32 所示内容进行状态编码,$A=$ _____,$B=$ _____,$C=$ _____,$D=$ _____。

11. 某时序逻辑电路的状态图如图 4.76 所示,该时序逻辑电路为模 _____ 的 _____ 法计数器。

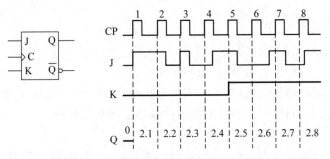

图 4.75　待完善的时序电路波形图 2

表 4.32　待编码状态表

现　态	次态/输出	
	$X=0$	$X=1$
A	$A/0$	$C/0$
B	$D/0$	$A/0$
C	$A/1$	$C/0$
D	$A/0$	$B/1$

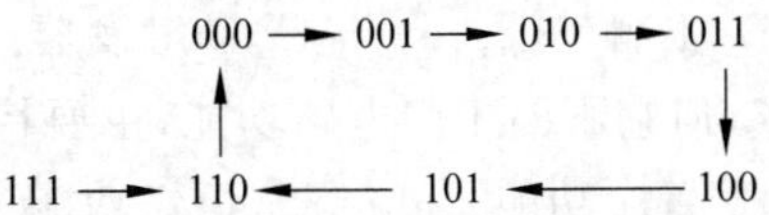

$$000 \longrightarrow 001 \longrightarrow 010 \longrightarrow 011$$

$$111 \longrightarrow 110 \longleftarrow 101 \longleftarrow 100$$

图 4.76　状态转移图

12. 利用蕴含表对状态表进行化简,如图 4.77 所示,得到最大等效类_____、

_____、_____、_____、_____。

状态表

现态	次态/输出	
	$X=0$	$X=1$
A	$E/0$	$D/0$
B	$A/1$	$F/0$
C	$C/0$	$A/1$
D	$B/0$	$A/0$
E	$D/1$	$C/0$
F	$C/0$	$D/1$
G	$H/1$	$G/1$
H	$C/1$	$B/1$

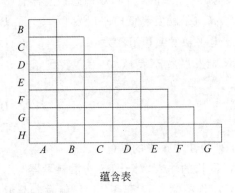

蕴含表

图 4.77　利用蕴含表化简状态

三、判断题(正确的打√,错误的打×)

1. 边沿触发器存在"空翻"现象。　　　　　　　　　　　　　　(　　)

2. 触发器和逻辑门一样,其输出取决于输入现态。　　　　　　(　　)

3. 设计同步时序逻辑电路时,如果不化简状态,将得不到正确的电路图。(　　)

4. 状态图化简的目的是使设计的电路所需触发器数量最少。　　(　　)

5. 最佳状态编码方案是唯一的。　　　　　　　　　　　　　　(　　)

6. 触发器的异步置位与复位信号 $\overline{S}_d$、$\overline{R}_d$ 是否起作用,与触发器是否有时钟脉冲信号 CP 无关。　　　　　　　　　　　　　　　　　　　　　(　　)

7. 借助蕴含表对状态进行化简,可以避免状态重复比较的现象。(　　)

8. 移位寄存器74LS194 属于 MSI 时序逻辑器件。　　　　　　(　　)

9. 如果没有时钟信号,也没有异步信号,钟控触发器、主从触发器和边沿触发器状态不会发生变化。　　　　　　　　　　　　　　　　　　　　(　　)

10. 触发器的清零信号 $\overline{CLR}$ 是否起作用,与时钟脉冲信号 CP 无关;触发器的数据装载信号 $\overline{LD}$ 是否起作用,与时钟脉冲信号 CP 有关。　　　　　　(　　)

四、单选题

1. 仅具有状态保持和翻转功能的触发器是(　　)。

A. JK 触发器　　　B. T 触发器　　　C. D 触发器　　　D. T 触发器

2. 触发器由门电路构成,但它不同于门电路功能,主要特点是具有(　　)。

A. 翻转功能　　　B. 置1功能　　　C. 记忆功能　　　D. 置0功能

3. TTL 集成触发器异步置 0 端 $\overline{R}_D$ 和异步置 1 端 $\overline{S}_D$,在触发器正常工作时应(　　)。

A. $\overline{R}_D=1,\overline{S}_D=0$　　　　　B. $\overline{R}_D=0,\overline{S}_D=1$

C. 保持高电平"1"　　　　　　D. 保持低电平"0"

4. 根据触发方式的不同,双稳态触发器有(　　)型双稳态触发器。

A. 高电平触发和低电平触发　　　B. 上升沿触发和下降沿触发

C. 电平触发或边沿触发　　　　　D. 输入触发或时钟触发

5. JK 触发器状态要从 $Q^n=0$ 转到 $Q^{n+1}=1$,J 和 K 端正确而又完整的取值是 $JK=$(　　)。

A. $1\,X$　　　　　　　　　　B. $0\,X$

C. $X\,1$　　　　　　　　　　D. $X\,0$(X 表示任意二进位)

6. 下列说法中正确的是(　　)。

A. 同样的输入,对于 RS 边沿触发器与 RS 主从触发器,输出状态相同

B. 同样的输入,对于 RS 边沿触发器与 RS 主从触发器,输出状态未必相同

C. 同样的输入,对于 RS 时钟触发器与 RS 主从触发器,输出状态相同

D. 同样的输入,对于 RS 时钟触发器与 RS 边沿触发器,输出状态相同

7. 下列电路中,能够实现逻辑功能 $Q^{n+1}=\overline{Q}^n$ 的是(　　　)。

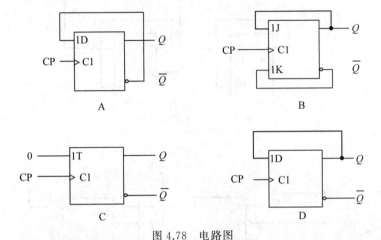

图 4.78　电路图

8. 某移位寄存器的时钟脉冲频率为 100kHz,欲将存放在该寄存器中的数左移 8 位,完成该操作需要(　　　)。

    A. $10\mu s$　　　　　　　B. $80\mu s$　　　　　　　C. $100\mu s$　　　　　　　D. $800ms$

9. 关于 SSI 时序电路设计步骤,下列说法正确的是(　　　)。

    A. 先画出状态转移图,再进行状态编码,然后进行状态化简,最后,求解激励函数和输出函数,并据此画出电路图

    B. 先画出状态转移图,再进行状态化简,然后进行状态编码,最后,求解激励函数和输出函数,并据此画出电路图

    C. 先进行状态编码,再画出状态转移图,然后进行状态化简,最后,求解激励函数和输出函数,并据此画出电路图

    D. 先求解激励函数和输出函数,然后画出状态转移图,再进行状态化简,最后进行状态编码,画出电路图

10. 下列说法正确的是(　　　)。

    A. 时序电路设计,如果不进行状态化简,设计的电路图可能错误

    B. 如果两个状态互为等效条件,那么这两个状态不等效

    C. 时序电路设计过程中,进行状态编码时,最佳编码方案是唯一的

    D. 采用不同的状态编码方案,都能得到正确的时序逻辑电路,只是电路复杂程度可能不一样

五、分析题

1. 某时序逻辑电路如图 4.79 所示,画出在 CP 脉冲作用下,电路状态 Q_1 和 Q_2 的波形。

2. 时序逻辑电路如图 4.80 所示。

(1) 图示时序逻辑电路中采用了什么触发方式?

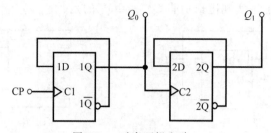

图 4.79　时序逻辑电路 1

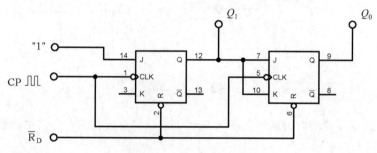

图 4.80　时序逻辑电路 2

（2）图示时序逻辑电路初始状态 $Q_0Q_1=00$，说明电路逻辑功能。

（3）设触发器的初态为零，画出在 CP 脉冲作用下 Q_0 和 Q_1 的波形。

3. 已知下降沿 JK 触发器和上升沿 D 触发器的初始状态为零，试画出触发器的 Q 端波形。

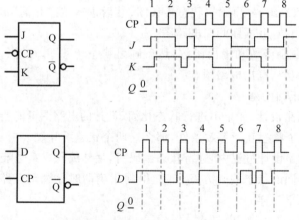

图 4.81　JK 触发器的状态波形

4. 双向移位寄存器 74LS194 的电路如图 4.82 所示，若 SR＝1，SL＝0，$Q_0Q_1Q_2Q_3=$ 1101，$S_1S_0＝01$（右移模式），第 1 个 CLK 脉冲后，$Q_0Q_1Q_2Q_3=$ _____；第 2 个 CLK 脉冲后，$Q_0Q_1Q_2Q_3=$ _____。（提示：右移 SR→Q_0→Q_1→Q_2→Q_3，左移 SL←Q_0← Q_1←Q_2←Q_3）。

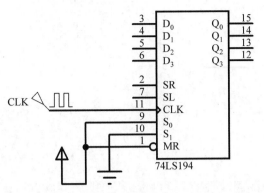

图 4.82 双向移位寄存器 74LS194 的时序电路

六、设计题

1. 设计同步时序电路,实现 0011 序列检测器。要求画出原始状态图,如果状态需要化简,则进行状态化简,列出最小化状态表,然后进行状态编码,求解出激励函数和输出函数,最后画出同步时序电路图。

如果输入 10011 00011010,那么输出 00001 00001000。

2. 某人要从一迷宫中走出来,需要先向左转,然后连续三次向右转,接着再向左转,然后向右转,最后再向左转,此时,迷宫出口大门才自动打开。迷宫内每个转弯路口均设置了人体转向传感器,检测信号为 0 表示向左转;检测信号为 1 表示向右转。设计根据迷宫路口的人体检测信号,控制迷宫出口大门开启的电路状态转移图。

七、思考题

同步时序电路具有统一的时钟信号,在每个时钟周期,各触发器状态保持或更新一次,刷新一次电路状态。有时,为了服从集体利益,需要按照统一的号令实施个体同步行为,势必导致部分个体受到约束,而集体也是由个体组成的。说说社会同步行为如何兼顾集体利益与个人自由?

第 5 章

数字信号的生成与变换及模数之间的转换

中央处理器(CPU)需要按照一定的时钟节拍才能有序地工作,一般的时序电路也离不开作为时序基准的时钟信号(CP)。获取时钟信号的方法通常有两种:直接产生或利用其他信号变换得到。使用脉冲振荡器,可以直接产生一定频率的脉冲数字信号;将模拟信号通过整形或模数转换(A/D)的方法,也能得到脉冲数字信号。源自生产实践的原始信号通常为模拟信号,由于数字信号的处理方法多,误差较小,所以我们常常将模拟信号转换成数字信号,在数字系统中完成信号处理,然后将数字信号转换成模拟信号,加以放大后推动终端运行,如屏幕的显示、LED 灯的点亮、数字仪表指针的转动等均在数字系统中处理信号。本章先介绍脉冲数字信号的生成与变换技术,然后介绍模拟信号与数字信号之间的转换技术。

5.1 555 多谐振荡器

5.1.1 时基电路 555 的功能

555 芯片属于模拟与数字混合型的集成电路,按其工艺分为 TTL 型和 CMOS 型两类,其应用非常广泛。

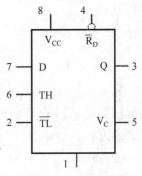

555 芯片有 8 个引脚,如图 5.1 所示,电路主要由两个高精度电压比较器 A_1 与 A_2、一个 RS 触发器、一个放电晶体管和 3 个 $5k\Omega$ 电阻组成,芯片由此得名。555 芯片的 6 脚为高触发输入端 $U_{I1}=U_{TH}$,2 脚为低触发输入端 $U_{I2}=U_{\overline{TL}}$,4 脚为异步复位端 $\overline{R}_D$,8 脚与 1 脚分别为电源与接地端,3 脚为输出端。555 芯片内部 3 个 $5k\Omega$ 电阻构成了串联分压电路,在 5 脚未外接信号时,这 3 个电阻产生两个比较器 A_1 和 A_2 的基准电压,A_1 的基准电压为 A_1 正端输入电压 $U_{V1+}=2/3V_{CC}$,A_2 的基准电压为 A_2 负端输入电压 $U_{V2-}=1/3V_{CC}$。

图 5.1 555 芯片引脚

555 芯片的电路结构及比较器的基准电压如图 5.2 所示。

555 时基电路的功能如表 5.1 所示。当异步复位端 $\overline{R}_D=0$ 时,不论其他输入端电平如何,输出无条件复位 $U_O=0$;当高触发输入端 $U_{TH}>2/3V_{CC}$,低触发输入端 $U_{\overline{TL}}>1/3V_{CC}$,输出低电平 $U_O=0$,NPN 晶体管基极高电平,晶体管导通,7 脚低电平;当高触发输入端 $U_{TH}<2/3V_{CC}$,低触发输入端 $U_{\overline{TL}}<1/3V_{CC}$,输出高电平 $U_O=1$,NPN 晶体管截止,7 脚高电平;当高触发输入端 $U_{TH}<2/3V_{CC}$,低触发输入端 $U_{\overline{TL}}>1/3V_{CC}$ 时,输出 U_O 保持不变,晶体管状态保持不变。

表 5.1 555 时基电路的功能

复位端 $\overline{R}_D$	高触发输入端 TH (U_{I1})	高触发输入端 $\overline{TL}$ (U_{I2})	输出 Q (U_O)	放电晶体管 (T)	功 能
0	X	X	0	导通	清零
1	$>2/3V_{CC}$	$>1/3V_{CC}$	0	导通	置 0

复位端 $\overline{R}_{\mathrm{D}}$	高触发输入端 TH (U_{I1})	高触发输入端 $\overline{\mathrm{TL}}$ (U_{I2})	输出 Q (U_{O})	放电晶体管 (T)	功　能
1	$<2/3V_{\mathrm{CC}}$	$<1/3V_{\mathrm{CC}}$	1	截止	置1
1	$<2/3V_{\mathrm{CC}}$	$>1/3V_{\mathrm{CC}}$	Q^n	不变	保持

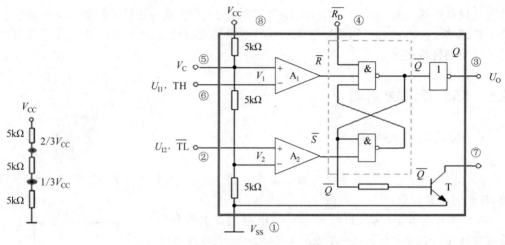

图 5.2　555 芯片的电路结构及比较器的基准电压

例 5.1　图 5.3 所示 555 时基电路中，电源 $V_{\mathrm{CC}}=5\mathrm{V}$，①若高触发端输入 $U_{\mathrm{I1}}=3\mathrm{V}$，低触发端输入 $U_{\mathrm{I2}}=1.5\mathrm{V}$ 时，输出 U_{O} 是高电平还是低电平？②若输入 $U_{\mathrm{I1}}=3\mathrm{V}$，$U_{\mathrm{I2}}=2\mathrm{V}$ 时，$U_{\mathrm{O}}=$？③若输入 $U_{\mathrm{I1}}=4\mathrm{V}$，$U_{\mathrm{I2}}=2\mathrm{V}$ 时，$U_{\mathrm{O}}=$？

解：$V_{\mathrm{CC}}=5\mathrm{V}$，比较器 A_1 基准电压 $2/3V_{\mathrm{CC}+}=(2/3)\times 5\approx 3.33\mathrm{V}$，比较器 A_2 基准电压 $1/3V_{\mathrm{CC}+}\approx 1.67\mathrm{V}$，①高触发输入 $U_{\mathrm{I1}}=3\mathrm{V}<3.33\mathrm{V}$，低触发输入 $U_{\mathrm{I2}}=1.5\mathrm{V}<1.67\mathrm{V}$，输出 U_{O} 为逻辑高电平。②高触发输入 $U_{\mathrm{I1}}=3\mathrm{V}<2/3V_{\mathrm{CC}+}(3.33\mathrm{V})$，低触发输入 $U_{\mathrm{I2}}=2\mathrm{V}>1/3V_{\mathrm{CC}+}(1.67\mathrm{V})$，此时，输出 U_{O} 维持原状，继续保持逻辑高电平。③高触发输入 $U_{\mathrm{I1}}=4\mathrm{V}>2/3V_{\mathrm{CC}+}(3.33\mathrm{V})$，低触发输入 $U_{\mathrm{I2}}=2\mathrm{V}>1/3V_{\mathrm{CC}+}(1.67\mathrm{V})$，输出 U_{O} 转为逻辑低电平。

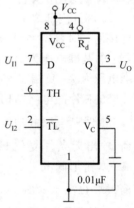

图 5.3　555 时基电路

5.1.2　用 555 电路构成多谐振荡器

图 5.4 所示为 555 电路构成的多谐振荡器，555 时基电路的高触发输入端 U_{I1}(U_{TH})、低触发输入端 U_{I2}($U_{\overline{\mathrm{TL}}}$) 与电容 C 相连，$U_{\mathrm{I1}}=U_{\mathrm{I2}}=U_{\mathrm{C}}$，电容 C 另一端接地。加电后，电源通过 R_1、R_2 对电容 C 充电，电容电压 U_{C} 升高，充电时常数为 $(R_1+R_2)C$，当

$U_{I1}=U_{I2}=U_C<1/3V_{CC}$ 时,555 芯片输出 $U_O=1$,$\bar{Q}=0=U_{BE}$,NPN 晶体管截止;电容 C 继续充电,U_C 进一步增大,当 $1/3V_{CC}<U_{I1}=U_{I2}=U_C<2/3V_{CC}$ 时,$U_O=1$,$\bar{Q}=U_{BE}=0$,输出 U_O 保持高电平,NPN 晶体管仍然截止;当 U_C 增大至 $U_{I1}=U_{I2}=U_C>2/3V_{CC}$ 时,输出电压发生跳变,$U_O=0$,$\bar{Q}=U_{BE}=1$,NPN 晶体管导通,电容 C 上电荷通过 R_2、NPN 晶体管回路放电,放电时常数为 R_2C,放电致使电容电压 U_C 下降,当下降至 $1/3V_{CC}<U_{I1}=U_{I2}=U_C<2/3V_{CC}$ 时,输出 U_O 不变,维持 $U_O=0$,$\bar{Q}=1$,NPN 晶体管继续导通,电容 C 继续放电,U_C 进一步下降,当降至 $U_{I1}=U_{I2}=U_C<1/3V_{CC}$ 时,输出电压再次发生跳变 $U_O=1$。随着电容充放电的转换,电路如此循环往复,输出 $U_O=1\rightarrow0\rightarrow1\rightarrow0\rightarrow\cdots\cdots$ U_O 在逻辑 0 和 1 之间无限循环下去,于是就生成了多谐信号:矩形脉冲信号 U_O,如图 5.5 所示。

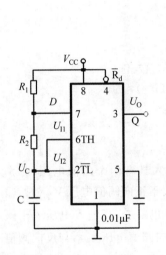
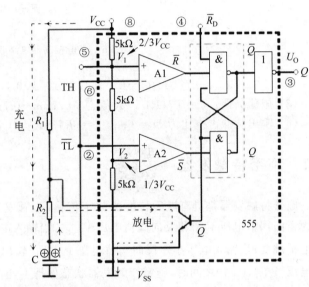

图 5.4　555 电路构成多谐振荡器

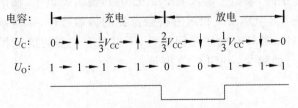

图 5.5　555 多谐振荡器电容充放电过程

例 5.2　图 5.6 所示为 555 芯片构成的多谐振荡器电路,求输出脉冲 V_0 的高电平宽度、低电平宽度、振荡周期和占空比。

解:(1)输出脉冲高电平宽度为电容 C 由零电位充电至 $2/3V_{CC}$ 的时间:
$$T_{PH}=0.7(R_1+R_2)C=0.7\times11\times10^3\times0.1\times10^{-6}=0.77\text{ms}。$$
(2)输出脉冲低电平宽度为电容 C 由电压 $2/3V_{CC}$ 放电至 $1/3V_{CC}$ 的时间:

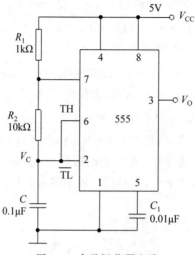

图 5.6　多谐振荡器电路

$$T_{PL} = 0.7 \times R_2 C = 0.7 \times 10 \times 10^3 \times 0.1 \times 10^{-6} = 0.7\,\text{ms}。$$

（3）振荡周期：$T = 0.7(R_1 + 2R_2)C = 0.77\,\text{ms} + 0.7\,\text{ms} = 1.47\,\text{ms}。$

（4）输出脉冲占空比为 $D = T_{PH}/T = (R_1 + R_2)/(R_1 + 2R_2) \approx 50\%。$

5.2　施密特触发器

　　施密特触发器是具有滞后特性的数字传输门，触发器输入具有两个阈值电压，分别称为正向阈值电压 V_{TH}^+ 和反向阈值电压 V_{TH}^-。当输入电压大于正向阈值电压 V_{TH}^+ 时，输出电平跳变；当输入电压小于反向阈值电压 V_{TH}^- 时，输出电平也跳变；当输入电压处于阈值电压 $[V_{TH}^-, V_{TH}^+]$ 之间时，施密特触发器状态保持不变。正向阈值电压 V_{TH}^+ 与反向阈值电压 V_{TH}^- 二者的差值称为回差电压 $\Delta V = V_{TH}^+ - V_{TH}^-$。图 5.7 所示是同相施密特触发器的传输特性，除回差期间，输出与输入电平变化一致，输入低电平，输出低电平；输入高电平，输出高电平。图 5.8 所示是反相施密特触发器的传输特性，除回差期间，输出与输入电平相反。施密特触发器具有电压滞回特性，所以具有较强的抗干扰能力，同相与反相施密特触发器的符号如图 5.9 和图 5.10 所示。

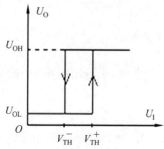

图 5.7　同相施密特触发器的传输特性

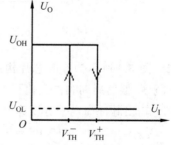

图 5.8　反相施密特触发器的传输特性

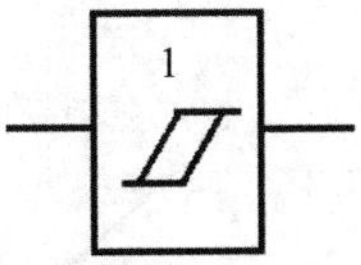

图 5.9 同相传输施密特触发器的符号

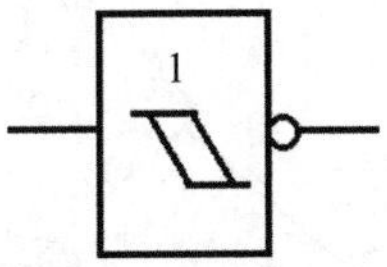

图 5.10 反相传输施密特触发器的符号

施密特触发器虽然没有自激振荡的功能,无输入不能产生矩形脉冲,但是,利用它的回差特性,可以把其他形状的信号变换成为矩形波,为数字系统提供标准的脉冲数字信号。施密特触发器芯片 7414 拥有 6 个反相的施密特触发器,如图 5.11 所示。

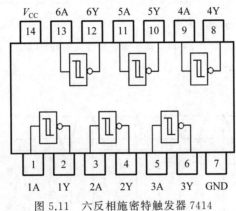

图 5.11 六反相施密特触发器 7414

例 5.3 试用施密特触发器将三角波信号整形成矩形脉冲信号。

解:若将三角波信号输入至同相施密特触发器,当输入电压 $U_I < V_{TH}^-$ 时,同相施密特触发器输出低电平 $U_O = 0$;当 U_I 上升至区间 $V_{TH}^- < U_I < V_{TH}^+$,输出保持不变 $U_O = 0$;当 U_I 上升至 $U_I > V_{TH}^+$ 时,输出跳变至高电平 $U_O = 1$;当 U_I 由最高点 U_{MAX} 开始下降,在区间 $V_{TH}^- < U_I < V_{TH}^+$ 时,输出保持不变 $U_O = 1$;当 U_I 下降至 $U_I < V_{TH}^-$ 后,输出跳变至低电平 $U_O = 0$,如此循环往复,同相施密特触发器输出 U_O 就是矩形脉冲信号。

若将三角波信号输入反相施密特触发器,当输入电压 $U_I < V_{TH}^-$ 时,反相施密特触发器输出高电平 $U_O = 1$;当 U_I 上升至区间 $V_{TH}^- < U_I < V_{TH}^+$,输出保持不变 $U_O = 1$;当 U_I 上升至 $U_I > V_{TH}^+$ 时,输出跳变至低电平 $U_O = 0$;当 U_I 由最高点 U_{MAX} 开始下降,在区间 $V_{TH}^- < U_I < V_{TH}^+$ 时,输出保持不变 $U_O = 0$;当 U_I 下降至 $U_I < V_{TH}^-$ 后,输出跳变至高电平 $U_O = 1$,如此循环往复,反相施密特触发器也获得矩形脉冲信号的输出。同相、反相传输的施密特触发器输入、输出波形如图 5.12 所示。

例 5.4 试用反相施密特触发器将输入正弦波信号整形成矩形脉冲信号。

解:根据反相施密特触发器的特性: $U_I < U_{T-}$,$U_O = 1$;$U_{T-} < U_I < U_{T+}$,$U_O = 1$;$U_I > U_{T+}$,$U_O = 0$。设置阈值电压 $U_{T+} < U_{IMAX}$ 与 $U_{T-} > U_{IMIN}$,将正弦波信号输入反相施密特触发器,可以输出矩形脉冲信号 U_O,如图 5.13 所示。

例 5.5 如何使用正相传输的施密特触发器,将受干扰的矩形脉冲信号进行整形,形

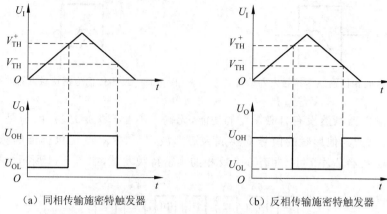

（a）同相传输施密特触发器　　　　　（b）反相传输施密特触发器

图 5.12　同相、反相传输的施密特触发器的输入输出波形

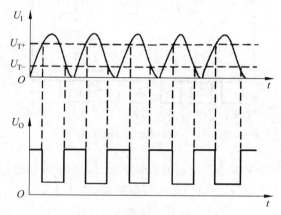

图 5.13　正弦波输入后，施密特触发器的输出波形

成规则的矩形脉冲信号？

　　解：因为施密特触发器在阈值电压处，输出电平才可能跳变，所以令正向阈值电压 V_{T+} 取值小于受干扰后的脉冲高电平，负向阈值电压 U_{T-} 取值大于受干扰后的脉冲低电平，这样就能将脉冲干扰去除，形成规则的矩形脉冲信号。

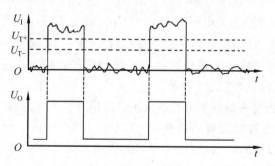

图 5.14　将叠加干扰的脉冲信号整形成规则的矩形脉冲信号

5.3 单稳态触发器

脉冲数字信号可能受到干扰,导致波形不够规则,也可能脉冲宽度不符合需求,这时需要对脉冲数字信号的宽度进行处理。使用单稳态触发器,不仅可以对不规则矩形脉冲波形进行整形,而且还可以控制矩形波的脉冲宽度。

单稳态触发器具有稳态和暂稳态两个不同的工作状态:在外界触发脉冲作用下,从稳态翻转到暂稳态,维持一定时间后又回到稳态。维持时间取决电路参数(R、C),与触发脉冲的宽度和幅度无关。图 5.15 所示是下降沿触发的单稳态触发器,每当检测到输入信号 U_I 的下降沿,触发器输出 U_O 跳变至低电平 $U_O=0$,进入暂稳态,然后维持一段时间 T_W,再回到稳态高电平 $U_O=1$。

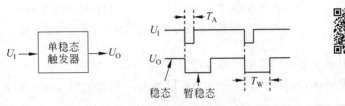

图 5.15 单稳态触发器输入输出波形

集成单稳态触发器分为两种:可重触发和不可重触发的单稳态触发器。对于不可重触发型单稳态触发器,当暂稳态没有结束时,即使再来触发脉冲,触发器也不予响应,待暂稳态完成进入稳态后,方可响应新的触发信号。如图 5.16(a)所示,触发器稳态为低电平 $U_O=0$,在输入 U_I 第一个上升沿后,触发器进入暂稳态高电平 $U_O=1$,在暂稳态时间 T_W 未结束时,输入 U_I 出现第二个上升沿,触发器不予响应,继续执行暂稳态 $U_O=1$,直至暂稳态结束,重新开始检测触发信号,因为两个触发脉冲后,U_I 再无上升沿,最后,触发器便为稳态"0"。

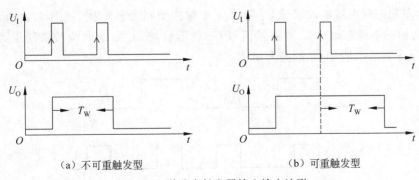

(a) 不可重触发型   (b) 可重触发型

图 5.16 单稳态触发器输入输出波形

对于可重触发型单稳态触发器,当暂稳态没有结束时,又受到新触发,那么结束当前暂稳态,重新响应新触发信号,进入新一轮的暂稳态。如图 5.16(b)所示,U_I 第一个上升沿触发后,进入暂稳态"1",在暂稳态时间 T_W 未结束时,触发器再次受到 U_I 上升沿触发,此时,触发器重新开始进入暂稳态"1",直至暂稳态时间 T_W 结束,才进入稳态"0"。

单稳态触发器 74221 和 74123 引脚类似,但 74221 是不可重触发型单稳态触发器,74123 是可重触发型单稳态触发器,如图 5.17 所示。

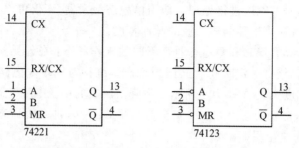

（a）不可重触发型74221　　　　　（b）可重触发型74123

图 5.17　不可重触发型与可重触发型单稳态触发器

不可重触发型单稳态触发器 74221 的功能如图 5.18 所示,当 $A=0$ 时,输入信号 B 上升沿触发有效,触发器 Q 输出一个正脉冲 U_O,脉冲宽度 $T_W \approx 0.7R_1C_1$。

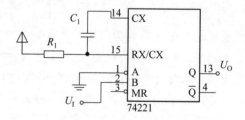

输入			输出	
$\overline{CLR}$	A	B	Q	$\overline{Q}$
L	X	X	L	H
X	H	X	L	H
X	X	L	L	H
H	L	↑	⊓	⊔
H	↓	H	⊓	⊔
↑	L	H	⊓	⊔

（a）74221 功能　　　　　　　　　（b）74221应用

图 5.18　单稳态触发器 74221 的功能

假设单稳态触发器输入信号 U_I 第 2、4 个脉冲受到严重干扰,如图 5.19 所示,使用图 5.18 所示的单稳态触发器,对输入信号 U_I 整形后,输出端 Q 的波形恢复了第 2、4 个脉冲,完成了对输入信号 U_I 的整形功能。

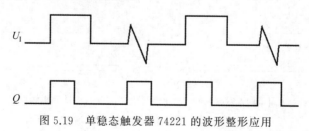

图 5.19　单稳态触发器 74221 的波形整形应用

5.4 A/D 与 D/A 转换概述

将模拟信号(analog signal)转换成数字信号(digital signal)或将数字信号转换成模拟信号,这是数字系统应用的必由之路,也是数字系统应用于实践的桥梁。图 5.20 列举了几种 A/D 与 D/A 的应用示例。

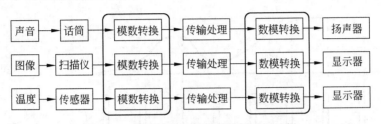

图 5.20 模数转换和数模转换的应用示例

5.5 A/D 转换

5.5.1 A/D 转换的步骤

A/D 转换的过程包括采样、保持、量化和编码四步。

1. 采样

首先对模拟信号按照采样时钟的节拍进行采样,每个采样时钟周期采样一次,如图 5.21 所示,采样时钟信号与原始模拟信号相与后,得到的离散信号幅值 U_O' 与正比于原始模拟信号 U_I,如图 5.21 所示。采样时钟必须满足奈奎斯特定理(采样定理)的要求,即采样信号的频率 f_S 应大于等于被采样的模拟信号最高频率 f_{IMAX} 的 2 倍($f_S \geqslant 2f_{IMAX}$),才能不失真地恢复原始模拟信号。

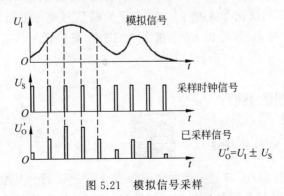

$$U_O' = U_I \pm U_S$$

图 5.21 模拟信号采样

例 5.6 使用 A/D 转换器将 $0 \sim 6\text{MHz}$ 的模拟视频信号转换成数字视频信号,A/D

转换器的采样信号频率最小值是多少？

解：采样频率 $f_S \geq 2f_{IMAX}$，采样频率最小值是 $6\text{MHz} \times 2 = 12\text{MHz}$。

2. 保持

将采样后的离散信号 U'_O 每个采样点电压保持到下一个采样点，形成连续信号 U_O，这个过程称为采样保持阶段，如图 5.22 所示。

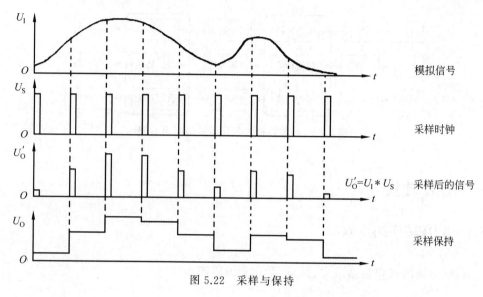

图 5.22 采样与保持

3. 量化与编码

采样保持后的信号幅度是不规整的，按照规定的量化电平，将采样保持信号就近进行量化，使信号幅度在一定的量化等级上，如采用 64 个量化等级，量化后的信号幅度为 64 种量化值之一，最后，对量化后的信号进行编码，这样就将模拟信号转换成了数字信号。

图 5.23(a)所示的采样保持信号幅度是不规整的，分别为 0.6V、2.4V、3.1V……图 5.23(b)采用 0.5V 的量化等级进行量化，量化后的信号幅度就近归整到 0.5V，2.5V，3.0V……图 5.23(c)对量化后的信号进行二进制编码，编码后得到数字信号为 001101110……

5.5.2 A/D 转换器的类型

1. 并联比较型 A/D 转换器

并联比较型(闪速型)A/D 转换器由序列等值分压电阻、序列比较器及优先编码器构成，如图 5.24 所示。将采样保持后的连续信号 U_I 加到每个比较器的同相输入端，参考电源电压 U_{REF} 对串联系列电阻 R 进行分压，得到各个比较器反相输入端的参考电压，分别

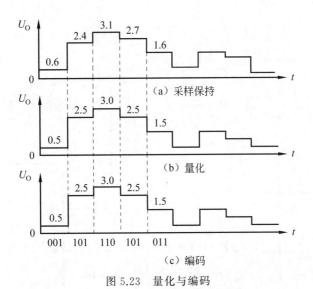

图 5.23 量化与编码

为 $1/8U_R, 2/8U_R, \cdots, 7/8U_R$。如果输入电压 U_I 大于某个比较器的参考电压,该比较器输出高电平,反之,输出低电平。例如:$U_I > 7/8U_R$,运算放大器的输入 U_I 大于所有比较器的参考电压,所有运算放大器输出逻辑 1 电平,当编码器使能信号有效时,编码器对输入信号进行编码,因为是优先编码器,编码器将输出 7 的二进制代码 $D_2D_1D_0 = 111$。又如,若输入电压 $1/8U_R < U_I < 2/8U_R$,则运算放大器从高位至低位输出 0000001,优先编码器将输出 1 的二进制代码 $D_2D_1D_0 = 001$。

这种结构的 A/D 转换器称为并联比较型 A/D 转换器,因为各比较器同步进行比较,同步得到比较结果,输入至编码器进行编码,所以这种结构的 A/D 转换器速度快,为闪速型 A/D 转换器。

2. 逐次逼近型 A/D 转换器

如图 5.25 所示为逐次逼近型 A/D 转换器的电路结构,数码寄存器的输出即为转换输出的数字信号 $D_{n-1} \cdots D_1D_0$,将数字信号进行数模转换(D/A),得到的模拟信号再和原始模拟信号进行比较,若大于原始模拟信号,则说明转换的数字量大了,逻辑控制电路控制数码寄存器向减量的方向变化,输出数字量将减小;若 D/A 输出小于原始模拟信号,则说明转换成的数字量小了,逻辑控制电路控制数码寄存器向增量的方向变化,输出数字量将增大。如此,通过反馈控制数字量的增减,使输出数字信号逐步逼近模拟信号对应的数字量,直到比较器输出零,数码寄存器输出的数字信号停止变化,此时的数字信号即为 A/D 转换的结果。

3. 双积分型 A/D 转换器 *

双积分型 A/D 转换器的电路由二选一开关、$n+1$ 位计数器、与非门、积分器和零值比较器等组成,转换输出的 n 位数字量源自计数器低 n 位:$D_{n-1} \cdots D_1D_0 = Q_{n-1} \cdots Q_1Q_0$,

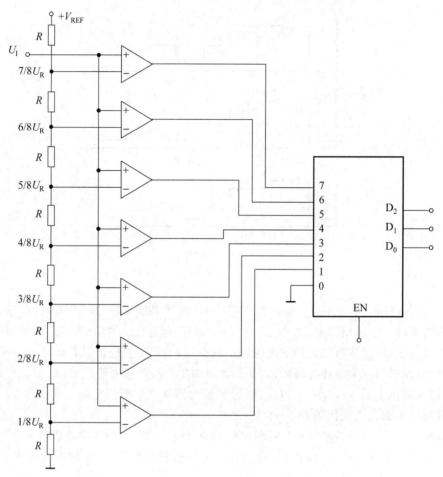

图 5.24　并联比较型 A/D 转换器的电路结构

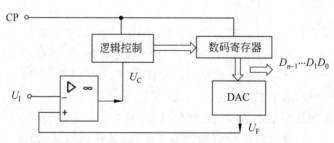

图 5.25　逐次逼近型 A/D 转换器电路结构

二选一开关 S 一端接至输入信号 U_I，另一端接至负值参考电压 V_REF。

　　双积分型 A/D 转换的过程要经历采样阶段和比较阶段。采样阶段对电容充电，在固定的计数时间内，获得与输入模拟信号 U_I 成正比的电容电压 U_C。比较阶段电容放电，计数器从零开始计数，U_C 放电完毕，停止计数，计数器便得到与电容电压 U_C 成正比的计数值，即模拟信号转换成的数字量。双积分型 A/D 转换器电路结构如图 5.26 所示。

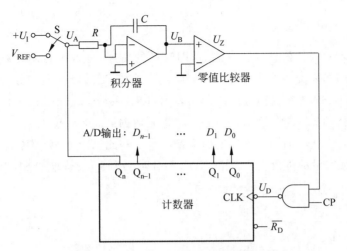

图 5.26 双积分型 A/D 转换器电路结构

1）采样阶段

开始令 $\overline{R}_D=0$，计数器复位，计数初值 $Q_n Q_{n-1} \cdots Q_1 Q_0 = 00 \cdots 00$，然后，令 $\overline{R}_D=1$，开关 S 与 U_I 相连，A/D 转换开始，U_I 对电容充电，积分器正向积分，$U_B<0$，零值比较器 $U_Z=1$，与非门开通，外部 CP 作为计数时钟信号 CLK，计数器对 CP 计数，计数值 $Q_n Q_{n-1} \cdots Q_1 Q_0$ 增大，直至 $Q_n Q_{n-1} \cdots Q_1 Q_0 = 10 \cdots 00$，输出数字量 $D_{n-1} \cdots D_1 D_0 = Q_{n-1} \cdots Q_1 Q_0 = 0 \cdots 00$ 时，因 $Q_n=1$，控制至负向参考电压 U_{REF}，停止对电容充电，采样结束，电容获得了与输入信号 U_I 成正比的电压 U_C，采样时间取决于计数器，与电容、输入信号大小无关。

2）比较阶段

开关 K 切换至负值参考电压 V_{REF} 后，电容对 V_{REF} 放电，积分器反向积分，$U_B \uparrow$，当 U_B 从负值上升至 $U_B \geqslant 0$ 时，零值比较器 $U_Z=0$，与非门屏蔽，计数器无法获取计数时钟信号 CLK，计数器停止计数，此时，计数值 $Q_{n-1} \cdots Q_1 Q_0$ 即是 A/D 转换器输出的数字量。自电容放电起，$U_B \uparrow$ 至 $U_B \geqslant 0$ 的时间，决定计数器计数的时间，而计数时间与计数值成正比，因此，计数值与采样阶段得到的电容电压成正比。

采样与比较过程中，积分器历经正反方向两次积分，电路的对称性干扰、元件误差和延迟等因素抵消，因此，双积分型 A/D 转换器的抗干扰能力强、精度高，同时，因为双向积分的存在，使这种 A/D 转换器的工作速度低，双积分型 A/D 转换器在数字测量中得到广泛的应用。

5.5.3 A/D 转换的主要性能指标

A/D 转换的主要性能指标有分辨率、转换时间（速度）和转换误差。

1. 分辨率

分辨率表示对模拟信息的分辨能力,即转换的精度,可以用转换后数字量的位数表示,如芯片 ADC0803 是一个 8 位 A/D 转换器,那么该 A/D 转换器的分辨率为 8 位。分辨率还可以用 1LSB 对应的输入模拟量来表示,LSB(least significant bit)为二进制数据最低有效位,MSB(most significant bit)为二进制数据最高有效位。

例 5.7 8 位 ADC 的输入模拟电压满量程为 5V,此 ADC 的分辨率是多少?

解:若用数字量的位数表示,8 位 ADC 的分辨率为 8 位;若以 1LSB 对应的输入模拟量表示,8 位 ADC 的分辨率为 $\frac{1}{2^8} \times 5 = 19.53\text{mV}$。

2. 转换时间

从输入模拟信号到转换输出稳定数字量的时间,即完成一次 A/D 转换需要的时间,为 A/D 转换时间。转换时间越长,转换速度就越低,转换时间和转换速度反应的是同一项性能指标。

3. 转换误差

转换误差表示 A/D 转换器实际输出的数字量和理想输出数字量之间的差值,如 A/D 转换器的相对误差≤LSB/2,表示 A/D 转换的数字量误差不足 1bit,这是比较理想的情况。

5.5.4 集成 A/D 转换器

集成 A/D 芯片一般包括模拟输入端、转换时钟端及数字信号输出端,如图 5.27 所示。

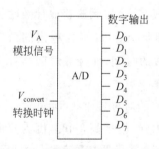

图 5.27 A/D 转换器的芯片符号

有些 A/D 芯片允许多个通道输入,通过地址选择其中一路模拟信号进行输入。集成 ADC0809 是 CMOS 工艺 8 通道、8 位逐次逼近型模数转换器,如图 5.28 所示,ADC0809 内部有一个 8 通道多路开关,它可以根据地址码锁存译码后的信号,选通 8 路模拟输入信号 IN_i 的一路进行 A/D 转换。地址信号 A、B、C 决定选择哪一路输入信号进行转换,转换输出的 8 位数字量为 $D_7 D_6 \cdots D_0$,转换时钟输入信号为 CLOCK 信号,每个 CLOCK 周期,转换一次数据,转换启动信号为 START 信号,转换结束信号为 EOC 信号,完成一次数据转换后,EOC 端将给出高电平。通常情况下,处理器给出 START 启动信号,通过检测 EOC 电平,可知转换是否完成,若 EOC 高电平,这时处理器将 A/D 输出允许 OE 端置高电平,此时,A/D 输出数字量 $D_7 D_6 \cdots D_0$,处理器读取并进行数据处理。

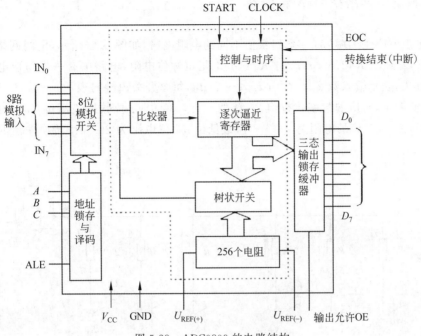

图 5.28 ADC0809 的电路结构

ADC0809 的主要技术指标：分辨率为 8 位，转换精度为 ±1LSB，转换时间为 $100\mu s$，输入电压为 +5V，电源电压为 +5V。

5.6 D/A 转换

数模转换器 DAC 将数字信号转换成与之成正比例的模拟信号。数字量每位都有相应的权值，如二进制数 $101101B = 1 \times 2^5 + 0 \times 2^4 + 1 \times 2^3 + 1 \times 2^2 + 0 \times 2^1 + 1 \times 2^0$，DAC 首先产生正比于每位权值的模拟电压（或电流），然后将这些模拟量叠加，得到与输入数字量成正比的总模拟量，从而实现从数字量到模拟量之间的转换，如图 5.29 所示。

例 5.8 某 D/A 转换器的参考电压 $U_R = 5V$，输入数字量 $D_7 D_6 \cdots D_0 = 00000011B$，求此时输出的模拟电压 U_O。

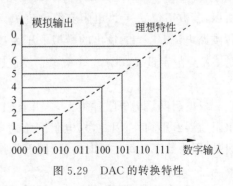

图 5.29 DAC 的转换特性

解：输入数字量 $D_7 D_6 \cdots D_0 = 00000011B = 3$，最低数字位 1 对应的模拟电压为 $5/2^8 = 0.0195V$，故输出模拟电压为 $U_O = 3 \times 0.0195 = 0.0586V = 58.6mV$。

5.6.1　权电阻网络型 D/A 转换器

权电阻网络型 DAC 有一系列权值不同的电阻网络,如图 5.30 所示,电阻网络阻值分别为 $2^0R,2^1R,2^2R,2^3R,\cdots,2^{n-1}R$,这些电阻也称位电阻,电路中有一排与位电阻相连的电子开关,表示输入数字量 $d_{n-1}d_{n-2}\cdots d_1d_0$,每个开关由导向表示 0 和 1,位电阻 2^iR 越大,电流越小,对应的数字位权值 2^i 越小。图 5.30 中,n 位数据最高位 d_{n-1} 位对应的电阻为 R,d_i 位对应的电阻为 $2^{n-1-i}R$,最低位 d_0 位电阻为 $2^{n-1}R$,转换输出的模拟电压为 U_O。

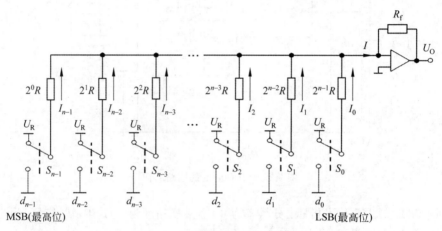

图 5.30　权电阻网络型 DAC 电路

如果 $d_i=1$,电子开关 S_i 接通基准电压 U_R,该位电阻 R_i 中就会有电流 I_i 流过;如果 $d_i=0$,则该位开关 S_i 与地相接,该位电阻 R_i 由于两端电压为 0V 则无电流。因为 d_i 位权值和对应的电阻阻值 R_i 成反比,所有电阻的基准电压 U_R 又相同,$I_i=U_R/R_i$,所以,若数字位 $d_i=1$,电阻支路电流 I_i 和 d_i 位权值成正比。运算放大器输入电流 I 为各支路电流 I_i 之和,输出的模拟电压为 $U_O=I\times R_f=(\Sigma I_i)\times R_f$,因此,输出的模拟电压量 U_O 与数字量 $d_{n-1}d_{n-2}\cdots d_1d_0$ 成正比。

$$U_O=I\times R_f$$

权电阻网络的电阻种类太多,并且阻值相差太大,小电阻对应的数字位权值大,小电阻阻值误差影响大,因此,权电阻网络对电阻阻值精度要求高,这是权电阻网络的缺点。但是,因为数字量每位同时转换,因而转换速度较快,这种转换也称并行数模转换。

5.6.2　T 形电阻网络型 D/A 转换器

T 形电阻网络型 DAC 由电阻网络、电子开关、基准电压源 U_R 及运算放大器构成,与权电阻网络不同,T 形电阻网络的电阻只有 R 和 $2R$ 两种电阻。如图 5.31 所示,节点 E

并联了两条电阻为 $2R$ 的支路,所以节点 E 的等效电阻为 R,其他节点也是并联了两条阻值为 $2R$ 的支路,所以所有节点的等效电阻均为 R。

因此,节点 A 的并联支路电流为 $I_A = \dfrac{I}{2}$,节点 B 的并联支路电流为 $I_B = \dfrac{I_A}{2} = \dfrac{I}{2^2}$,节点 C 的并联支路电流为 $I_C = \dfrac{I_B}{2} = \dfrac{I}{2^3}$。各节点并联支路电流量按 1/2 的指数规律递减,每个节点上面一条并联支路接入一个电子开关,这些开关代表输入的数字量,一个开关 1 位数字量,开关合上表示数字 1,此时,并联支路电流接通至运算放大器;开关打下,表示数字 0,此时,并联支路接地,并联支路电流对运算放大器的输出没有贡献。

$$I_F = R_F \sum (d_4 I_A + d_3 I_B + d_2 I_C + d_1 I_D + d_0 I_E)$$
$$= R_F \sum \left(d_4 \left(\frac{1}{2}\right)^1 I + d_3 \left(\frac{1}{2}\right)^2 I + d_2 \left(\frac{1}{2}\right)^3 I + d_1 \left(\frac{1}{2}\right)^4 I + d_0 \left(\frac{1}{2}\right)^5 I \right)$$

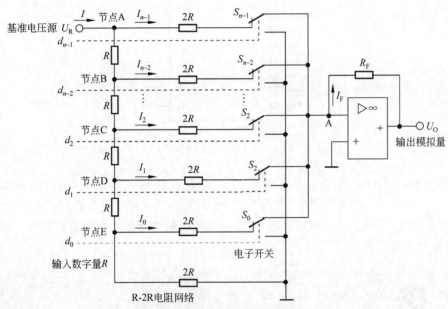

图 5.31　T 形电阻网络型 DAC 电路

T 形网络型 DAC 电路的电阻只有两种阻值,而且阻值相差 2 倍,因此,转换精度不易受到电阻精度的影响。

5.6.3　数模转换器的主要性能指标与集成 D/A 转换器

1. 性能指标

与 A/D 转换器类似,D/A 转换器的性能指标也有分辨率、转换时间(转换速度)、转换误差(转换精度)等指标。分辨率和转换时间含义与 A/D 相同,转换误差为当输入数码最大值时,实际输出模拟电压与理论值的差值,设计时,一般要求小于 LSB/2 所对应输出的电压值,转换误差也反映了转换精度。

2. 集成 D/A 转换器

芯片 DAC0808 是电流输出型 8 位数模转换器件,16 个引脚,驱动电压±5V。DAC0808 与 TTL、DTL 和 CMOS 逻辑电平兼容。

A1~A8 为 8 位数据输入端,其中,A1 为最高位,A8 最低位,U_{REF}(＋)为正向参考电压,应用时要接上拉电阻,U_{REF}(－)为负向参考电压,可接地,V_{EE} 为负电压输入端,COMP 为补偿端,V_{EE} 与 COMP 之间通常接 $0.1\mu F$ 电容,DAC0808 的输出为 4 号引脚电流 I_{OUT},因此,DAC0808 的输出一般要接一个运算放大器,将模拟量电流转换成电压输出。

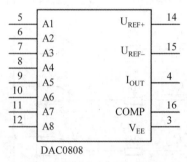

图 5.32　DAC0808 引脚图

用 Proteus 进行仿真,仿真结果如图 5.33 和图 5.34 所示。在图 5.33 中,输入数据 128＝10000000B 时,输出模拟电压＋2.50V;在图 5.34 中,当输入数据 255＝11111111B 时,输出模拟电压＋4.98V。可以看出,输出模拟电压基本与输入数字量成正比,1LSB 对应的模拟电压量接近 0.02V。

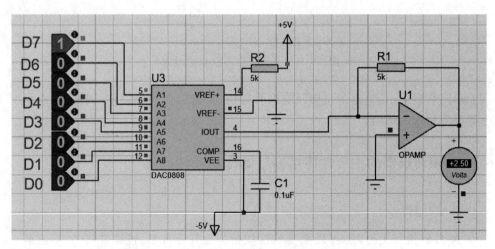

图 5.33　DAC0808 输入数据 10000000B 的运行结果

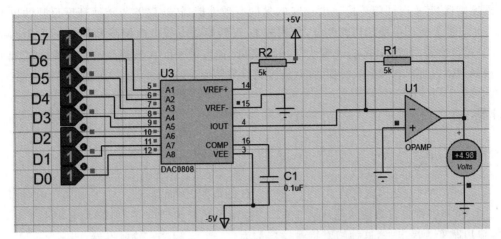

图 5.34　DAC0808 输入数据 11111111B 的运行结果

小结

同步时序电路需要脉冲数字信号作为状态更新的时钟信号,由 555 芯片构成的振荡电路可以生成脉冲数字信号,通过调节 555 振荡电路充放电的 R、C 元件值,可以调节生成的脉冲数字信号的周期与占空比。单稳态触发器只有一种稳态,受到触发后,将进入逻辑"0"或"1"的暂稳态,在暂稳态维持一段时间,然后又会回到稳态电平,暂稳态时间由单稳态触发器外部 R、C 决定,因此,通过调节外部 R、C 元件值,可以调节暂稳态的宽度,利用这个特性,单稳态触发器常常用来对受到干扰的脉冲进行整形。单稳态触发器分为可重触发型和不可重触发型两种,当暂稳态时间没有结束时,单稳态触发器再次受到触发,如果触发器不予理会,继续完成暂稳态过程,这种单稳态触发器就是不可重触发型单稳态触发器;如果暂稳态没有结束,再次受到触发,单稳态触发器又重新开始进入新的暂稳态过程,这种单稳态触发器属于可重触发型。施密特触发器是具有滞后特性的数字传输门,施密特触发器采用电位触发方式,输入具有两个阈值电压,分别称为正向阈值电压 V_{TH}^{+} 和反向阈值电压 V_{TH}^{-},正向阈值电压与反向阈值电压之差称为回差电压。施密特触发器当输入电压大于 V_{TH}^{+} 时或小于 V_{TH}^{-} 时,触发输出电平发生跳变,当输入电压处于 $V_{\mathrm{TH}}^{-}<U_{\mathrm{I}}<V_{\mathrm{TH}}^{+}$ 时,输出电压保持不变。按照输入与输出电平的变化关系,施密特触发器分为同相施密特触发器和反相施密特触发器。利用施密特触发器的回差特性,施密特触发器也可应用于波形变换和脉冲波形整形。

ADC 与 DAC 是模拟信号与数字信号之间转换的桥梁,是数字系统应用的必由之路。A/D 转换过程包括采样、保持、量化、编码 4 个步骤,A/D 转换的采样时钟应大于等于模拟信号最高频率的 2 倍,D/A 后才能不失真地恢复模拟信号。常用的 A/D 转换器有并联比较型、逐次逼近型和双积分型 A/D 转换器,三者转换速度依次递减,转换精度依次递增。A/D 转换器主要性能指标有分辨率、转换时间和转换误差。转换时间长,转换速度则低,转换时间与转换速度反映的是同一项性能,转换误差与转换精度反映的也是同一项性能。按照电路结构的差异,常用的 D/A 转换器有权电阻网络型和 T 形电阻网络型 D/A 转换器,前者误差大、速度快,后者误差小、速度慢。D/A 转换器的性能指标与 A/D 转换器类似,也使用分辨率、转换时间(转换速度)、转换误差(转换精度)等指标描述性能。

习题

一、填空题

1. 555 定时电路因内部有 3 个_____ Ω 的电阻,因而得名。

2. 当施密特触发器输入电压大于 V_{TH}^+ 时,输出跳变为低电平;当输入电压小于 V_{TH}^- 时,输出跳变为高电平,这种施密特触发器称为_____相施密特触发器。

3. 单稳态触发器的暂稳态维持时间与触发脉冲的宽度和幅度_____关,若定时元件为 R_{EXT} 和 C_{EXT},定时时间 T_W 为_____。

4. 施密特触发器具有回差特性,可用于脉冲波形的_____和_____。

5. 同相施密特触发器,当输入电压 U_i 从零开始上升,处于 $0 \leqslant U_i < V_{TH}^-$ 时,输出电平 U_o 为_____电平;当输入电压上升至 $V_{TH}^- \leqslant U_i < V_{TH}^+$ 区间时,输出电平 U_o _____;当输入电平 $U_i \geqslant V_{TH}^+$ 时,输出电平 U_o 为_____电平。

6. A/D 转换步骤依序为_____、_____、_____、_____。

7. 图 5.27 所示的 A/D 转换器的分辨率是_____位,如果输入模拟电压是 3V,输出数字量是 $2^7 = 01111111$,那么 1LSB = _____ mV(精确到小数点后 1 位)。

8. 使用 ADC0804 将 0~5V 的模拟量转换成 8 位数字量,若输入模拟信号为 2.5V,转换后的数字量为_____,若输入模拟信号为 5V,转换后的数字量为_____。

9. A/D 转换器分为_____、_____、_____ A/D 转换器,衡量 A/D 与 D/A 转换器主要性能指标有_____、_____、_____。

10. 按照电阻网络的类型,D/A 转换器分为_____电阻网络型 D/A 转换器及_____电阻网络型 D/A 转换器。其中,_____电阻网络型 D/A 转换器速度快,_____电阻网络型 D/A 转换器精度高。

二、单选题

1. 基于 555 电路的振荡器,为了提高振荡频率,对于充放电回路 R、C,应该(　　)。

    A. 降低 R、C 的取值

    B. 增大 R、C 的取值

    C. 不改变 R 和 C 的取值

    D. 增大 C 的取值,降低 R 的取值,保持 RC 不变

2. 在数字系统中,常用(　　)电路,改变输入脉冲信号的宽度。

    A. 施密特触发器　　　　　　　　　　B. 单稳态触发器

  C. 多谐振荡器   D. 集成定时器

3. 欲对边沿较差或带有干扰噪声的不规则波形整形,应选择( )。

  A. 多谐振荡器   B. 施密特触发器

  C. JK 触发器   D. RS 触发器

4. 在数字系统中,能自行产生矩形波的电路是( )。

  A. 施密特触发器   B. 单稳态触发器

  C. 555 多谐振荡器   D. 集成定时器

5. 下列能够将数字信号转换成模拟信号的器件是( )。

  A. A/D 转换器 B. D/A 转换器 C. FPGA 转换器 D. RS 转换器

6. 以下说法正确的是( )。

  A. 555 多谐振荡器输出信号的占空比不能调节

  B. 555 定时电路内部都是数字电路,不存在模拟电路部分

  C. 反相传输的施密特触发器等同于非门

  D. 施密特触发器采用电平触发方式,单稳态触发器采用边沿触发方式

7. 以下说法错误的是( )。

  A. 施密特触发器的回差电压可以设置为零

  B. 单稳态触发器只有一个稳态,一个暂稳态

  C. 与权电阻网络型 D/A 转换器相比,T 型电阻网络型的转换误差更小

  D. 与并联比较型 A/D 转换器相比,逐次比较型 A/D 转换器转换速度更慢

8. 以下说法错误的是( )。

  A. 在高端芯片方面,我国在高端 CPU、存储器、A/D 与 D/A 等方面高度依赖进口

  B. 如果 A/D 转换误差小于 1/2LSB,输出数字信号是不准确的

  C. 通过改变外接充放电的 R、C 值,可以调节 555 多谐振荡器输出信号的占空比

  D. 用 50MHz 的 A/D 转换器可以将模拟视频信号转换成数字信号

9. 以下说法错误的是( )。

  A. A/D 转换位数越多,分辨率越高

  B. 若 A/D 转换器输入模拟信号最高频率为 xHz,则取样频率的下限是 2xHz

  C. 因为需要多个比较器工作,并联比较型 A/D 转换器速度较慢

  D. 反相施密特触发器,当输入电压 U_I 从零开始上升,处于 $0 \leqslant U_I < V_{TH}^-$ 时,输出电平 U_O 为高电平,当输入电压 $U_I \geqslant V_{TH}^+$ 时,输出电压 U_O 为低电平

10. 以下说法错误的是( )。

  A. A/D 与 D/A 转换器是数字系统应用的必要环节

  B. 不可重触发的单稳态触发器,如果在暂稳态时期,再次受到触发,触发器状态不会受到影响

  C. 一个转换时钟周期,A/D 转换器可能完成多次转换

  D. 555 芯片是模数混合芯片

三、应用题

1. 同相施密特触发器输入电压波形 $U_i(t)$ 如图 5.35 所示,正、负向阈值电压分别为 U_{T+}、U_{T-},画出施密特触发器输出电压波形 $U_o(t)$。

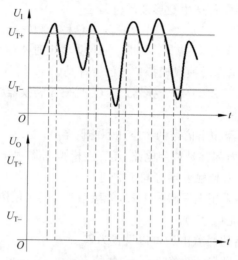

图 5.35　同相施密特触发器输入输出电压

2. 由 555 定时电路构成的多谐振荡器如图 5.36 所示。已知电路中的 $R_1 = 20\text{k}\Omega$,$R_2 = 80\text{k}\Omega$,电容 $C = 0.1\mu\text{F}$,求电路输出信号 U_o 的周期与频率。

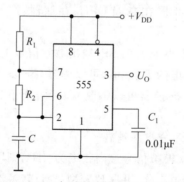

图 5.36　555 定时电路构成的多谐振荡器

四、思考题

1. 简述 A/D 和 D/A 在数字系统中的作用。

2. 查阅资料,了解我国高端 A/D 芯片自主制造能力,谈谈感想。

第

6

章

存

储

器

存储器是用来存储二进制信息的数字器件。对于计算机及一般的数字系统,输入的信息、处理的中间结果及待输出的信息,常常需要使用存储器保存起来。数字产品若需要记忆功能,就不能缺少存储器。半导体存储器因其集成度高、容量大、功耗低、速度快等特点被广泛用于计算机和数字系统中。

6.1 半导体存储器概述

半导体存储器指使用半导体器件构成的二进制信息存储电路。存储器以储存单元作为存储数据的单位,存储器芯片引脚一般包含数据线、地址线、读写使能线等信号线,由地址信号指出要访问哪个存储单元;由读写使能信号决定对存储器是执行读操作,还是执行写操作;数据线的位数等同于存储单元的位数,数据线可以是一位串行数据线,也可以是多位并行数据线。

例如,图 6.1 中 SRAM(static random access memory,静态随机存储器)存储器 HM6116 的地址线为 $A_{10} \sim A_0$,数据线为 $D_7 \sim D_0$,存储单元数量为 2^n 个,每个单元存储 8 位二进制数据。读使能端$\overline{OE}$与写使能端$\overline{WE}$均为低电平有效。$\overline{CE}$为片选端,若为高电平,则芯片各端口处于高阻状态;若为低电平,方可进行读写操作。

HM6116 的功能如表 6.1 所示。

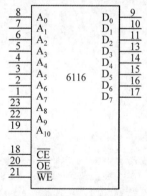

图 6.1 SRAM 存储器 HM6116

表 6.1 HM6116 的功能表

$\overline{CE}$	$\overline{OE}$	$\overline{WE}$	I/O	工 作 模 式
1	×	×	高阻	未选中
0	0	1	数据输出	读操作
0	1	0	数据输入	写操作
0	0	0	数据输入	写操作

6.1.1 存储器的性能指标

存储器的主要性能指标为存储容量、存取速度和存储性价比。存储容量是存储系统的首要性能指标,存储容量越大,能存储的信息就越多;存储速度表示了存储器读写数据的快慢;存储性价比为存储单位数据的价格,如每比特价格或每字节价格。实际上,同时兼顾容量、速度和成本很难,在实际的计算机系统中,通常采用多种不同容量、不同速度、不同成本的存储器构成多级存储体系,如采用高速缓冲存储器、主存储器、辅助存储器三者构成计算机的多级储存系统,提高存储系统的性价比。

1. 存储容量

存储容量为存储器能容纳的二进制信息总量,储存容量通常以位、字节为基本单位,"位"用小写字母 b(bit)表示,"字节"用大写字母 B(Byte)表示,8 位二进制数据量称为一字节,常用的储存单位还有 KB(千字节)、MB(兆字节)、GB(吉字节)和 TB(太字节)。各单位之间的换算如下。

$$1KB = 2^{10}B = 1024B$$

$$1MB = 2^{10}KB = 1024KB$$

$$1GB = 2^{10}MB = 1024MB$$

$$1TB = 2^{10}TB = 1024GB$$

存储器字长为每个单元存储的二进制数据位数,存储器容量=存储单元数量×存储器字长,图 6.1 所示的存储器 HM6116,有 $2^{11}=2K=2048$ 个单元;该存储器数据线有 8 条,因此 HM6116 是 2K×8 位的 SRAM 存储器。计算机存储器寻址空间是由 CPU 地址线位数决定的,该地址也称为物理地址。如若地址总线为 64 位,则它的最大寻址空间是 2^{64} 个单元;如果数据线是 32 位,则存储器容量为 $4×2^{64}$ 字节。存储容量是衡量信息量的性能指标。

例 6.1 某电视台举行智力挑战游戏,参赛选手身戴安全带,蒙眼走 120 格空中栈道,这些栈道有些是可踩踏的木板,有些是空的,若踩到空栈道,人就会掉下去,挑战失败。如图 6.2 所示。在行走前,参赛选手在规定时间内查看栈道情况,如果蒙眼走完全程,没有掉下去,则挑战成功。请问,参赛选手若想不掉下来,则必须记住的信息量是多少? 相当于多少个手机号码的信息量?

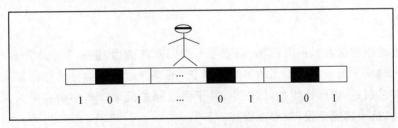

图 6.2 蒙眼走空中栈道图

解:将 120 格空中栈道的情况用二值信息进行记忆,有踏板用 1 表示,无踏板用 0 表示,记忆的信息量为 120bit=120/8B=15 字节。选手可以将每 4 比特转换成一位十六进制数码进行记忆,如 100011000110,可记忆成 8C6,这样参赛选手只需要记住 120/4=30 位的十六进制数码,蒙眼后,再将每个十六进制数码转换成 4 个二进位,然后根据二进位 1 或 0 的含义,踩踏或跨过空中栈道。

手机号码由 11 位 0~9 的十进制数码组成,最高位固定为 1,不需要记忆。剩下 10 位号码最大值不超过 9999999999,因为 $2^{33}<9999999999<2^{34}$,所以每个手机号码要用 33~34 位二进制编码来表示,120 格空中栈道信息量为 120 位,3<120/33<4,显然,120

格空中栈道信息量在 3～4 个手机号码之间。

单位时间记忆的信息量是衡量智力竞赛难度系数的关键因素之一,记住 3～4 个手机号码并不是件很难的事情。

2. 存取速度

存取速度取决于存取时间、存取周期和存储器带宽。存取时间就是存储器从启动到完成访问操作所经历的时间,即读出或写入一次数据的时间,一般在纳秒与微秒级。存取周期是连续两次访问存储器所需的最小时间间隔。存取周期略大于存取时间,因为存储器完成一次数据读写后,需要一定的时间恢复某些内部操作。机械硬盘平均读写速度在几十到一百 MB/s,固态硬盘可以达到数百 MB/s。存储器的带宽是指单位时间读写存储器的最大信息量,单位通常是位/秒或字节/秒,存储器带宽是衡量存储器数据传输能力的重要技术指标,注意存储器的带宽和存储器字长是不同的概念。

3. 功耗

半导体存储器属于大规模集成电路,其体积小、集成度高、散热困难,因此,在保证速度的前提下应尽量减小功耗。MOS 型存储器因功耗低、集成度高等特点在大容量存储器中得到了广泛的应用。

半导体存储器由若干个储存芯片构成。存储器芯片集成度越高,构成相同容量的存储器所需的芯片数就越少。功耗越低,集成度可做得越高,基于 MOS 管的单极型存储器的集成度高于双极型存储器,动态存储器的集成度高于静态存储器。因此,微型计算机内存大多采用动态存储器。

4. 可靠性

可靠性是指存储器抵抗电磁场、温度等干扰因素的能力,也称为电磁兼容性,通常用平均无故障时间来衡量。平均无故障时间越长,可靠性越高。半导体存储器采用大规模集成电路工艺制造,内部连线少,体积小,易于采取保护措施。与相同容量的其他类型存储器相比,其抗干扰能力强,兼容性较好。

性能价格比是一项综合指标,可用单位容量的价格来衡量。不同用途的存储器要求不同,高速存储器要求速度越快越好,外存则要求容量越大越好。

6.1.2 存储器的分类

存储器的种类很多,分类方式也有多种。按存取方式可分为只读存储器(ROM)和读写存储器;按制造工艺不同可分为单极型存储器(MOS 型)和双极性存储器(TTL 型);按器件构成和储存介质主要分为磁芯存储器、半导体存储器、光电存储器、光盘存储器、磁膜、磁泡和其他表面存储器;按用途类型可分为通用型和专用型存储器;按信息的可保护分类可分为易失性存储器和非易失性存储器;按位置和功能可分为寄存器、内存(主存)和外存(辅存)。

只读存储器在正常工作时只能读信息,不能写信息,断电后信息不会丢失,是非易失性存储器件。只读存储器应用于储存内容不需要修改,断电后信息不能丢失的场合,常用来存放不需要改动的程序或其他信息,如计算机的程序存储器、电视机中的频道保存等。

可读写存储器正常工作时,既能进行读操作,又能进行写操作,但断电后信息会丢失,为易失性存储器。可读写存储器包括顺序存取存储器(SAM)和随机存储器(RAM)。顺序存取存储器只能按照一定顺序写入或读出信息,如老式磁带,又如后进先出的堆栈或先进先出的存储器。

随机存储器可以随机选择一个地址单元进行读写,用于存储需要频繁修改的信息,如处理的中间过程信息等。RAM 又分为 SRAM(静态 RAM)和 DRAM(动态 RAM)两大类,SRAM 采用半导体器件存储信息"0"与"1",DRAM 采用电容电荷量表示信息"0"与"1",SRAM 速度和单位容量价格高于 DRAM,容量小于 DRAM,计算机高速缓冲存储器(cache)采用 SRAM,内存采用 DRAM,计算机内存通常装在主板上,容量为几 GB 到几百 GB,CPU 可直接对内存进行读写操作,按发展历程,内存类型有 SDRAM、DDR、DDR2、DDR3、DDR4 等。计算机内存容量越大,可调入运行的程序量越多,所以内存也能间接影响计算机的运行速度。

外存不能被 CPU 直接访问,外存数据要调入内存,才能被 CPU 访问,外存是为了弥补内存不足而配置的,外存信息可以修改,也可以长期保存,但存取速度较慢。常用外存有机械硬盘和固态硬盘,现在机械硬盘的起步容量一般为 1TB,固态硬盘起步容量是120GB,固态硬盘的访问速度、静音、质量等性能均优于机械硬盘,但是固态硬盘的容量小、价格高,所以,常常将计算机机械硬盘和固态硬盘搭配使用,系统放在固态硬盘上,其他数据放在机械硬盘上,这样,计算机既能迅速启动,又可以存储更大容量的信息。

为了进一步提高访问内存的速度,在内存和 CPU 之间设置了高速缓冲存储器(cache),cache 的存取速度远高于内存,但容量更小,CPU 将可能反复访问的内存数据备份到 Cache 中,这样,CPU 访问这些数据时就不需要经过内存,而是从更高速的 cache 中获取,"CPU—cache—内存—外存"构成了计算机的多级存储体系,如图 6.3 所示,解决了存取速度与存储容量之间的矛盾,提高了计算机的性价比。

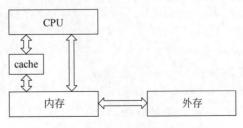

图 6.3　计算机多级存储体系

6.2 随机存储器

6.2.1 RAM 的电路结构及功能

RAM 可以对任意给定地址单元进行读写,RAM 主要由地址译码器、存储矩阵、读写控制电路、I/O 电路等部分组成。

1. 地址译码器

RAM 中的每个存储单元都有不同地址,CPU 根据地址存取数据。地址译码器的作用就是将 CPU 送来的地址信号进行译码,从而选择与地址码对应的存储单元。按地址译码方式不同,地址译码器可分为单译码结构和双译码结构。图 6.4 所示为单译码结构 RAM,若地址译码器输入地址线数为 n,则地址译码器的输出有 2^n 条线,能选择的存储单元最大数量为 2^n,图 6.5 所示为双译码结构 RAM,通过行、列两个地址译码器选择存储矩阵单元,若行地址译码器输入线数为 i,列地址线数为 j,则行、列地址译码器的输出共有 $2^i + 2^j$ 条地址线,双译码结构 RAM 能选择的存储单元最大数量为 $2^i 2^j$。双译码结构 RAM 能够节省地址译码器的输出地址线,例如,若单译码结构地址译码器输入有 4 条地址线,译码器输出就有 $2^4 = 16$ 条地址线,能选择 16 个单元;若双译码结构地址译码器同样有 4 条输入地址线,行、列地址译码器各 2 条地址线,译码器输出只有 $2^2 + 2^2 = 8$ 条地址线,同样选择 $2^2 \times 2^2 = 16$ 个单元,但是译码器输出地址线由 16 条减少到 8 条。通常,单译码结构适用于小容量 SRAM,大容量存储器一般采用双译码结构 DRAM。

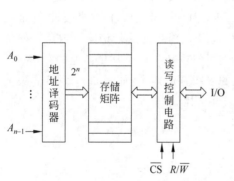

图 6.4 单译码结构 SRAM

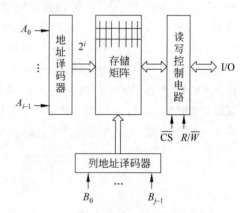

图 6.5 双译码结构 DRAM

图 6.6 中,SRAM 芯片 2114 的地址线为 $A_9 \sim A_0$,数据线为 $D_3 \sim D_0$,容量为 $2^{10} \times 4 = 1K \times 4$ 位。片选控制端 $\overline{CE}$ 为高电平时,芯片处于高阻状态;$\overline{CE}$ 为低电平时,芯片处于工作状态,可以读写数据。$\overline{WE}$ 为写控制端,低电平有效。当 $\overline{CE}$ 与 $\overline{WE}$ 均为低电平时,芯片执行写操作,将 $D_3 \sim D_0$ 的数据写入地址 $A_9 \sim A_0$ 指定的单元;当 $\overline{CE}$ 为低电平,$\overline{WE}$ 为

高电平时,芯片执行读操作,将地址 $A_9 \sim A_0$ 单元中的数据读出至数据线 $D_3 \sim D_0$ 上。

图 6.7 中,DRAM 芯片 48416 的行、列地址线均为 $A_7 \sim A_0$,数据线为 $D_3 \sim D_0$,容量为 $2^8 \times 2^8 \times 4 = 64K \times 4$ 位,显然采用行、列地址的 RAM,同样数量的地址线能过够选择更多的存储单元。$\overline{WE}$ 为写控制端,$\overline{OE}$ 为读控制端。若要读出 RAM 芯片 48416 的某个单元内容,应令 $\overline{WE}$ 为高电平,$\overline{OE}$ 为低电平,使行地址选通信号 $\overline{RAS}$ 有效,输入行地址 $A_7 \sim A_0$;再使列选通 $\overline{CAS}$ 有效,输入列地址 $A_7 \sim A_0$,这样就选通了要读数据的存储单元,然后将选中单元的数据读出到数据线 $D_3 \sim D_0$ 上。

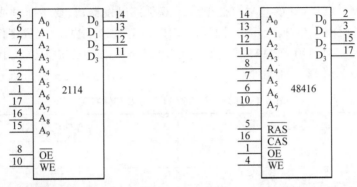

图 6.6 单译码结构 SRAM 芯片   图 6.7 双译码结构 DRAM 芯片

2. 存储矩阵

存储矩阵是存储器的主体,由基本存储单元构成,地址译码器输出的信号控制存储单元的选通。单译码结构存储矩阵是一维矩阵,单地址码选通存储单元;双译码结构存储矩阵是二维矩阵,由行地址码和列地址码共同选择存储单元。每个存储单元存储一个字的数据,字长与数据线的位数相同。

3. 读写控制器

访问 RAM 时,读写使能信号($R/\overline{W}$)控制被选中地址单元是执行读操作还是写操作。通常,RAM 读写控制线高电平为读,低电平为写;也有 RAM 读使能线和写使能线是分开的情况。

计算机内存一般由多片 RAM 组合而成,当 CPU 访问时,一次只能访问其中一片 RAM。因此芯片读写操作受外部信号 $\overline{CS}$(片选控制端)和 $R/\overline{W}$(读写控制端)的控制。当 $\overline{CS}=1$ 时,RAM 被禁止读写,所有 I/O 端均为高阻状态。当 $\overline{CS}=0$ 时,RAM 可在读写信号($R/\overline{W}$)的控制下进行读操作或写操作,当 $R/\overline{W}=1$ 时,进行读操作,将被选中的存储单元数据通过 I/O 数据线输出;当 $R/\overline{W}=0$ 时,进行写操作,CPU 通过 I/O 数据线将数据写入存储器被选中的单元。

4. I/O 电路

RAM 通过 I/O 接口与 CPU 交换数据,I/O 端口的每条线传送 1 位数据,为节省器件引脚数目,存储器输入输出数据一般共用 I/O 端口。I/O 端口一般采用集电极开路或三态门结构,根据读或写使能信号,控制 I/O 端口数据流的方向。但也有 RAM 采用独立的输入线和输出线。

6.2.2　静态随机存储器

根据保存信息的器件不同,随机存储器可分为静态随机存储器(SRAM)和动态随机存储器(DRAM)。SRAM 的基本存储单元是双稳态触发器,只要不断电或进行新的触发,信息可以长时间保存,也无须定时刷新。SRAM 存取速度快,但集成度低、功耗大、成本高,在计算机中常使用 SRAM 作为高速缓冲存储器 cache,工业控制中常采用小型 SRAM 作为数据存储器。部分小型 SRAM 型号及存储容量如表 6.2 所示。

表 6.2　部分小型 SRAM 型号及存储容量

型　　号	存储容量/KB
6264	8
62128	16
62256	32
62512	64

SRAM 使用双稳态半导体器件存储数据,图 6.8 所示为 6 只 MOS 管 $VT_1 \sim VT_6$ 构成的静态存储单元电路图。其中 VT_1 与 VT_2、VT_3 与 VT_4 各构成一个反相器,两个反相器的输入和输出交叉连接,构成基本的触发器,作为 1 位数据存储单元。VT_5 和 VT_6 是门控管,它们的导通或截止均受行选择线的控制。同时,VT_5 和 VT_6 控制触发器输出端与位线之间的连接状态。当行选择线为低电平时,VT_5 和 VT_6 截止,这时存储单元和位线断开,存储单元的状态保持不变;当行选择线为高电平时,VT_5 和 VT_6 导通,触发器输出端与位线接通,此时通过位选择线对存储单元进行操作。在读控制信号 R 的作用下,可将基本触发器存储的数据输出。若 $Q=1$,则"1"位线输出 1,"0"位线输出 0;若 $Q=0$,则"1"位线输出 0,"0"位线输出 1。根据两条位线上的电位高低就可以知道该存储单元的数据。在写控制信号 W 的作用下,需写入的数据被送入 1 位线和 0 位线,经过 VT_5 和 VT_6 门控管加在反相器的输入端,将基本触发器置于所需的状态,若要写入 1,则令"1"位线为 1,"0"位线为 0;若要写入"0",则令"1"位线为 0,"0"位线为 1。如果还没有学过模拟电路课程,SRAM 及后续的 DRAM 存储单元电路原理不作要求。

6.2.3　动态随机存储器

动态随机存储器(DRAM)使用电容上的电荷量来表示信息 0 和 1,当电容电荷量大于 1/2 满电荷量时,表示存储信息为 1;当电容放电到小于 1/2 满电荷量时,表示存储信

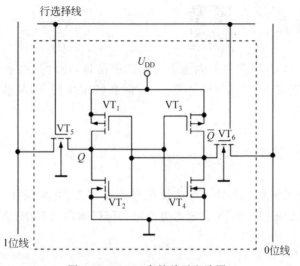

图 6.8 SRAM 存储单元电路图

息为 0。由于电容上的电荷会随着时间及其他原因慢慢泄漏,即使不断电,存储信息也会因放电而丢失,此外,若对 DRAM 进行读操作,读出后存储信息可能被破坏,也需要对 DRAM 重写信息,即进行信息再生。因此,应用 DRAM 时需附加刷新电路,定时刷新电容上的电荷,使电容上的电荷维持表示信息 0 或 1 的电荷量。DRAM 以"行"为单位进行刷新,刷新每行所需时间即是一个存储周期,DRAM 允许的最大信息保持时间一般为 2ms,因此,DRAM 的存储信息每隔 2ms 要刷新一次。

　　一个 MOS 管和一个电容可组成一个简单的动态存储单元电路,如图 6.9 所示。存储单元未被选中时,字线为低电平,MOS 管 VT 截止,电容 C 与数据线之间隔离。当存储单元被选中时,字线为高电平,VT 导通,可以对存储单元进行读写操作。写入时,数据线上的信号经 MOS 管 VT 存入电容 C 中;读出时数据经 MOS 管放大后发送到输出端。由于电容 C 与数据线之间存在寄生电容 C_0,电容 C 上的电荷要泄漏一部分,为

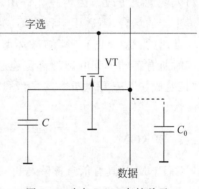

图 6.9 动态 RAM 存储单元

保持原有信息,放大后的数据同时送到数据线上,并对电容 C 进行刷新。长时间无操作的存储单元,电容会缓慢放电,因此需要定时对所有存储单元刷新一遍。

　　DRAM 的优点是集成度高、容量大、成本低;缺点是存储的信息不能长时间保存,需要定时刷新。DRAM 一般用于大容量的存储系统中,计算机的内存一般使用 DRAM。

6.3 只读存储器

只读存储器(ROM)用于存放固定不变的二值信息,在计算机系统中常用作系统程序存储器。ROM 正常工作时,可读不可写,有时在特定条件下,某些类型 ROM 也允许修改存储内容。

6.3.1 ROM 的分类

按照信息的写入特点,ROM 可分为掩膜只读存储器、可编程存储器(PROM)、紫外线可擦除可编程存储器(EPROM)、电可擦除可编程存储器(EEPROM)和闪存。

1. 掩膜只读存储器

掩膜只读存储器存储的数据在芯片制作过程中就已经"固化"在芯片中了,使用时只能读出,不能修改,用户可根据需求向厂家定做。

2. PROM

PROM 是一种可编程只读存储器,芯片在出厂时未存储任何信息,即所有存储单元均设置为"0"或"1"。用户使用前可根据需求,用专用的编程器将信息写入存储单元,一旦写入便无法更改。因为只允许用户进行一次编程,PROM 适于用在程序无须修改,小批量生产的场合,不适用于程序不成熟,需要经常修改的情况。

常用的 PROM 有 PN 结破坏型 PROM 和熔丝烧断型 PROM,熔丝烧断型 PROM 出厂时所有存储单元的熔丝都是连通的,存储内容均为"1"。编程时,若要将存储器的某些"1"变成"0",就要烧断熔丝,熔丝烧断后无法通过编程再连起来,因此,PROM 只能编程一次。

3. EPROM

EPROM 是具有信息擦除与再写功能的存储器。EPROM 芯片封装上一般有一个石英玻璃窗口,用户写入信息后,若利用紫外线照射该窗口一段时间,可擦除存储信息,擦除后又可以重新写入新的信息。由于太阳光中含有紫外线,使用时需用不透光的材料对窗口封盖,以免在阳光照射下发生储存信息丢失。EPROM 无论擦除还是写入,都需要专用设备。EPROM 每次修改信息时,就算只修改一个字节,也需要把芯片从电路板上取下,将芯片上的所有内容全部擦除,再重新写入,擦除时间一般需要几分钟至几十分钟。

4. EEPROM

为克服 EPROM 擦写麻烦的缺点,人们又研发了电可擦除可编程存储器,即

EEPROM(E^2PROM),EEPROM 可进行在线读写操作,读写以字节为单位,掉电信息不丢失,储存信息可保存几十年到上百年,EEPROM 擦除与改写可同时进行,擦除写入次数可达几万到几百万,EEPROM 既有 ROM 的非易失性,又有类似 RAM 的在线写功能,使用非常方便,在微处理机中应用广泛。

5. 闪存

EEPROM 擦写数据以字节为单位,速度较慢;EEPROM 集成度低、价格贵,只能存储小容量信息。快闪存储器(flash memory)又称为"闪存",读写数据以块为单位,每个区块的大小不定,不同厂家的产品有不同的规格,但是块的单位远远大于字节,闪存既有EEPROM 使用简单、编程可靠、可在线改写信息的特点,又有集成度高、体积小、功耗低、成本低等优点,最重要的是以块为单位,提高了读写速度,因而得到广泛的应用,在计算机主板、微型硬盘、数码照相机、激光打印机、掌上电脑等方面都有应用。

6.3.2　ROM 的基本结构及工作原理

ROM 的基本结构与 RAM 类似,由地址译码器、存储矩阵、输出缓冲器、控制逻辑电路组成,如图 6.10 所示。

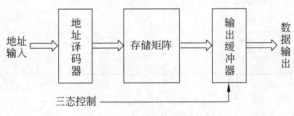

图 6.10　ROM 的基本结构

1. 地址译码器

地址译码器的作用是将输入的地址代码转换成相应的地址单元选通信号,这个选通信号线称为字线。图 6.11 所示是 2-4 线地址译码器一种电路结构,A_1、A_0 为 2 位地址,$W_0 \sim W_3$ 为 4 条字线,字线通过电阻连接到电源上,字线同时连接到二极管的阳极端,而二极管的阴极端连到 A_1、$\overline{A_1}$、A_0、$\overline{A_0}$ 等地址线上,地址和字线的数量关系是,若有 n 位地址,则对应 2^n 条字线。地址译码器不论输入地址为何值,只能选择一条字线输出,即只有一条字线为高电平,其余字线为低电平,究竟选择哪一条字线输出,取决于输入的地址。例如,当地址 $A_1 A_0 = 00$ 时,$\overline{A_1}$ 与 $\overline{A_0}$ 为 1,挂在字线 W_0 上的两个二极管阴极端均为高电平,二极管截止,因此字线 W_0 为高电平;因为 $\overline{A_1} = 1$,$A_0 = 0$,字线 W_1 与 $\overline{A_1}$ 相连的二极管截止,与 A_0 相连的二极管导通,这个导通使字线 W_1 钳位到导通压降 $0 \sim 0.7$V,即字线 W_1 为低电平;同理可知,字线 W_2、W_3 也为低电平状态。

地址译码器字线 W_i 电平其实是输入地址 A_1、A_0 的最小项 $m(A_1, A_0)$,地址译码器

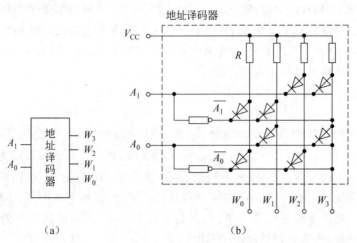

（a） （b）

图 6.11 2-4 线地址译码器

的真值表如表 6.3 所示。

表 6.3 2-4 线地址译码器的真值表

A_1	A_0	W_3	W_2	W_1	W_0
0	0	0	0	0	1
0	1	0	0	1	0
1	0	0	1	0	0
1	1	1	0	0	0

由表 6.4 可得，$W_3 = m_3(A_1, A_0)$、$W_2 = m_2(A_1, A_0)$、$W_1 = m_1(A_1, A_0)$、$W_0 = m_0(A_1, A_0)$，地址译码器输出（字线）等于地址信号的最小项，因此地址译码器实际上是一个"与"矩阵，从字线输出地址信号的所有最小项，每条字线选中一个存储单元，2-4 线地址译码器有 4 条字线，该存储器有 4 个存储单元。

2. 存储矩阵

存储矩阵是 ROM 的核心部件，内部含有大量的存储单元。如图 6.12 所示为半导体二极管存储矩阵结构示例图，该存储矩阵是一个由二极管构成的"或"矩阵，4 条字线

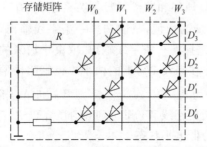

图 6.12 半导体二极管存储矩阵结构示例图

$W_0 \sim W_3$ 是存储矩阵的单元选择输入信号，输出为 4 条位线 $D_3' \sim D_0'$。当存储矩阵交叉点有二极管连接时，相当于存储 1；没有接二极管时，相当于存储 0。掩膜 ROM 存储单元中的信息究竟是 0 还是 1，通常在设计和制造时就已经确定和写入了。

图 6.12 中，当字线 $W_3 W_2 W_1 W_0 = 0001$ 时，与字线 W_1、W_2、W_3 相连的二极管截止，

不会对行线(位线)$D_3' D_2' D_1' D_0'$电平造成影响,只有与字线 W_0 相连的二极管导通,字线 W_0 在下降一次二极管的导通电压后,与导通二极管阴极相连的行线(位线)D_2'、D_0' 仍为高电平,$D_2' D_0' = 11$;因 $W_3 W_2 W_1 = 000$,行线 D_3'、D_1' 所挂二极管全部不导通,行线 D_3'、D_1' 经电阻接地,因此,行线 $D_3' D_1' = 00$,故当字线 $W_3 W_2 W_1 W_0 = 0001$ 时,位线 $D_3' D_2' D_1' D_0' = 0101$。同理可得,字线为其他电平时的行线电平,如表 6.4 所示。

表 6.4 ROM 输出真值表

字　　　　线				输　　　出			
W_3	W_2	W_1	W_0	D_3'	D_2'	D_1'	D_0'
0	0	0	1	0	1	0	1
0	0	1	0	1	0	1	1
0	1	0	0	0	1	0	0
1	0	0	0	1	1	1	0

由表 6.5 可得

$$D_3' = W_1 + W_3 = \overline{A}_1 A_0 + A_1 A_0 = m_1(A_1, A_0) + m_3(A_1, A_0)$$

同理可得,$D_2' = \overline{A}_1 \overline{A}_0 + A_1 \overline{A}_0 + A_1 A_0$,$D_1' = \overline{A}_1 A_0 + A_1 A_0$,$D_0' = \overline{A}_1 \overline{A}_0 + \overline{A}_1 A_0$。观察图 6.12,行线(位线)$D_3'$ 通过二极管与字线 W_1 和 W_3 相交,字线 W_1 与 W_3 的表达式为 $\overline{A}_1 A_0$ 与 $A_1 A_0$,行线(位线)D_3' 输出电平实际上是字线 W_1 和 W_3 相或的结果,故存储矩阵实际上是基于字线(地址信号最小项)的或矩阵。

因此,半导体存储器的结构是一个与或矩阵,由与矩阵结构的地址译码器产生地址信号的全部最小项,由或矩阵结构的存储矩阵选取某些最小项相或,从而得到存储器的输出。存储器每位的输出函数是一个地址信号的与或表达式。图 6.12 有 4 条行线(位线),说明该存储器每个单元存储 4 位二进制数据,存储器字长为 4 位,即半个字节。

3. 输出缓冲器

当输出使能信号有效时,如图 6.13 所示的行线(位线)电平 $D_3' D_2' D_1' D_0'$ 通过缓冲器进行输出,输出 $D_3 D_2 D_1 D_0$ 即为存储器的数据信号。这里的缓冲器为读写控制电路,采用三态门组成,其作用一方面是提高带负载能力,另一方面是控制输入与输出的状态,以便和系统总线连接。

4. 简化的 ROM 矩阵阵列图

4×4 位 ROM 如图 6.14 所示,从图 6.14 中可以看出,ROM 内部电路元件数量较多,电路结构比较复杂,用字线和位线处的小圆点"·"表示接有二极管,没有小圆点表示逻辑断开,图 6.14 可简化表示成图 6.15。

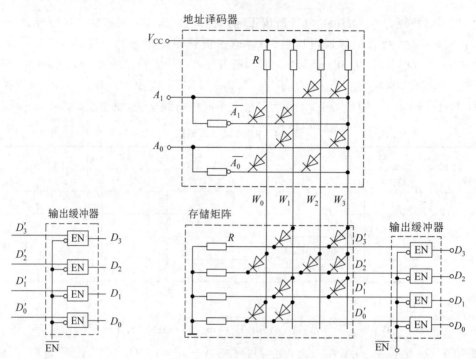

图 6.13 ROM 的输出缓冲器　　　　　　图 6.14 4×4 位 ROM 电路

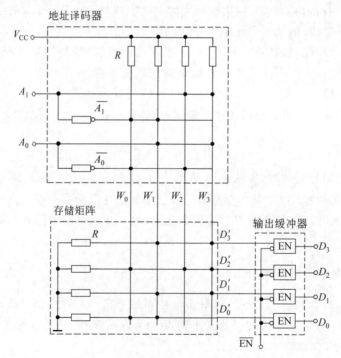

图 6.15 简化后的 4×4 位 ROM 电路

省略存储器二极管之外的器件,得到图 6.16(a),为了节省空间,有时将图 6.16(a)逆时针旋转 90°,得到图 6.16(b)。在实际应用中,常用图 6.16(a)和图 6.16(b)表示半导体 ROM 的结构。

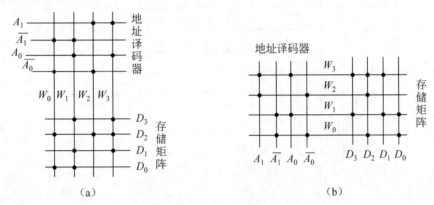

图 6.16　4×4 位 ROM 的结构图

6.3.3　用 ROM 实现逻辑函数

ROM 不仅可以用来存储二值信息,还可以在数字系统中实现逻辑函数。ROM 地址译码器是一个与阵列,存储矩阵是一个可编程或阵列,因此,ROM 可用来实现与或形式的逻辑函数。首先,将逻辑函数输入信号接入 ROM 地址端,n 位输入变量经地址译码器后,在字线上可生成 2^n 个全体最小项,即实现了输入变量的与运算。然后在 ROM 的存储矩阵选取需要的最小项相或后输出,从而实现最小项的或运算。

例 6.2　使用 ROM 实现组合逻辑函数:$F_1(A,B,C,D)=ABCD+AB\overline{C}\overline{D}+\overline{A}\overline{B}CD+\overline{A}\overline{B}\overline{C}\overline{D}$,$F_2(A,B,C,D)=AB+BCD$。

解:函数 F_1 为标准与或式,不需要转换,函数 F_2 需要转换成标准与或式,即
$$F_2(A,B,C,D)=AB+BCD=ABCD+ABC\overline{D}+AB\overline{C}D+AB\overline{C}\overline{D}+\overline{A}BCD。$$

函数 F_1、F_2 有 4 个输入变量 A、B、C、D,所用 ROM 应有 4 条地址线。函数 F_1 有 4 个最小项,函数 F_2 有 5 个最小项,实现这两个逻辑函数的电路如图 6.17 所示。
$$F_1(A,B,C,D)=W_{15}+W_{10}+W_7+W_0;$$
$$F_2(A,B,C,D)=W_{15}+W_{14}+W_{13}+W_{12}+W_7。$$

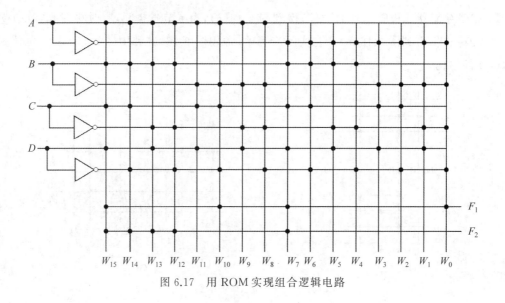

图 6.17　用 ROM 实现组合逻辑电路

6.4　存储器的扩展技术

在实际应用中,经常需要较大容量的存储器,单片存储器不能满足需求时,需要将多片存储器芯片组合起来扩展容量,构成指定容量的存储器系统。存储器容量扩展通常采用位扩展、字扩展及字位同时扩展的方法。

6.4.1　位扩展法

如果存储器的单元数已经够用,而每个字的位数不够用时,可采用位扩展连接方式,将多片存储芯片进行连接。具体方法是将所有存储芯片的片选信号$\overline{\text{CS}}$、写使能信号$\overline{\text{WE}}$及相应的地址信号 A_i 连在一起,这样,同时对所有存储芯片同一单元进行同样的操作,即读或写操作,而所有存储芯片的数据线组合在一起,构成了扩展存储器的数据线。如图 6.18 所示为 8 片 16K×1 位芯片扩展的 16K×8 位存储器。

6.4.2　字扩展法

如果存储器每个单元存储的数据位数不变,即字长不变,将单元数量增加的扩展方法称为存储器的字扩展技术,存储器字扩展需要使用译码器来扩展地址线。

如图 6.19 所示为使用 4 片 16K×8 位芯片组成的 64K×8 位存储器,2-4 线译码器的 4 个输出分别与 4 个 16K×8 位存储芯片的片选信号$\overline{\text{CS}}$相连。不管 2-4 线译码器输入什么编码信号,只有一个输出端有效,选中一片 16K×8 位存储芯片进行读或写操作,其他 16K×8 位存储芯片因$\overline{\text{CS}}=1$ 而不工作,处于高阻状态,对电路不产生影响。因此,任何

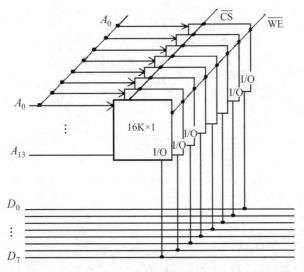

图 6.18 由 8 片 16K×1 位芯片扩展成 16K×8 位存储器

时候,只对一片存储芯片进行读写操作,其余存储芯片禁止工作。所有 16K×8 位存储芯片写使能$\overline{WE}$连在一起,数据线 $D_7 \sim D_0$ 也连在一起,D_0 与 D_0 相连……D_7 与 D_7 相连,扩展后,每个单元存储数据的位数不变,但是存储单元数量扩大到原来的 4 倍。

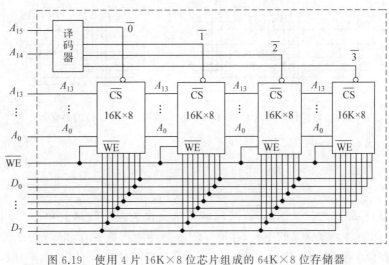

图 6.19 使用 4 片 16K×8 位芯片组成的 64K×8 位存储器

例 6.3 现有一批 2K×4 位的存储器,如何构成 16K×8 位的存储器?

解:(1)首先通过位扩展将两片 2K×4 位扩展成 2K×8 位的存储模块,如图 6.20 所示。

(2)然后,利用 3-8 线译码器,将 8 个 2K×8 位存储模块扩展成 16K×8 位的存储器,如图 6.21 所示。

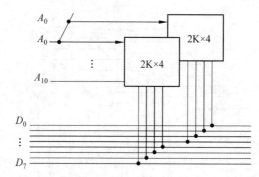

图 6.20　用两片 2K×4 存储器扩展成 2K×8 存储模块

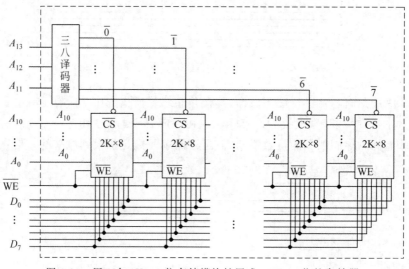

图 6.21　用 8 个 2K×8 位存储模块扩展成 16K×8 位的存储器

小结

　　存储器是存储二进制数据的器件,以储存单元作为存储数据的单位,每个单元容纳的二进制数据位数为存储器的字长,存储器的主要性能指标有存储容量、存储速度、存储性价比等,存储容量常用 MB、KB、B、bit 等单位表示,1MB＝1024KB＝1024×1024B,1B＝8bit,存储器包含数据线、地址线、读写使能线 3 种类型的信号线。从存储信息是否易失来划分,存储器分为 ROM 和 RAM,按照信息的读写方式不同,ROM 又可分为掩膜只读存储器、PROM、EPROM、EEPROM、闪存。按照存储信息的器件不同,RAM 可分为 SRAM 和 DRAM,SRAM 使用"0""1"双稳态半导体器件存储信息,存取速度快、集成度低、容量较小、单位容量价格高;DRAM 利用电容电荷量表示数据 0 和 1,与 SRAM 相比,DRAM 的速度慢,但可以做到很大容量,单位容量价格低,由于电容上的电荷容易丢失,使用 DRAM 时,需要外加电容电荷刷新电路,定期对电容电荷进行刷新。计算机采用多级存储体制,综合速度、容量、价格等因素,配备多种存储器。

存储器由地址译码器、存储矩阵、输入输出缓冲器及控制逻辑电路组成,地址译码器将输入的地址代码转换成相应的地址单元选通信号,ROM 地址译码器由与矩阵组成,输出地址信号的全部最小项,存储矩阵是存储器的核心,按单元存储二进制数据信息,存储矩阵通常由或矩阵组成,选取最小项相或后输出,因此通过设计存储器,可以实现给定的逻辑函数。

应用时,常常需要将容量不同的多片存储器连接起来,形成指定存储容量的存储器。扩展容量时通常采用位扩展法、字扩展法及字位同时扩展法。

习题

一、填空题

1. 存储芯片通常有_____线、_____线和_____使能线 3 种信号线。

2. 使用_____块 2K×4 位的存储芯片及_____线-_____线的译码器,可以构成 16K×8 位的存储器。

3. 根据写入的方式不同,只读存储器 ROM 分为_____、_____、_____、_____。

4. ROM 的存储矩阵由_____矩阵和_____矩阵组成。

5. 半导体 ROM 结构由_____、_____、_____等三部分组成。

6. 由动态 MOS 存储单元构成的 DRAM 是利用_____存储信息的,为不丢失信息,DRAM 芯片工作时必须辅以_____电路。

7. 要增加存储器单元数量,可以进行_____扩展;要加大存储器字长,可以进行_____扩展。

8. 为了提高访问速度,内存和 CPU 之间设置了_____存储器。

9. 图 6.22 所示存储器 CY7C128A-15 的容量为_____字节,字长为_____位。

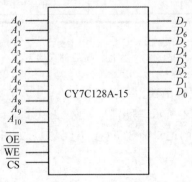

图 6.22　存储器 CY7C128A-15 示意图

10. RAM 分为_____、_____两大类型。

二、判断题(正确的打√,错误的打×)

1. ROM 不可以实现逻辑函数。 （　　）

2. 计算机内存大小也会间接影响运行速度。 （　　）

3. CPU 可以直接访问外存。 （　　）

4. 存储器的字长等于存储器的单元数量。 （　　）

5. CPU 访问辅存和寄存器的速度比访问内存的速度慢。 （　　）

6. 1kHz＝1000Hz，1V＝1000mV，1m＝1000mm，1kΩ＝1000Ω，1KB＝1000B。 （　　）

7. 双译码结构的地址译码器通过行、列两个地址译码器选择存储矩阵单元。 （　　）

8. 通常,DRAM 用于小容量高速存储系统中,SRAM 用于大容量相对低速的存储系统中。 （　　）

9. EEPROM 读写数据时以字节为单位,快闪存储器(flash memory)又称为"闪存",读写数据以数据块为单位。 （　　）

10. 存储芯片的片选信号无效时,如$\overline{\text{CS}}=1$,存储器的数据线处于高阻状态。 （　　）

三、综合题

1. 图 6.23 中虚线框为某存储系统的内部电路,该存储系统采用了什么扩展技术? 扩展后,存储器的容量为多少字节? 扩展后,存储器的最低地址和最高地址是多少?

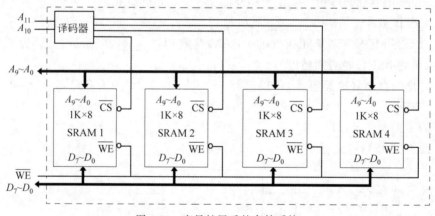

图 6.23　容量扩展后的存储系统

2. 求解 ROM 实现的逻辑函数。

(1) ROM 结构如图 6.24 所示,写出逻辑函数 $F_3(A_1,A_0)$,不要求化简。

(2) 写出用 ROM 实现的逻辑函数 $F(A,B,C,D)$,如图 6.25 所示,不要求化简。

四、思考题

1. 存储器的存储容量和存取速度是一对矛盾,为了兼顾速度与容量的需求,现代计算机采用多级存储体制,将可能频繁访问的少量数据放在高速缓冲存储器中,其他大量

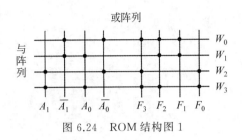

图 6.24　ROM 结构图 1

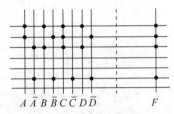

图 6.25　ROM 结构图 2

数据存放在速度相对较慢的外存,需要调入内存中才能运行。我国幅员辽阔,人口众多,随着社会主义市场经济的高速发展,社会加速进入了小康,产生了贫富分化,共同富裕是我们的共同目标,如何理解经济发展速度与共同富裕的矛盾?

2. 为什么在贵州省建有大量的数据中心?

第 7 章

计算机硬件电路基础

计算机是一个常见的数字信号处理系统,其硬件电路绝大部分属于数字集成电路。本章将对计算机系统进行概述,并介绍计算机常用的硬件电路基础。

7.1 计算机系统基础

计算机系统包含硬件系统和软件系统两方面。硬件系统是指构成计算机系统的物理部件或设备,即由机械、光、电、磁等器件构成的,具有运算、控制、存储、输入和输出功能的实体部件或设备,如 CPU、存储器、软盘驱动器、硬盘驱动器、光盘驱动器、主板、各种接口等部件,以及整机中的主机、显示器、打印机、绘图仪、调制解调器等设备。

软件系统是指管理计算机软硬件资源,以及控制计算机运行的程序、指令、数据等,软件系统就是程序系统。计算机软件系统分为系统软件和应用软件,系统软件有操作系统、编译软件、数据库等,其中操作系统是管理计算机硬件与软件资源的计算机程序;应用软件又称为应用程序,它是用户在各自不同的应用领域根据具体的任务需要所开发编制的各种程序,如工程设计程序、数据处理程序、自动控制程序、企业管理程序、科学计算程序等。

7.1.1 计算机的分类与性能指标

计算机按照用途可分为通用、专用计算机;按照使用方式分为:桌上型、服务器型、嵌入式型计算机等;按照性能分为巨型、大型、中型、小型、微型等。计算机的性能指标有机器字长、存储容量、运算速度等。机器字长为 CPU 一次能处理的数据位数。运算速度可用 MIPS、CPI、FLOPS 表示,MIPS 为每秒百万条指令数,CPI 为每条指令所需的机器周期,FLOPS 为每秒浮点数运算次数。此外,可配置的外设、性价比、兼容性、可靠性、可维修性等也能反映计算机的部分性能。

7.1.2 计算机的结构

计算机包含软件和硬件系统。计算机硬件系统由运算器、存储器、控制器、输入设备和输出设备五部分组成。运算器负责进行算术逻辑运算,计算机的数据处理本质上就是对数据进行算术、逻辑、移位等运算;存储器将运算结果存储起来;控制器产生运算器、存储器、输入输出设备的控制信号。例如,键盘、鼠标、扫描仪等设备为输入设备;打印机、移动绘图仪等为输出设备。

1946 年,由美国数学家冯·诺依曼提出了计算体系结构,冯·诺依曼的计算机体系基本思想如下。

(1)计算机采用二进制表示数据和指令;指令由操作码和地址码组成。

(2)采用存储程序控制,即把编好的程序和原始数据预先存入计算机主存中,使计算机工作时能连续、自动、高速地从存储器中取出一条条指令并执行,从而自动完成预定的任务;即"存储程序"和"程序控制"的机制。

（3）指令的执行是顺序的,即一般按照指令在存储器中存放的顺序执行,程序分支由转移指令实现。

（4）计算机硬件系统由运算器、存储器、控制器、输入设备和输出设备五大部件组成,并规定了五大部件的功能。

（5）计算机以运算器为中心,输入输出设备与存储器之间的数据传送通过运算器完成。

现代计算机的体系结构发生了许多变化,但冯·诺依曼提出的二进制、程序存储和程序控制,依然是普遍遵循的原则。不同的是,冯·诺依曼计算机结构以运算器为中心,如图 7.1 所示;现代计算机结构以存储器为中心,如图 7.2 所示。图中控制/反馈线用细线条表示,数据线用粗线条表示。

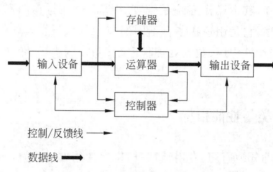

图 7.1　冯·诺依曼计算机结构

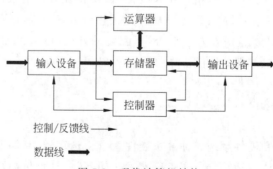

图 7.2　现代计算机结构

7.2　计算机常用硬件电路基础

7.2.1　原码与补码的转换

由于补码的唯一性以及补码的运算法则$[X+Y]_{补}=[X]_{补}+[Y]_{补}$,$[[X]_{补}]_{补}=$ $[X]_{原}$,计算机进行算术运算常常采用补码运算。例如,计算机要进行加法运算,输入时,将原码运算数转换成补码数据,对补码数据进行加法运算,然后将"加法和"再次求补码,从而得到原码运算数的加法和。图 7.3 所示是补码型计算机 ALU 进行加法运算的过程,可以看出,补码型计算机完成加法运算 $X+Y$,需要求运算数的补码电路($[X]_{补}$)及加法电路($X+Y$)。

计算机 ALU 的减法运算是通过加法运算实现的,因为$[X-Y]_{补}=[X]_{补}+[-Y]_{补}$,补码型计算机 ALU 若要完成减法运算$[X-Y]$,除求补电路和加法电路之外,还需要求$[-Y]_{补}$电路,如图 7.4 所示。

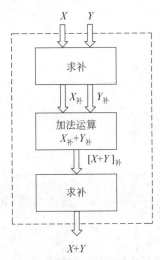

图 7.3　补码型计算机 ALU 的加法运算示意图

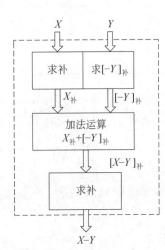

图 7.4　补码型计算机 ALU 的减法运算示意图

例 7.1　已知 4 位原码 $a_3a_2a_1a_0$,其中 a_3 为符号位,求其补码 $a_3^* a_2^* a_1^* a_0^*$。

解:依题意列出原码与补码的真值表(见表 7.1)。

表 7.1　4 位原码与补码的真值表

原　　码				补　　码			
a_3	a_2	a_1	a_0	a_3^*	a_2^*	a_1^*	a_0^*
0	0	0	0	0	0	0	0
0	0	0	1	0	0	0	1
0	0	1	0	0	0	1	0
0	0	1	1	0	0	1	1
0	1	0	0	0	1	0	0
0	1	0	1	0	1	0	1
0	1	1	0	0	1	1	0
0	1	1	1	0	1	1	1
1	0	0	0	0	0	0	0

原　码				补　码			
a_3	a_2	a_1	a_0	a_3^*	a_2^*	a_1^*	a_0^*
1	0	0	1	1	1	1	1
1	0	1	0	1	1	1	0
1	0	1	1	1	1	0	1
1	1	0	0	1	1	0	0
1	1	0	1	1	0	1	1
1	1	1	0	1	0	1	0
1	1	1	1	1	0	0	1

根据表 7.1,求得补码为:$a_0^* = a_0$

$$a_1^* = \bar{a}_3 a_1 + a_3(a_1 \oplus a_0) = a_1 \oplus (a_3 a_0) = a_1 \oplus (a_3 c_0)$$

$$a_2^* = \bar{a}_3 a_2 + a_2 \bar{a}_1 \bar{a}_0 + a_3 \bar{a}_2 a_0 + a_3 \bar{a}_2 a_1 = a_2 \oplus [a_3(a_1 + a_0)] = a_2 \oplus (a_3 c_1)$$

$$a_3^* = a_3$$

由此,可画出已知原码 $a_n a_{n-1} \cdots a_2 a_1 a_0$ 求补码 $a_n^* a_{n-1}^* \cdots a_2^* a_1^* a_0^*$ 的电路图,如图 7.5 所示。

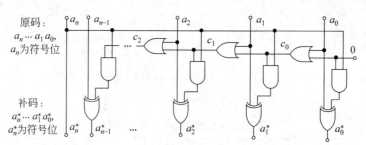

图 7.5　由原码 $a_n a_{n-1} \cdots a_2 a_1 a_0$ 求补码 $a_n^* a_{n-1}^* \cdots a_2^* a_1^* a_0^*$ 的电路

例如,"+6"的 4 位原码为 0110,将原码 0110 作为求补码电路的输入,电路将输出 "+6"的补码 0110。

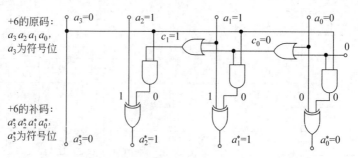

图 7.6　输入"+6"的 4 位原码,输出"+6"的 4 位补码

输入"-6"原码 1010,如图 7.7 所示,求补码电路输出"-6"的补码 1110。

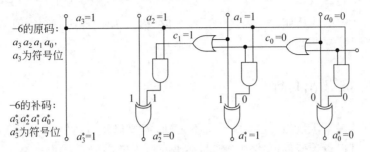

图 7.7　输入"-6"的 4 位原码,输出"-6"的 4 位补码

因为 $[[X]_补]_补=[X]_原$,所以由补码求原码的方法,与由原码求补码的方法相同。

例 7.2　已知运算数 B 的原码 $[B]_原码$为 $b_3b_2b_1b_0$,其中 b_3 为符号位,求 $-B$ 的补码 $[-B]_补码(b_3^* b_2^* b_1^* b_0^*)$。

解：建立 $[B]_原码$与 $[-B]_补码$的真值表(见表 7.2)。

表 7.2　$[B]_原码$与$[-B]_补码$的真值表

B 的原码				−B 的补码			
b_3	b_2	b_1	b_0	b_3^*	b_2^*	b_1^*	b_0^*
0	0	0	0	1	0	0	0
0	0	0	1	1	1	1	1
0	0	1	0	1	1	1	0
0	0	1	1	1	1	0	1
0	1	0	0	1	1	0	0
0	1	0	1	1	0	1	1
0	1	1	0	1	0	1	0
0	1	1	1	1	0	0	1
1	0	0	0	0	0	0	0
1	0	0	1	0	0	0	1
1	0	1	0	0	0	1	0
1	0	1	1	0	0	1	1
1	1	0	0	0	1	0	0
1	1	0	1	0	1	0	1
1	1	1	0	0	1	1	0
1	1	1	1	0	1	1	1

由真值表求得$[-B]_{补码}$为$b_3^* = \bar{b}_3$，$b_2^* = b_3 b_2 + \bar{b}_3 [b_2 \oplus (b_1 + b_0)]$，$b_1^* = b_3 b_1 + \bar{b}_3 (b_1 \oplus b_0)$，$b_0^* = b_0$。按照$b_i^*$表达式连接电路，输入$B$的原码，将输出$[-B]$的补码。这样 ALU 便可实现加减法运算。

7.2.2　加法运算溢出判断

如果运算结果发生溢出，运算结果将不正确，需要修正，因此，判断运算结果是否溢出十分重要。可以设计硬件电路用于判断补码的加法运算有无溢出。

假设两个有符号数 X 与 Y 的补码分别为 $X_0' X_0 X_1 \cdots X_n$ 与 $Y_0' Y_0 Y_1 \cdots Y_n$，其中 X_0' 和 Y_0' 表示符号位，对 X 和 Y 进行加法运算：$X_0' X_0 X_1 \cdots X_n + Y_0' Y_0 Y_1 \cdots Y_n$，当最高数值位的进位 C_0 和符号位的进位 C_f 不同时，即 $C_f C_0 = 01$ 或 10 时，表明运算发生了溢出；当 C_f 与 C_0 相同时，即 $C_f = C_0 = 0$ 或 $C_f = C_0 = 1$ 时，运算结果无溢出。可以通过判断是否 $C_f \oplus C_0 = 1$，获知运算结果有无溢出，如图 7.8 所示。

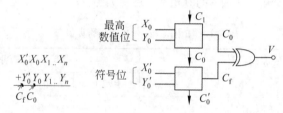

图 7.8　加法运算溢出判断

7.2.3　算术逻辑运算单元

计算机 CPU 由运算器和控制器组成，而运算器主要由 ALU 组成，实现算术逻辑运算的功能，利用多片 ALU 器件级联可完成更多位的算术逻辑运算功能。

四位 ALU 器件 74LS181 的真值表参见表 3.15，用两片 74LS181 级联，可以构成 8 位 ALU。如图 7.9 所示，运算模式控制信号为 $MS_3 S_2 S_1 S_0$，输入运算数 $A = A_7 A_6 A_5 A_4 A_3 A_2 A_1 A_0$，运算数 $B = B_7 B_6 B_5 B_4 B_3 B_2 B_1 B_0$，运算输出值为 $F_7 F_6 F_5 F_4 F_3 F_2 F_1 F_0$。将低四位运算器的进位输出信号（CN＋4）与高四位运算器的进位输入信号（CN）相连，级联后 8 位运算器的进位输出 CF 为高四位运算器进位输出取反后的值：$CF = \overline{CN+4}$。当输出 F 为零时，零标志位信号 ZF 为 1，$ZF = \overline{F_7 + F_6 + F_5 + F_4 + F_3 + F_2 + F_1 + F_0}$。SF 是输出符号标志位，其值为输出数据的最高位，$SF = F_7$，符号位 $F_7 = 1$，表示运算结果 F 是负数，$F_7 = 0$，表示运算结果 F 是正数。

7.2.4　数据缓冲器与数据锁存器

计算机各模块依靠总线传输数据，多个模块分时复用总线，任何时候，只有一个模块

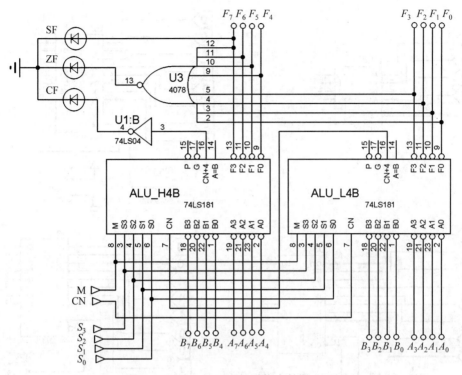

图 7.9 两片 74LS181 级联构成 8 位 ALU

可以占用总线发送数据,但允许多个模块同时接收数据。这些模块发送或接收数据时,常常需要数据缓冲器或数据锁存器,此外,计算机寄存器也常需要数据锁存的功能。常用的数据缓冲器有 74244,常用的数据锁存器有 74373、74374、74273 等。表 7.3 给出了常见数据缓冲器和数据锁存器的功能。

表 7.3 常见数据缓冲器和数据锁存器的功能

元件 功能特性	锁存功能	电平触发	边沿触发	输出三态	输出复位 使能信号
74244	×	√	×	√	×
74373	√	√	×	×	×
74374	√	×	√	√	×
74273	√	×	√	×	√

可以通过 Proteus 仿真测试表 7.3 中元件的功能,测试电路如图 7.10 所示。

例 7.3 分析图 7.11 所示的总线与寄存器电路。

解:(1) 设置好 8 位输入数据,然后令 IN_ENABLE 有效(IN_ENABLE=0),输入数据通过输入端的两个 74LS244 同时进入 R0 和 DR 寄存器输入端。

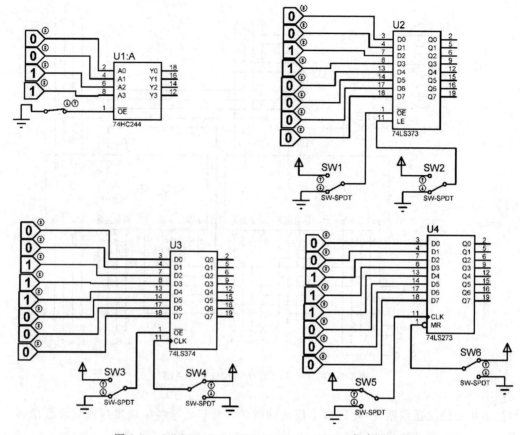

图 7.10　74LS244、74LS373、74LS374、74LS273 仿真测试图

（2）输入数据如果要通过 R0 寄存器输出至总线，应令 R0 输出使能有效$\overline{OE}$＝0，并令 DR_BUS＝1，使与总线连接的 2 个 74LS244 输出处于高阻状态，DR 寄存器通路不影响总线，然后在 R0_CLK 上升沿，将输入数据打入到 R0 中寄存，同时输出到总线。

（3）如果要将输入数据通过 DR 寄存器输出至总线，先令 R0 输出使能无效$\overline{OE}$＝1，R0 输出处于高阻状态，74LS374 不影响总线。然后在 DR_CLK 上升沿，将输入数据打入到 DR 中寄存，最后再令 DR_BUS＝0，DR 中寄存的数据通过与总线连接的 2 个 74LS244 输出至总线上。

7.2.5　计算机时序信号的生成

控制器的时序电路需要由时钟信号生成节拍信号，假设一个机器周期由 4 个节拍组成，时钟信号为 CP，4 个节拍信号分别为 Q_0、Q_1、Q_2、Q_3，那么计算机节拍信号和时钟信号的关系如图 7.12 所示。

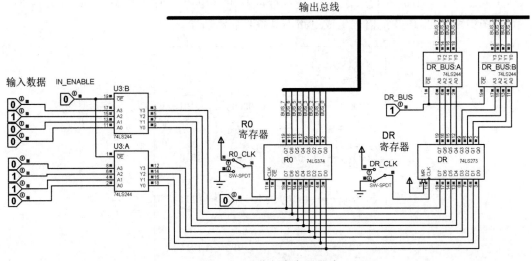

图 7.11　总线与寄存器电路

可以通过图 7.13 电路生成 4 个节拍信号 $Q_3 Q_2 Q_1 Q_0$。

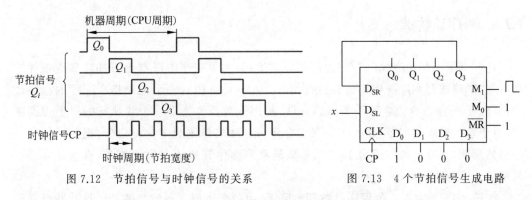

图 7.12　节拍信号与时钟信号的关系　　　　图 7.13　4 个节拍信号生成电路

分析：（1）先设定 $M_1 M_0 = 11$，移位寄存器处于并行置数模式，第 1 个 CP 上升沿到达后完成置数，$Q_0 Q_1 Q_2 Q_3 = D_0 D_1 D_2 D_3 = 1000$，$D_{SR} = Q_3 = 0$。

（2）然后令 $M_1 M_0 = 01$，移位寄存器进入右移模式，在第 2 个 CP 上升沿到达后，$D_{SR} \to Q_0 \to Q_1 \to Q_2 \to Q_3$，$Q_0 Q_1 Q_2 Q_3 = 1000 \to 0100$，$D_{SR} = Q_3 = 0$。

（3）第 3 个 CP 上升沿到达后，移位寄存器继续右移，$D_{SR} \to Q_0 \to Q_1 \to Q_2 \to Q_3$，$Q_0 Q_1 Q_2 Q_3 = 0100 \to 0010$，$D_{SR} = Q_3 = 0$。

（4）第 4 个 CP 上升沿到达后，移位寄存器继续右移，$D_{SR} \to Q_0 \to Q_1 \to Q_2 \to Q_3$，$Q_0 Q_1 Q_2 Q_3 = 0010 \to 0001$，$D_{SR} = Q_3 = 1$。

（5）第 5 个 CP 上升沿到达后，移位寄存器继续右移，$D_{SR} \to Q_0 \to Q_1 \to Q_2 \to Q_3$，$Q_0 Q_1 Q_2 Q_3 = 0001 \to 1000$，$D_{SR} = Q_3 = 0$。

在第 5 个 CP 脉冲周期，移位寄存器回到了初始状态 $Q_0 Q_1 Q_2 Q_3 = 1000$，然后循环往复,由此生成了节拍信号 Q_0、Q_1、Q_2、Q_3,可以画出该电路的时序状态图,如图 7.14 所示,从图中可看出,该节拍信号生成电路不具备自启动功能。

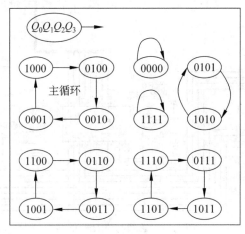

图 7.14　电路状态图

7.2.6　程序计数器

计算机采用程序存储和程序控制的方式运行,如果程序中没有无条件转移或条件转移语句,则将按照程序顺序解析和执行指令,因此,计算机有一个记录指令顺序的程序计数器(PC),一条指令包含若干个机器周期,程序计数器值为下一个要执行的机器周期序号,对于单机器周期指令,就是下一条指令序号。如果是按顺序执行指令,则每执行完一个机器周期,程序计数器值增 1;如果是要转移到程序其他地方执行指令,程序计数器值就赋值为转移程序地址。

如图 7.15 所示为 8 位程序计数器电路图,由两个 4 位可预置数的加法计数器级联而成,当低四位计满后,产生进位脉冲 RCO,启动高四位加法计数器计数,PC 计数值为 8 位,由高四位 $Q_3Q_2Q_1Q_0$ 和低四位 $Q_3Q_2Q_1Q_0$ 组成,两级计数器的装载数据信号 LOAD 连在一起,满足条件时,同时装载数据至计数值。图中,上面的两个数码管显示当前 PC 计数值,下面的两个数码管显示要装载的 PC 预置值。

每个机器周期提供一个 PC 计数脉冲,对于顺序执行程序的情况,每个机器周期在 PC 计数脉冲上升沿后,PC 计数值增 1;对于符合转移条件,需要转移到指定地址执行程序的情况,此时设置 LOAD 信号为低电平,装载数据有效,在 PC 计数脉冲上升沿后,将高四位转移地址 $D_3D_2D_1D_0$ 和低四位转移地址 $D_3D_2D_1D_0$ 分别装载至两片的 $Q_3Q_2Q_1Q_0$ 作为程序转移的 PC 计数值。

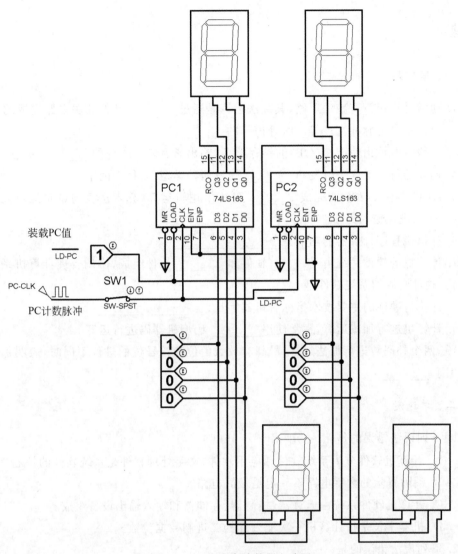

图 7.15　8 位程序计数器电路图

小结

本章首先简单介绍了计算机硬件系统和软件系统的组成,然后详细介绍了计算机常用的硬件电路基础,包括补码与原码的代码转换、溢出判断、ALU 单元、数据缓冲器与数据锁存器、时序节拍信号的生成、程序计数器等计算机常用的基础电路,为进一步研究计算机系统打下硬件基础。

习题

一、填空题

1. 通常计算机没有减法电路,其减法运算是通过_____法及相关电路完成的。

2. 节拍信号的脉冲宽度等于时钟信号的_____。

3. 一般带有输出使能端($\overline{OE}$)的锁存器,其输出具有除 0、1 外的_____状态。

4. 锁存器有_____触发和_____触发两种类型。(每空两字)

5. ALU 器件 74181 能完成_____种算术逻辑运算(算术运算与逻辑运算之和),CN＝0,表示进位输入为_____。

6. 计算机程序计数器的功能是_____。

7. 计算机的软件系统由_____软件和_____软件组成,协调管理计算机系统的各种软、硬件资源的系统软件是_____。

8. 计算机硬件的主要技术指标有机器字长、_____、_____等。

9. 计算机进行加减运算,常常使用_____码型机器码进行运算。

10. 两个补码数进行加法运算,最高有效数值位和符号位的进位不同时,表明加法运算发生了_____。

二、单选题

1. 下列说法错误的是(　　)。

    A. 计算机软件分为系统软件和应用软件,文字处理软件是系统软件的核心

    B. 消除冒险的数字电路不一定是最简电路

    C. 计算机硬件系统由运算器、控制器、存储器和输入输出设备组成

    D. 机器字长是指计算机一次能处理的二进制数据位数

2. 下列说法错误的是(　　)。

    A. 译码器属于 MSI 器件

    B. 计算机的速度与运算速度有关,与机器字长、内存大小无关

    C. 计算机部件之间可通过总线连接

    D. 计算机的运算器负责算术与逻辑运算

3. 下列说法错误的是(　　)。

    A. 单位 MIPS 表示每秒百万条指令数

    B. 单位 CPI 表示平均每条指令所需机器周期的个数

    C. 解释程序将源程序的全部指令翻译成机器语言程序,然后执行;编译程序逐条将源程序指令翻译成机器语言程序,并立即执行,然后翻译下一条语句

    D. 单位 FLOPS 表示每秒浮点数运算次数

4. 下列不是冯·诺依曼体系结构计算机的特点的是( )。
    A. 计算机由运算器、控制器、存储器、输入设备、输出设备等五大部件组成
    B. 计算机指令和数据用二进制代码表示,指令由操作码和地址码组成
    C. 计算机采用程序存储和程序控制方式,指令在存储器内按顺序存放,但不一定按顺序运行
    D. 计算机以存储器为中心

5. 关于"数字逻辑与计算机硬件基础"课程,以下正确的说法是( )。
    A. 学习这些硬件知识后,如果不需要设计完整的计算机硬件电路,白学了
    B. 这门课程知识是专业基础知识,做不做实验,问题不大
    C. 我将来想从事软件行业工作,没有必要学习硬件基础知识
    D. 计算机包含软、硬件两方面,计算机类专业的学生要学习软、硬件两方面的专业基础知识

三、思考题

计算机采用二进制表示数据,用电路的两种状态来表示 0 和 1 两种数码,0 和 1 的组合可表示世界上各种纷繁复杂的事物与状态。西汉初年著作《淮南子·天文训》说:"道始于一,一而不生,故分而为阴阳,阴阳合和而万物生"。马克思认为:矛盾存在于一切事物中,贯穿于一切事物发展过程的始终。据此,谈谈如何理解人生道路上的顺境与逆境?

第 8 章

实验项目与实验指导

8.1　实验项目

8.1.1　实验1　Proteus软件的使用与SSI组合逻辑电路的分析

一、实验目的

学习 Proteus 仿真软件的使用方法,掌握 SSI(小规模集成电路)组合逻辑电路的分析方法。

二、实验任务

逻辑电路如图 8.1 所示,3 个输入信号为 A 、B 、C,输出为驱动发光二极管的信号,若二极管发光,表示目的达成,请绘制电路图,并分析该电路的功能。

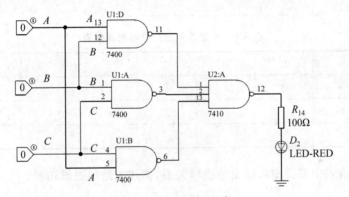

图 8.1　给定逻辑电路

三、仿真实验平台和实验器材

仿真软件为 Proteus 8.0 以上。实验器材:5V 电源、74LS00 一片、74LS10 一片、逻辑电平开关 logictoggle 3只,LED-RED 灯一只,电阻 100Ω 一只。7410 和 7420 引脚图如图 8.2 所示。

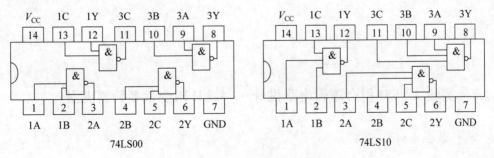

图 8.2　7400 和 7410 引脚图

四、实验步骤

(1) 画出电路图,进行仿真,将仿真截图粘贴在下面。

图 8.3   仿真截图

(2) 写出输出函数,列出表 8.1 所示真值表。

$F(A, B, C) =$ _____

表 8.1   三变量多数判决器的真值表

A	0	0	0	0	1	1	1	1
B	0	0	1	1	0	0	1	1
C	0	1	0	1	0	1	0	1
F								

(3) 从真值表中寻找输入输出的逻辑关系,描述电路的逻辑功能。

8.1.2   实验 2   SSI 组合逻辑电路设计——设计四变量多数判决器

一、实验目的

熟悉 Proteus 仿真软件的使用方法,掌握 SSI(小规模集成电路)组合逻辑电路的设计方法与设计步骤。

二、实验任务

设计四变量多数表决电路,当输入端中有 3 个或 4 个为逻辑"1"时,输出才为"1"。依题意列出真值表,写出逻辑表达式,化简得到最简表达式,再将最简表达式写成"与非—与非"的形式,用给定的"与非"门实现电路。

三、仿真实验平台和实验材料

仿真软件为 Proteus。实验器材:5V 电源、面包板、74LS10 一片、74LS20 一片、逻辑电平开关(logictoggle)4 只、LED-RED(LED-GREEN,LED-YELLOW)灯一只,电阻 100Ω 一只,导线若干。

7410 和 7420 引脚图如图 8.4 所示。

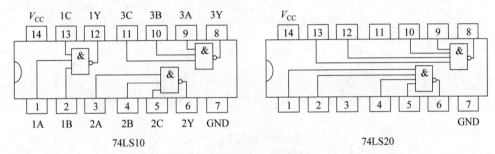

图 8.4　7410 和 7420 引脚图

四、电路设计

(1) 依题意列出真值表,如表 8.2 所示。

表 8.2　四变量多数判决器的真值表

A	0	0	0	0	0	0	0	0	1	1	1	1	1	1	1	1
B	0	0	0	0	1	1	1	1	0	0	0	0	1	1	1	1
C	0	0	1	1	0	0	1	1	0	0	1	1	0	0	1	1
D	0	1	0	1	0	1	0	1	0	1	0	1	0	1	0	1
F																

(2) 写出逻辑表达式并化简。

$F(A,B,C,D) =$ _____

(3) 写出用"与非"门实现的逻辑表达式。

$F(A,B,C,D) =$ _____

五、仿真测试和实物制作

（1）绘制电路图，进行电路仿真，将电路图和仿真截图，并粘贴在下面。

图 8.5　四变量多数判决器的电路原理图

图 8.6　四变量多数判决器的仿真截图

（2）实物制作。

搭建实物电路，拍下上电运行的实物照片，将照片粘贴在下面，要求照片清晰。

图 8.7　四变量多数判决器实物的电路照片

8.1.3 实验 3 MSI 组合逻辑电路分析与设计——编码器、译码器和数码管的应用

一、实验目的

熟悉编码器、数码管和显示译码器的逻辑功能与使用方法。

二、实验任务

设计六路按键数码显示电路,结构如图 8.8 所示。要求任意按下数字键①～⑥,数码管显示相应数字。

三、仿真实验平台和实验器材

仿真软件为 Proteus。实验器材:5V 电源、芯片 74147、7448(或 CD4511)、7404、7430 各 1 片、共阴数码管 1 只、LED 灯 9 只、200Ω 电阻 9 只、蜂鸣器 1 只、二选一开关 9 只。

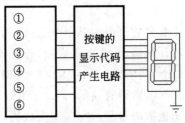

图 8.8 六路按键数码电路结构图

四、实验内容

(1) 验证编码器、显示译码器、数码管等元件的功能。

优先编码器 74LS147 芯片及其功能表如图 8.9 所示。

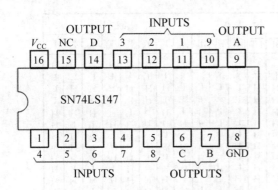

INPUTS										OUTPUTS			
1	2	3	4	5	6	7	8	9		D	C	B	A
H	H	H	H	H	H	H	H	H		H	H	H	H
X	X	X	X	X	X	X	X	L		L	H	H	L
X	X	X	X	X	X	X	L	H		L	H	H	H
X	X	X	X	X	X	L	H	H		H	L	L	L
X	X	X	X	X	L	H	H	H		H	L	L	H
X	X	X	X	L	H	H	H	H		H	L	H	L
X	X	X	L	H	H	H	H	H		H	L	H	H
X	X	L	H	H	H	H	H	H		H	H	L	L
X	L	H	H	H	H	H	H	H		H	H	L	H
L	H	H	H	H	H	H	H	H		H	H	H	L

图 8.9 优先编码器 74LS147 芯片及其功能表

优先编码器 74LS147 简介:74147 的 9 个输入端口表示数据 1～9,输入低电平有效,若同时有多个数据输入,则只有一个数据有效,有效优先级别为数据 9,8,7,…,1;74LS147 的输出 DCBA 为输入数据的 4 位二进制反码。例如:若引脚 10,5,4,3,2,1,13,12,11 同时为低电平,表示有输入数据 9,8,7,6,5,4,3,2,1,由于数据 9 的优先级别最高,将输出 9 的 4 位反码,即编码输出 DCBA(14、6、7、9 脚)的电平为 0110。

共阴极数码管译码驱动器芯片及工作原理如图8.10所示。

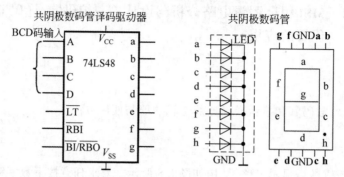

图8.10　共阴极数码管译码驱动器芯片及其工作原理

数码管译码驱动器74LS48简介：A～D为输入数码对应的四位二进制编码，a～g为七段译码输出，高电平有效，若和共阴极数码管的a～g输入端相连，将显示相应的数码。当$\overline{LT}$＝1、$\overline{RBI}$＝1、$\overline{BI}/\overline{RBO}$＝0时，若输入DCBA＝0001，则输出七段显示码abcdefg＝0110000，数码管显示"1"；$\overline{LT}$为灯测试信号，低电平有效，$\overline{LT}$＝0时，abcdefg＝1111111，共阴极数码管显示"8"，说明数码管各段显示正常，如果"8"字有缺失，说明缺失段损坏；$\overline{RBI}$为灭零输入信号，低电平有效，$\overline{RBI}$＝0时，若输入DCBA＝0000，输出abcdefg＝0000000，共阴极数码管本应显示的"0"被熄灭；$\overline{BI}/\overline{RBO}$为灭灯输入/灭零输出信号，低电平有效，输入$\overline{BI}$＝0时，各段全灭，作为输出时，若$\overline{RBO}$＝0，表示本该显示的"0"成功熄灭了。

译码驱动器CD4511芯片及功能表如图8.11所示。

CD4511

A_1	1	16	V_{DD}
A_2	2	15	Y_f
LT	3	14	Y_g
BI	4	13	Y_a
LE	5	12	Y_b
A_3	6	11	Y_c
A_0	7	10	Y_d
V_{SS}	8	9	Y_e

输　入							输　出						
LE	$\overline{BI}$	$\overline{LT}$	A_3	A_2	A_1	A_0	Y_a	Y_b	Y_c	Y_d	Y_e	Y_f	Y_g
×	×	L	×	×	×	×	H	H	H	H	H	H	H
×	L	H	×	×	×	×	L	L	L	L	L	L	L
L	H	H	L	L	L	L	H	H	H	H	H	H	L
L	H	H	L	L	L	H	L	H	H	L	L	L	L
L	H	H	L	L	H	L	H	H	L	H	H	L	H
L	H	H	L	L	H	H	H	H	H	H	L	L	H
L	H	H	L	H	L	L	L	H	H	L	L	H	H
L	H	H	L	H	L	H	H	L	H	H	L	H	H
L	H	H	L	H	H	L	H	L	H	H	H	H	H
L	H	H	L	H	H	H	H	H	H	L	L	L	L
L	H	H	H	L	L	L	H	H	H	H	H	H	H
L	H	H	H	L	L	H	H	H	H	H	L	H	H
L	H	H	H	L	H	L							
			⋮	⋮	⋮	⋮	L	L	L	L	L	L	L
			H	H	H	H							
H	H	H	×	×	×	×	*	*	*	*	*	*	*

图8.11　译码驱动器CD4511芯片及功能表

6非门芯片74LS04和8输入与非门芯片74LS30如图8.12所示。

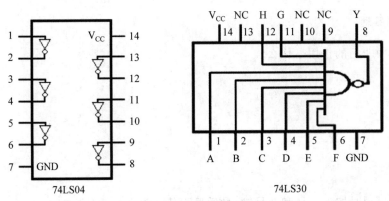

图 8.12　6 非门芯片 74LS04 和 8 输入与非门芯片 74LS30

（2）绘制电路原理图。

图 8.13 所示是 6 路按键数码显示电路。无按键时，数码管显示数码"0"；若按下"1"～"6"之一的开关后（即"1"～"6"开关接低电平），数码管显示相应的数字，蜂鸣器鸣响。

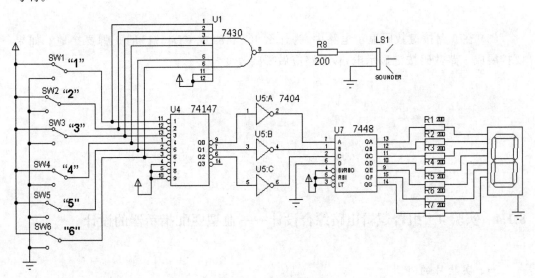

图 8.13　电路原理图

将电路原理图的仿真截图粘贴在下面。

图 8.14　仿真运行截图

五、问答题

（1）图中非门的作用是什么？

（2）如果同时按下 2 号和 3 号键，最后显示什么数字？为什么？

（3）在 6 路按键数码显示电路中，为什么 IC7448（或 CD4511）的 6 脚要接地？如果要扩展成 8 路数码按键显示电路，电路应做哪些改变？

8.1.4　实验 4　组合逻辑电路综合设计——血型匹配指示器的设计

一、实验目的

熟悉 MSI、SSI 组合逻辑电路的设计方法。

二、实验任务

人的血型有 A、B、AB、O 4 种基本类型，输血时供血者的血型和受血者的血型必须符合如图 8.15 所示的授受关系。试设计组合逻辑电路，判断供血者与受血者的血型是否符合上述规定（提示：用两个逻辑变量表示供血者的血型编码，用另外两个逻辑变量表示受血者的血型编码，用编码器 74148 对血型编码）。若血型匹配，则可进行输血，电路输出指示灯亮。

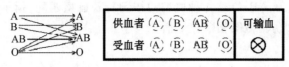

图 8.15 系统功能图

三、仿真实验平台和实验器材

仿真软件为 Proteus。仿真元件：7400、7420 芯片各 1 片,74148 芯片 2 片、7404 芯片 3 片,红绿色 LED 指示灯各 1 只,200Ω 电阻 2 只,蜂鸣器 1 只,二选一开关 8 只,等等。

四、设计思路

系统结构如图 8.16 所示。

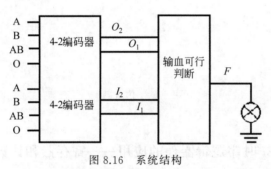

图 8.16　系统结构

五、实验步骤

用 MSI 器件设计血型编码生成电路,A 型用编码 01 表示,B 型用编码 10 表示,O 型用编码 00 表示,AB 型用编码 11 表示。

用变量 O_2O_1 表示供血者的血型,I_2I_1 表示受血者的血型,设计 SSI 组合逻辑电路指示输血是否可行。若可行,指示灯 F 亮。要求列出真值表,如图 8.3 所示,求出 F 逻辑表达式。

表 8.3　真值表

O_2	0	0	0	0	0	0	0	0	1	1	1	1	1	1	1	1
O_1	0	0	0	0	1	1	1	1	0	0	0	0	1	1	1	1
I_2	0	0	1	1	0	0	1	1	0	0	1	1	0	0	1	1
I_1	0	1	0	1	0	1	0	1	0	1	0	1	0	1	0	1
F																

$F(O_2, O_1, I_2, I_1) = $ _____

在上述两步实验的基础上,设计完整的输血可行性指示电路。电路输入为供血者和受血者血型(代表 A、B、AB、O 这 4 种血型的按键),若血型匹配,指示灯 F 亮,不匹配不亮。将电路原理图和仿真截图粘贴在下面。

图 8.17　电路原理图

图 8.18　仿真截图

8.1.5　实验 5　MSI 时序逻辑器件的应用——寄存器和计数器的应用

一、实验目的

熟悉 Proteus 仿真软件的使用方法,掌握集成寄存器和集成计数器的功能,熟悉集成寄存器和集成计数器的应用方法。

二、实验任务

任务一　集成寄存器的应用

使用寄存器 74LS373 设计 6 位密码锁,若用户输入的密码和设置的密码相同,按下确认键时,开锁指示灯点亮,否则,开锁指示灯不亮。

任务二　集成计数器的应用

(1) 使用 4 位十进制(模 10)计数器 74HC160 构成百进制计数器。

(2) 使用 4 位十六进制(模 16)计数器 74HC161 构成二百五十六进制计数器。

(3) 利用 74HC161 同步装载(LOAD)功能设计模 11 二进制加法计数器。

(4) 利用 74HC161 异步清零(MR)功能设计模 11 二进制加法计数器。

三、仿真实验平台和实验器材

仿真软件为 Proteus。实验器材：74LS138 两片,74LS373 一片,74LS02 两片,

74LS04 一片，74HC00、74HC160、74HC161 各两片；BCD 数码管 2 只，八路开关（DIPSW-8）1 只；1kΩ 电阻（RES）12 只、2kΩ 电阻 6 只、200Ω 电阻 3 只，逻辑电平（LOGICTOGGLE）14 只，指示灯（LED-RED）3 盏，时钟信号 CLOCK 2 个。

四、实验内容和实验步骤

1. 集成寄存器的应用

将你的学号后 2 位转换成 6 位二进制数，作为系统密码，重新连接电路，若输入密码和系统密码相同，按下确认键时，系统给出开锁信号，即指示灯亮。6 位密码锁电路的原理图如图 8.19 所示。

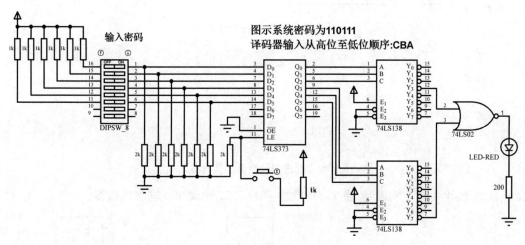

图 8.19　6 位密码锁的电路原理图

将仿真截图粘贴在下面。

图 8.20　6 位密码锁电路的仿真截图

2. 集成计数器的应用

（1）用十进制计数器 74HC160 构成百进制计数器，用两位数码管显示计数值，计满 100 个脉冲，指示灯亮。

将仿真截图粘贴在下面。

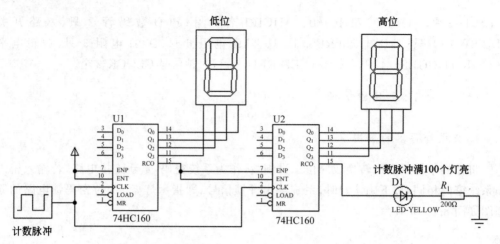

图 8.21 百进制计数器

图 8.22 百进制计数器的仿真截图

（2）使用 4 位十六进制（模 16）计数器 74HC161 构成 256 进制计数器。

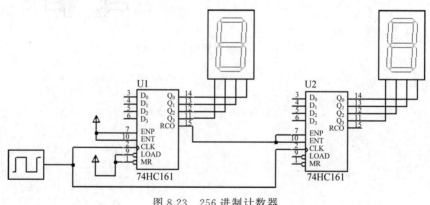

图 8.23 256 进制计数器

将仿真截图粘贴在下面。

图 8.24 256 进制计数器的仿真截图

（3）利用 74HC161 同步装载（LOAD）功能设计模为 11 的加法计数器。

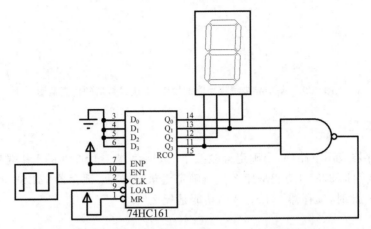

图 8.25　基于同步 LOAD 功能的模 11 加法计数器

将仿真截图粘贴在下面。

图 8.26　基于 LOAD 功能的模 11 加法计数器的仿真截图

（4）利用 74HC161 异步清零（MR）的功能设计模为 11 的加法计数器。

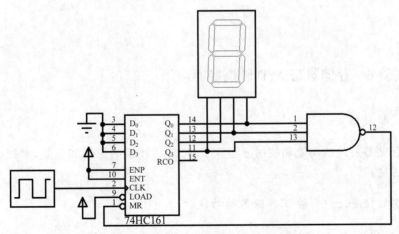

图 8.27　基于 CLK 功能的模 11 加法计数器

将仿真截图粘贴在下面。

图 8.28　基于异步清零功能的模 11 加法计数器的仿真截图

五、问答题

(1) 寄存器应用电路中,当确定键被按下时,锁存器 74LS373 的 LE 端是什么电平? 此时,锁存器 74LS373 的功能是什么? 当确定键被释放后,锁存器 74LS373 的 LE 端又是什么电平? 此时,锁存器 74LS373 的功能是什么?

(2) 在寄存器应用电路中,如果把两输入端"或非门"7402 改成两输入端"与非门"7400,可以吗? 为什么?

(3) 低位计数器 74160 每计满 10 个脉冲后,当 $Q_3Q_2Q_1Q_0＝1001$ 时,产生进位输出 RCO,启动高位计数器 74160 计数,请问进位输出 RCO 是高电平有效还是低电平有效?

(4) 如果设计模二十进制计数器,第 1 级计数模值是多少? 第 2 级计数模值是多少?

8.1.6　实验 6　存储器与 A/D 转换器的应用

一、实验目的

掌握存储器芯片的功能和使用方法。了解 A/D 转换的原理和分类,掌握 A/D 转换器的使用方法。

二、实验任务 1——验证存储器的功能

1. 仿真平台、仿真元件和仿真仪器

仿真软件为 Proteus;仿真元件包括存储芯片 62256、八路开关 DIPSW-8、二选一开关 SW-SPDT、逻辑电平 Logictoggle 等;仿真仪器有示波器。

芯片 62256 是储存容量为 32KB×8 的静态 RAM。引脚功能如下:引脚 10~3 为低 8 位地址 A_0~A_7,引脚 25、24、21、23、2、26、1 为高 7 位地址 A_8~A_{14},引脚 11~19 为数据线 D_0~D_7,引脚 20 为片选信号 $\overline{CE}$,引脚 27 为写使能信号 $\overline{WE}$,引脚 22 为读使能信号 $\overline{OE}$,如图 8.29 所示。片选信号、读使能信号、写使能信号三者均为低电平有效。

2. 实验任务

验证存储器 62256(见图 8.30)的读写功能。写入两个 8bit 数据到存储器 62256 中,然后检查读出的数据是否正确。

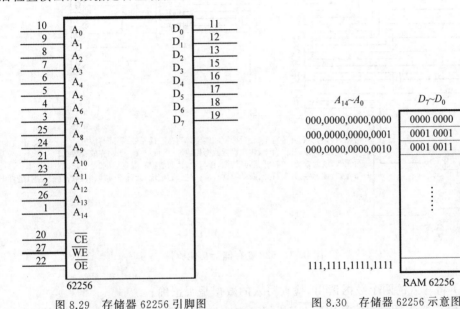

图 8.29 存储器 62256 引脚图   图 8.30 存储器 62256 示意图

3. 实验内容

读操作:先使读、写操作无效,设置好要读数据的存储器单元地址,然后令读操作有效、写无效,则将存储器指定单元的数据读出至数据线 D_7~D_0 上,完成读操作。

写操作:先使读、写操作无效,设置好要写入的数据 D_7~D_0,以及要写入的单元地址,然后令读操作无效、写有效,则将数据 D_7~D_0 写入存储器的指定单元中,完成写操作。

无论读还是写数据,首先要令读写使能信号无效,并设定好单元地址。

(1) 写入两个数据到存储器中。

按照图 8.31 接好电路,储存器 62256 片选信号 $\overline{CE}$ 接地,读写使能信号 $\overline{WE}$、$\overline{OE}$ 接高电平,预置好第一个数据(如 D_7~D_0=00010001B=17),设置好第一个数据的存放地址(如 A_{14}~A_0=000、0000、0000、0001),然后将写使能信号 $\overline{WE}$ 置低电平,启动写数据功

能,将数据 $D_7 \sim D_0 = 00010001$ 存储到 62256 地址 $A_{14} \sim A_0 = 000$、0000、0000、0001 单元中。然后 $\overline{WE}$ 置为高电平,设置第二个数据(如 $D_7 \sim D_0 = 00010011B = 19$)和存放地址($A_{14} \sim A_0 = 000$、0000、0000、0010),再次将 $\overline{WE}$ 置为低电平,完成写入第二个数据操作。

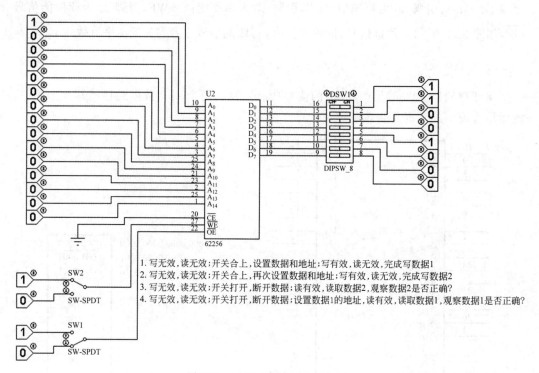

1. 写无效,读无效;开关合上,设置数据和地址;写有效,读无效,完成写数据1
2. 写无效,读无效;开关合上,再次设置数据和地址;写有效,读无效,完成写数据2
3. 写无效,读无效;开关打开,断开数据;读有效,读取数据2,观察数据是否正确?
4. 写无效,读无效;开关打开,断开数据;设置数据1的地址,读有效,读取数据1,观察数据1是否正确?

图 8.31 62256 存储器功能验证

(2) 将写入的两个数据读出,检查写入的数据是否正确。

把储存器读写使能信号 $\overline{WE}$、$\overline{OE}$ 均接高电平,读、写处于无效状态,将储存器数据线 $D_7 \sim D_0$ 与外接逻辑电平断开,储存器地址不变($A_{14} \sim A_0 = 000$、0000、0000、0010),然后将读使能信号 $\overline{OE}$ 置为低电平,启动读数据功能,观察储存器数据 $D_7 \sim D_0$ 是否为 00010011,然后,又使读使能信号 $\overline{OE}$ 置为高电平,改变地址($A_{14} \sim A_0 = 000$、0000、0000、0001),再次将读使能信号 $\overline{OE}$ 置为低电平,启动读数据功能,观察储存器数据 $D_7 \sim D_0$ 是否为 00010001。

4. 问答题

(1) 写操作之前,应该先设置什么信号,再令写使能信号 $\overline{WE}$ 有效?

（2）写数据时,开关 DIPSW-8 应合上还是应断开? 读数据时,开关 DIPSW-8 应合上还是断开?

三、实验任务 2——A/D 转换器的应用

1. 仿真平台、仿真元件及 A/D 转换器芯片

（1）仿真软件 Proteus。

元件：ADC0804 芯片 1 片,1k 电位器(POT-HG)1 只,200Ω 电阻 10 只,10kΩ 电阻 1 只,电容 150pF,指示灯 LED-Yellow 8 只,时钟 Clock;端口为 Power 及 Ground;

仪器：直流电压表 DC VOLTMETER。

（2）ADC0804 芯片。

ADC0804 芯片是 8 位 A/D 转换器。工作电压为 +5V,即 $V_{CC} = +5V$。模拟转换电压范围为 $0 \sim +5V$,即 $0 \leqslant V_{in} \leqslant +5V$。分辨率为 8 位,也可表示为 $(1/2^8 \times 5)V$,转换值介于 $0 \sim 255$ 之间。转换时间为 $100\mu s$($f_{CK} = 10kHz$ 时)。转换误差为 ±1LSB。参考电压为 2.5V,即 $V_{ref}/2 = 2.5V$。

ADC0804 各引脚的名称及作用如下。$V_{in}(+)$、$V_{in}(-)$：两个模拟信号输入端,可以接收单极性、双极性和差模输入信号。

$DB_0 \sim DB_7$：具有三态特性数字信号输出端,输出结果为 8 位二进制数。

CLKIN：时钟信号输入端。

CLKR：内部时钟发生器的外接电阻端,与 CLKIN 端配合可由芯片自身产生时钟脉冲,其频率计算方式是 $f_{CK} = 1/(1.1RC)$。

$\overline{CS}$：片选信号输入端,低电平有效。

$\overline{WR}$：写信号输入端,低电平启动 A/D 转换器。

$\overline{RD}$：读信号输入端,低电平输出端有效。

$\overline{INTR}$：转换中断提供端,A/D 转换结束后,低电平表示本次转换已完成。

$V_{REF}/2$：参考电平输入,决定量化单位。

V_{CC}：芯片电源 5V 输入。

AGND：模拟电源地线。

DGND：数字电源地线。

ADC0804 的工作过程：$\overline{CS}$ 先为低电平,$\overline{WR}$ 随后置为低电平,$\overline{WR}$ 低电平维持一段时间后被置为高电平,随后 A/D 转换器被启动,并且在经过一段时间后,模数转换完成,转换结果存入数据锁存器,同时 $\overline{INTR}$ 自动变为低电平,通知微处理器本次转换已结束。我们可以在启动 A/D 转换器后,经过延时一段时间,直接读取 A/D 转换的数据结果,读

取结束后再启动一次 A/D 转换器,如此循环下去。

2. 实验任务

使用 ADC0804 将 0～5V 的模拟量转换成 8 位数字量,即转换成 00000000～11111111 之间的数据。通过调节可调电位器,获取不同的模拟输入量,按下"开始输入模拟量"按钮,启动转换;按下"开始输出数字量"按钮,将转换的数字量输出 D_7～D_0。若转换完成,$\overline{\text{INTR}}$信号为低电平。分别使用外部转换时钟和内部转换时钟,进行 A/D 转换仿真实验。ADC0804 应用电路如图 8.32 所示。

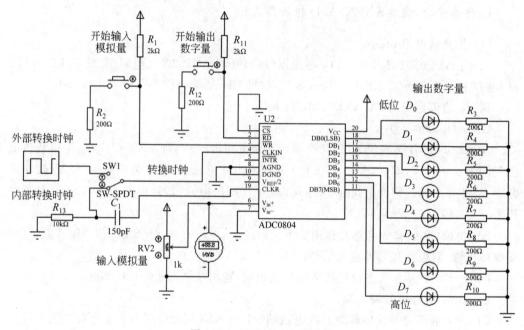

图 8.32 ADC0804 应用电路

仿真运行,并将仿真截图粘贴在下面。

图 8.33 ADC0804 应用的仿真截图

3. 问答题

(1) 转换时钟信号的功能是什么?

（2）CPU 在检测 A/D 转换完成后，可读取数据，CPU 应该检测 ADC 的哪个引脚信号，以判断是否可读取数据？

8.1.7　实验 7　算术逻辑运算单元、节拍发生器与数据缓冲/锁存器的应用

一、实验目的

掌握算术逻辑运算单元、节拍发生器与数据缓冲/锁存器的功能和使用方法。

二、实验任务——验证算术逻辑运算单元、节拍发生器与数据缓冲/锁存器的功能

1. 验证 4 位算术逻辑运算单元（ALU）74HC181 的功能

计算机 CPU 由运算器和控制器组成，运算器的核心为 ALU，即算术逻辑运算单元。74HC181 是简单的 4 位 ALU，M 决定是算术运算还是逻辑运算，S3S2S1S0 决定是 16 种算术运算和 16 种逻辑运算中的哪一种。74HC181 的算术逻辑运算功能验证如图 8.34 所示。

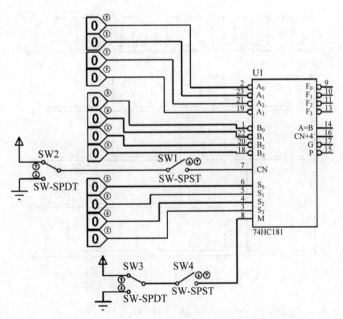

图 8.34　74HC181 的算术逻辑运算功能验证

按照表 8.4 仿真运行，并将运行结果填入表中。

表 8.4　给定条件的算术逻辑运算结果

A	B	S3S2S1S0	M	CN	F
0100	0010	0000	0	1	
0100	0010	0000	0	0	
0100	0010	0000	1	1	
0100	0010	0000	1	0	
0100	0010	0001	0	1	
0100	0010	0001	0	0	
0100	0010	0001	1	1	
0100	0010	0001	1	0	

2. 验证节拍发生器的功能

CPU 按照一定的节拍时序完成任务,在不同的节拍时间,CPU 要产生不同的操作控制信号,完成不同的操作,因此,CPU 内部时序电路需要生成节拍信号。如图 8.35 所示是 $M_0M_1M_2M_3$ 是 4 个节拍信号,T 是 CPU 时钟周期信号,节拍信号的脉冲宽度为一个 CPU 时钟周期的时间。

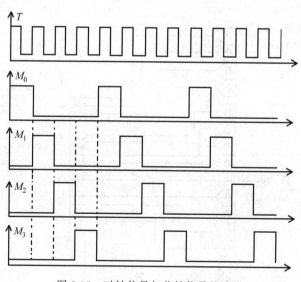

图 8.35　时钟信号与节拍信号的波形

按照图 8.36 连接电路,观察输出节拍信号 M_0、M_1、M_2、M_3 的时序波形,是否与图 8.35 一致。

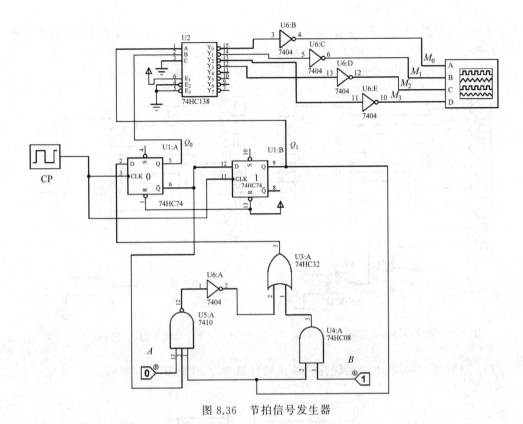

图 8.36 节拍信号发生器

3. 验证数据缓冲/锁存器的功能

(1) 具有三态输出的 4 位数据缓存器 74244,如图 8.37 所示。

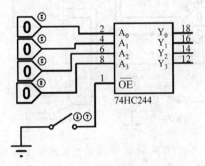

图 8.37 4 位数据缓存器 74244

当使能信号 $\overline{OE}$ 有效,即为低电平时,数据从输入端 $A_3 A_2 A_1 A_0$ 传输到输出端 $Y_3 Y_2 Y_1 Y_0$;当使能信号 $\overline{OE}$ 为高电平时,输出端 $Y_3 Y_2 Y_1 Y_0$ 处于高阻状态。

(2) 具有三态输出、上升沿锁存的 8 位锁存器 74347,如图 8.38 所示。

当使能信号 $\overline{OE}$ 有效,即为低电平时,在 CLK 信号上升沿后,数据从输入端 $D_7 D_6 D_5 D_4 D_3 D_2 D_1 D_0$ 打入到锁存器 Q 端 $Q_7 Q_6 Q_5 Q_4 Q_3 Q_2 Q_1 Q_0$ 保存;CLK 信号无

上升沿时,锁存器 Q 端数据 $Q_7Q_6Q_5Q_4Q_3Q_2Q_1Q_0$ 保持不变。当使能信号$\overline{OE}$为高电平时,Q 端 $Q_7Q_6Q_5Q_4Q_3Q_2Q_1Q_0$ 处于高阻状态。

（3）具有三态输出、高电平锁存的 8 位锁存器 74373,如图 8.39 所示。

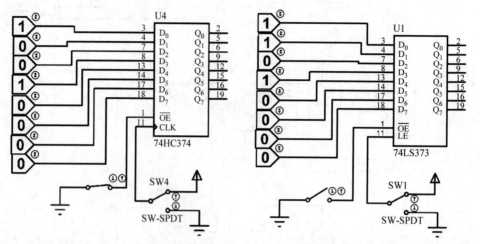

图 8.38　8 位边沿型三态锁存器 74347　　　图 8.39　8 位电平型三态锁存器 74373

（4）具有复位功能、上升沿锁存的 8 位锁存器 74273,如图 8.40 所示。

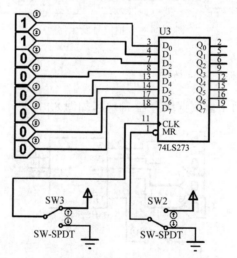

图 8.40　8 位边沿型、带复位功能的锁存器 74273

8.1.8　实验 8　数字系统综合设计——六路抢答器的设计

一、实验目的

进一步掌握数字电路的设计步骤与设计方法,培养数字系统的应用开发能力。

二、实验任务

基本任务：设计六路电子抢答器。主持人按下抢答键后，参赛选手可以抢答，若有人抢答，蜂鸣器鸣响，抢答指示灯亮，显示抢答选手序号，其他选手再抢答无效。

扩展任务：倒计时内抢答有效。

三、仿真实验平台和实验器材

仿真软件为 Proteus。实验器材：D 触发器 74LS74、8 输入端与非门 74LS30、蜂鸣器 Buzzer、晶体管 NPN、编码器 74LS147、或门 74LS32、译码驱动器 7448、共阴极数码管等。

四、电路设计

设计提示：使用 555 多谐振荡器产生时钟信号 CP，若有人抢答，D 触发器锁存抢答信号，①抢答信号使蜂鸣器鸣响，为放大蜂鸣器响声，抢答信号通过晶体管电路进行放大；②抢答信号通过编码器编出其对应的二进制代码，该二进制代码通过译码驱动器翻译成数码管 7 段显示代码，使数码管显示当前抢答者的序号；③抢答信号使 D 触发器失去时钟信号，后续抢答信号无法影响 D 触发器的状态，后续抢答无效。主持人通过控制 D 触发器的异步置位信号，启动抢答或停止抢答。四路电子抢答器的电路图如图 8.41 所示。

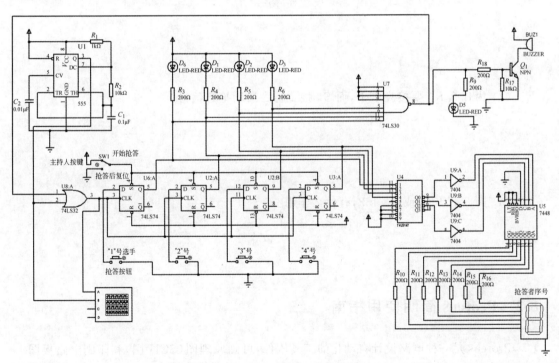

图 8.41 四路电子抢答器电路图

设计六路电子抢答器，并将电路图粘贴在下面。

图 8.42　六路电子抢答器的电路图

五、仿真功能测试

首先测试有人抢答后,蜂鸣器能否鸣响,抢答选手序号是否正确显示。然后,按下其他抢答键,观察此时,后续抢答选手的序号能否显示。主持人按下 D 触发器的置位键 $\overline{S}_d=0$,观察显示的数码,此时有人抢答,有无响应?

六、问答题

(1) 假设"1""2""3""4"号抢答者同时按下抢答按钮,显示哪一个抢答者的序号?为什么?

(2) 为什么 $\overline{R}_d$ 要接高电平,而 $\overline{S}_d$ 接主持人启动抢答信号?

(3) 图 8.42 中的或门 7432,有什么作用?

8.2　Proteus 简明使用指南

Proteus 是一种电路设计自动化的工具软件,可画原理图(SCH 图)和印刷电路板图(PCB 图),还可以进行电路仿真。Proteus 不仅可以进行模拟电路的仿真,还可以进行数字电路、单片机应用系统等电路的仿真。Proteus 的 Schematic 模块是原理图绘制和仿真的平台,PCB Layout 模块是印刷电路板布线编辑平台。

本节只介绍 Proteus 原理图与仿真模块,印刷电路板设计模块不作介绍,有兴趣的同学可请教老师。

8.2.1 SCH 原理图和印刷电路板图概述

电路原理图如图 8.43 所示,印刷电路板图如图 8.44 所示,厂家根据印刷电路板图制作出来的电路板如图 8.45 所示。

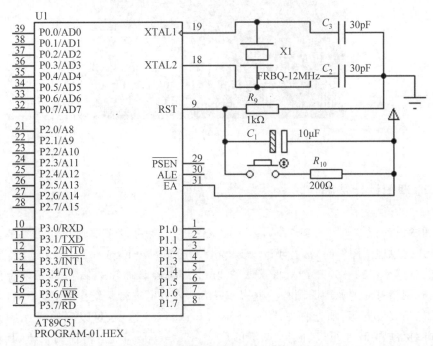

图 8.43　单片机最小硬件系统的原理图

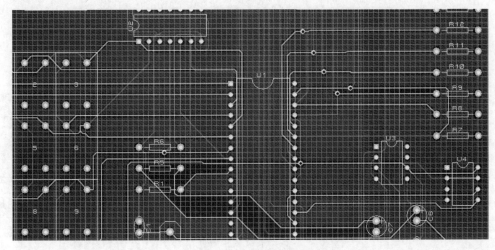

图 8.44　印刷电路板图

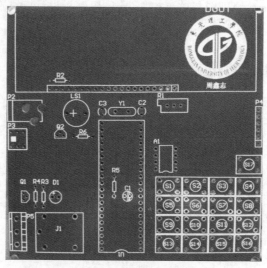

图 8.45 印刷电路板

8.2.2 原理图设计基础

原理图设计菜单如图 8.46 所示,File 是文件打开、保存及文件输入输出菜单。导出 .bmp 格式的原理图图像时,选择 File→Export Graphics→Export Bitmap 选项,然后选择图像的分辨率(100～600DPI),将默认的.bmp 文件名重命名并保存,即可输出底色为白色、没有网格打底的原理图图片。通过 System 菜单可进行系统设置,包括显示设置、图纸设置、仿真设置等,如选择 System→Set Sheet Sizes 选项,可设置原理图图纸的大小,可选用标准图纸,也可以自定义图纸的尺寸。Debug 是仿真运行控制菜单,其功能在 Proteus 界面的左小角有一些对应的快捷键。

图 8.46 原理图设计菜单

原理图设计界面左侧有一列按钮,如图 8.47 所示。处于列上部的是模式按钮,如⟩ 是元件放置模式按钮,十是节点放置模式按钮,LBL 是导线连接关系标号按钮,⯐是总线模式按钮,⊟是终端模式按钮,◉是信号发生器模式按钮,⊡是虚拟仪器模式按钮。处于列的中下部是图形与字符按钮,╱是线条图形按钮,▥是正方形图形按钮,A 是字符按钮。原理图界面底部左边有一行按钮,用以控制仿真运行,▶是仿真运行按钮,▶是单步运行按钮,▮▮是暂停按钮,▬是停止仿真、回到编辑状态的按钮。

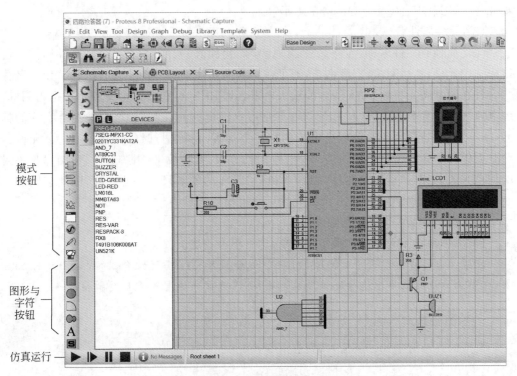

图 8.47　原理图设计界面

1. 原理图显示快捷键、图纸设置及工作模式的切换

显示：按 F5 键以光标为中心重显画面，按 F6 键放大画面，按 F7 键缩小画面。

图纸：图纸尺寸设置菜单为 System→Set Sheet Sizes，图纸可选用规则的大小，也可以自定义图纸大小。

模式：最左侧有一竖排的图形为"模式"选择按钮，最上的箭头图形为选择模式 Selection Mode，即处于正常编辑状态中；第二个"放大器"图形为元件模式 Component Mode，在此模式中放置、设置、复制和删除元件；Terminal Mode 为终端模式，常用的终端有电源、地等；Virtual Instruments Mode 为虚拟仪器模式，虚拟仪器有示波器、电压表等；Line Mode 是没有电气意义的线条图形模式，不是导线 Wire 模式；图形"A"是 Text Mode，在这种模式下放置电路说明文字。

2. 原理图元件

在 Proteus 元件模式可选取元件，Proteus 元件分门别类地放在各元件库中。

（1）元件库与元件。

原理图常用的分离元件库有 Resistors、Transistors、Switching、Optoelectronics、Speaker & Sounders 等；常用的芯片库有 Microprocesser、Data Convert、Memory IC、74 系列元件库，如与非门 74LS00、74HC00；常用的不对应实体的仿真元件库有 Simulator、

如元件 AND、OR、NOT、XOR 均在此库中。

（2）元件属性。

元件属性有元件名称、元件标号、元件型号、元件值、元件封装等，编辑元件属性时可以先选中元件，然后双击，或者右击，即可在出现的属性编辑界面中进行编辑。元件名称为元件在原理图元件库中的名称，如输入电阻名称 RES，可在 Device 库中取出电阻图标，绘制原理图。元件标号如 R_1、R_2、C_1 等是用户标记的元件名，一个元件拥有唯一的标号，不可重名，若原理图出现两个电阻的标号都为 R_1，则运行时编译将不通过。元件封装是元件在印刷电路板中的封装，与元件尺寸、形状、引脚数量、引脚尺寸、引脚焊盘等封装信息有关，如双列直插的芯片 74LS00 和 74LS04 的外观尺寸完全一样，因此它们的封装均为 DIP14，外观形状完全一样的元件可使用相同的封装。

（3）放置、移动、复制和删除元件。

放置、移动和删除元件的操作很简单，这里不再赘述。

注意：复制粘贴时不可以使用 Ctrl＋C 组合键和 Ctrl＋V 组合键，须选中元件后右击，在弹出的快捷菜单中选择复制粘贴选项，可以选择一块电路进行复制粘贴。

3. 终端

常用的终端有电源、地、输入端、输出端等。

4. 导线、总线与线条

导线是具有电气意义的连线，导线名称为 wire，总线 bus 是多条导线 wire 的集合，与总线连接的导线如果标号相同，则为同一连接关系。线条 line 是没有电气意义的线条状图形。

5. 网络标号、节点等

一个网络标号表示一种连接关系，多条导线连接处，自动出现节点，如果要在导线某点连线，可以先在连接处放置节点。

8.2.3 电路设计与仿真步骤

首先设定原理图的图纸尺寸，然后根据元件类型，到相应的元件库中取出元件（注意元件必须要有仿真模型），如果元件显示 No Simulation Model，则说明元件库中只存在元件符号，没有赋予元件的电气特性，这种元件不可用于电路仿真。全部元件，包括终端、电源与地也取出后，开始电路原理图的连接，电路图完成后，再进行仿真运行，观察电路功能是否正确。如果不正确，修改电路后，再次仿真运行，直到功能正确实现。

如果使用了 MCU 芯片，如 51 单片机芯片，画完电路原理图后，接着就是编写代码了，然后进行编译，加载编译生成的可执行文件 *.hex，最后仿真运行。观察结果，如果不正确，修改程序或电路，直至功能正确实现。

8.3 Proteus 常用元件名称

Proteus 常用元件名称如表 8.5 所示。

表 8.5　Proteus 常用元件名称

元 件 类 型		名　　称	元 件 类 型		名　　称
逻辑电平	逻辑电平开关	LOGICTOGGLE	基本逻辑门符号	与门	AND
电阻	电阻	RES		或门	OR
	电位器	POT-HG		非门	NOT
电容	瓷片电容	CAP		与非门	NAND
	电解电容	CAP-ELEC		或非门	NOR
二极管、指示灯	二极管	DIODE		异或	XOR
	发光二极管	LED	基本门	与门	7408
	指示灯	LED-RED、LED-YELLOW		或门	7432
				非门	7404
开关	八路开关	DIPSW-8		与非门	7400
	按键开关	SWITCH		或非门	7402
	按钮开关	BUTTON		异或	7486
	二选一开关	SW-SPDT			
数码管	BCD 数码管	7SEG-BCD	其他门	3 输入端与门	7411
	7 段绿色阳极数码管	7SEG-COM-AN-GREEN		3 输入端与非门	7410
	7 段蓝色阴极数码管	7SEG-COM-CAT-BLUE		4 输入端与非门	7420
	7 段红色阴极数码管	7SEG-COM-CATHODE		8 输入端与非门	7430
	7 段绿色阴极数码管	7SEG-COM-CAT-GREEN	ALU	4 位 ALU	74HC181
	BCD 数码管	7SEG-BCD	编码器	8-3 线优先编码器	74148
	2 位共阴动态数码管	7SEG-MPX2-CA		10-4 线优先编码器	74147
晶体管	晶体管	NPN	奇偶校验器	9 位奇偶校验器	74HC280
		PNP	加法器	4 位加法器	74HC283

元 件 类 型		名 称	元 件 类 型		名 称
数据选择器	4 选一数据选择器	74153	ADC	单通道 8 位	ADC0804
	8 选一数据选择器	74151		8 通道 8 位	ADC0809
	16 选一数据选择器	74150	存储器	2K×8	62256
JK 触发器	7476	JK 触发器		32K×8	2864
D 触发器	7474	D 触发器		256×8	24C02
单稳态触发器	可重触发单稳态触发器	74123	计数器	模 16 四位二进制计数器	74161
	不可重触发单稳态触发器	74121,74221		模 10 四位二进制计数器	74160
LCD	两行 16 字符，16×2	LM016		双输入脉冲可逆计数器	74192
	128×64	LM3228		可逆计数器	74190
译码器	3-8 线译码器	74138	数据缓冲器/锁存器	8 位电平三态锁存器	74373
	数码管显示译码器	7448		8 位边沿三态锁存器	74273
	数码管显示译码器	4511(同 7448)		双 4 位数据缓冲器	74244
模数混合器件	时基电路	555	音频器件	直流蜂鸣器	BUZZER
寄存器	4 位双向移位寄存器	74194		交流数字音频（3~5V）	Sounder

8.4　常用数字芯片引脚

1. 门电路

常用的与门、或门、非门、与非门、或非门等门电路的引脚图如图 8.48～图 8.56 所示。

2. 数据选择器

数据选择器如图 8.57 和图 8.58 所示。

3. 编码器

编码器如图 8.59 和图 8.60 所示。

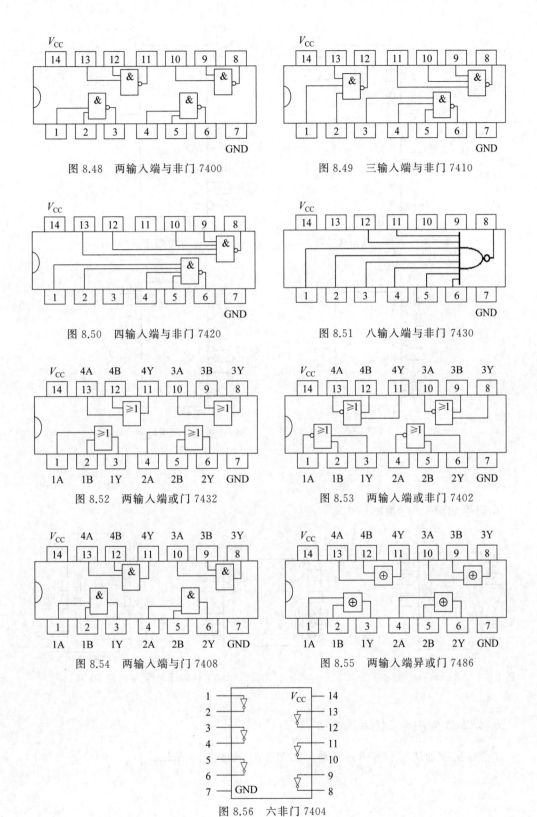

图 8.48　两输入端与非门 7400

图 8.49　三输入端与非门 7410

图 8.50　四输入端与非门 7420

图 8.51　八输入端与非门 7430

图 8.52　两输入端或门 7432

图 8.53　两输入端或非门 7402

图 8.54　两输入端与门 7408

图 8.55　两输入端异或门 7486

图 8.56　六非门 7404

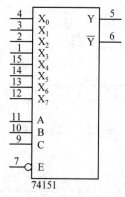

图 8.57　八选一数据选择器 74151

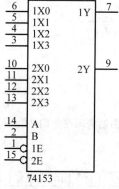

图 8.58　四选一数据选择器 74153

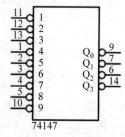

图 8.59　9-4 线编码器 74147

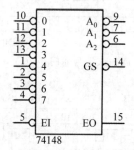

图 8.60　8-3 线编码器 74148

4. 译码器

译码器如图 8.61 和图 8.62 所示。

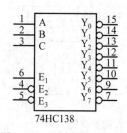

图 8.61　3-8 译码器 74138

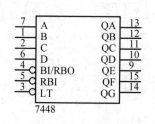

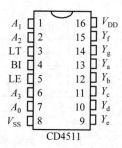

图 8.62　数码管显示代码译码器 7448 与 CD4511

5. 加法器与算术逻辑运算单元

4 位二进制加法器和算术逻辑单元如图 8.63 和图 8.64 所示。

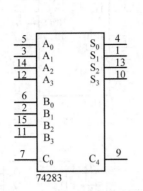

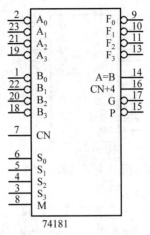

图 8.63 4 位二进制加法器　　　　图 8.64 4 位二进制算术逻辑单元

6. 触发器

下降沿触发的具有异步置位和复位功能的 D 触发器和 JK 触发器如图 8.65 和图 8.66 所示。

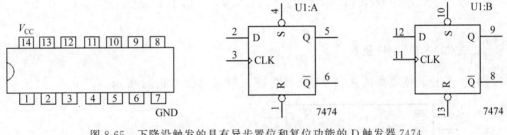

图 8.65 下降沿触发的具有异步置位和复位功能的 D 触发器 7474

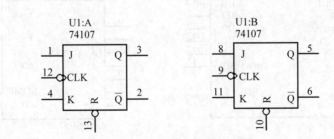

图 8.66 下降沿触发的具有异步置位和复位功能的 JK 触发器 74107

7. 计数器

计数器如图 8.67～图 8.70 所示。

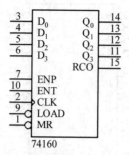
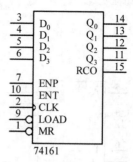

图 8.67　模 10 的二进制计数器 74160　　图 8.68　4 位二进制计数器 74161

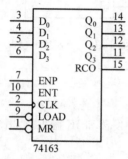
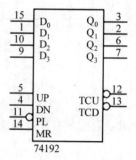

图 8.69　4 位二进制计数器 74163(清零需要 CLK 同步)　　图 8.70　4 位可逆计数器 74192

8. A/D 与 D/A 转换器

8 位 A/D 转换器如图 8.71 所示，8 位 D/A 转换器如图 8.72 所示。

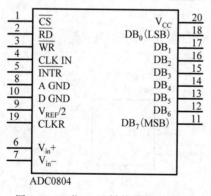
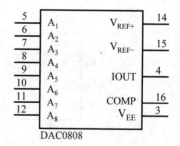

图 8.71　8 位 A/D 转换器 ADC0804　　图 8.72　8 位 D/A 转换器 DAC0808

9. 存储器

存储器如图 8.73 和图 8.74 所示。

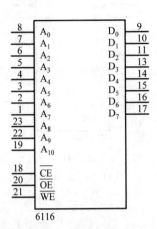

图 8.73 2KB 存储器 6116

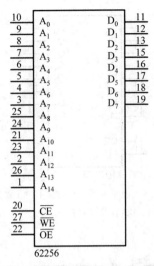

图 8.74 32KB 存储器 62256

10. 模数混合芯片

555 时基电路如图 8.75 所示。

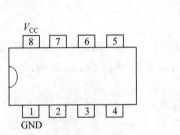

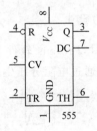

图 8.75 555 时基电路

11. 数据缓冲器与数据锁存器

4 位数据缓冲器如图 8.76 所示,数据锁存器如图 8.77～图 8.79 所示。

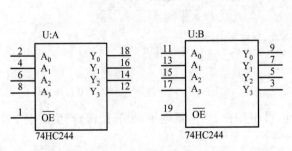

图 8.76 4 位数据缓冲器 74244

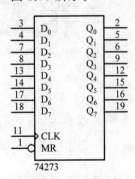

图 8.77 边沿触发有复位的 8 位数据
锁存器 74273

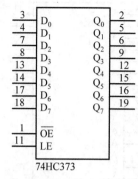

图 8.78 电平触发有三态的 8 位数据
　　　　锁存器 74373

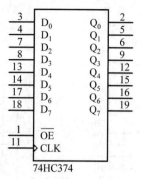

图 8.79 边沿触发有三态的 8 位数据
　　　　锁存器 74374

8.5 数字电路实验基础

8.5.1 实验基础电路

1. 高、低电平的产生

进行电路仿真时,Proteus 软件 LOGICTOGGLE 元件可以方便地产生高、低电平,在实物制作时,可以通过电阻分压生成高、低电平,如图 8.80 所示。

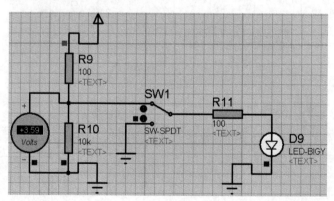

图 8.80 高、低电平的产生

2. 单脉冲的产生

如图 8.81 所示的电路可产生单脉冲,按下按钮,产生低电平,松开按钮,产生高电平。

3. 小型发光二极管的应用

小型发光二极管应用时,要串联一个限流电阻,以防电流过大而烧毁。因为小型发

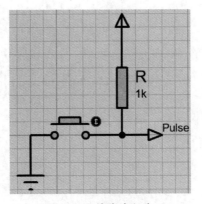

图 8.81 单脉冲电路

光二极管正常导通的电流为 $15\sim30\text{mA}$，电源 5V，因此限流电阻为 $160\sim330\Omega$，如图 8.82 所示是限流电阻取不同值时，发光二极管的发光亮度。可以看出，限流电阻为 200Ω、330Ω 时，发光二极管较为明亮。注意：发光二极管的长脚为正极，对应内部窄片端；短脚为负极，对应内部宽片端。发光二极管的引脚不可接反，若接反，即刻烧坏。

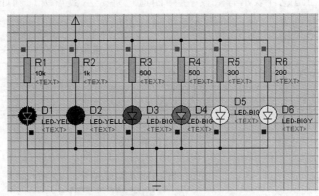

（a）小型发光二极管　　　　　　　　　（b）小型发光二极管从左至右，越来越亮

图 8.82 小型发光二极管与限流电阻的取值

4. 小型直流蜂鸣器的驱动电路

直流蜂鸣器依靠直流电压驱动鸣响，蜂鸣器的长脚为正极，短脚为负极，有些蜂鸣器由"＋"号标识正端，如图 8.83（b）所示为蜂鸣器声响放大电路。

8.5.2 元器件的辨识

1. 色环电阻的辨识

色环电阻用颜色表示数值，如图 8.84 颜色棕、红、橙、黄、绿、蓝、紫、灰、白、黑分别表

（a）

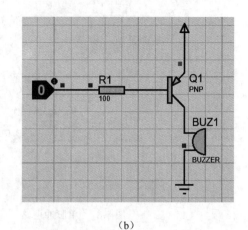
（b）

图 8.83　蜂鸣器及其声响放大电路

示数字 1、2、3、4、5、6、7、8、9、0，如表 8.6 所示。普通电阻有 3 道色环表示阻值，其中，前两道色环表示有效数字，第三道色环表示数量级；精密电阻有 4 道色环表示阻值，其中，前三道色环表示有效数字，第四道色环表示数量级。例如，3 道色环电阻，自左开始的色环颜色为红、黑、棕，那么该电阻的阻值为 $20 \times 10^1 \Omega$，即 200Ω。

表 8.6　色环电阻颜色与数字的关系

颜色	棕	红	橙	黄	绿	蓝	紫	灰	白	黑
数字	1	2	3	4	5	6	7	8	9	0

棕红橙黄绿蓝紫灰白黑
1　2　3　4　5　6　7　8　9　0

3道色环电阻阻值=数字1　数字2×10^{数字3}

例1：

红黑棕=20×10^1=200Ω

例2：

棕黑红=10×10^2=1kΩ

4道色环电阻阻值=数字1　数字2　数字3×10^{数字4}

例3：

红紫黑红=270×10^2=27kΩ

例4：

棕黑黑棕=100×10^1=1kΩ

图 8.84　色环电阻的辨识

2.共阴极数码管

数码管其实是由 8 段发光二极管组成的,如图 8.85 所示。数码管分为共阴极和共阳极,使用时,8 段 abcdefgh 输入端要串联 $100\Omega\sim1k\Omega$ 的限流电阻,否则容易烧坏。测试数码管的好坏时,可以让数码管显示数码"8.",哪一段不亮,说明哪一段烧坏了。

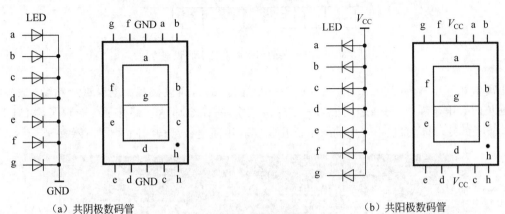

（a）共阴极数码管　　　　　　　　　　　　　（b）共阳极数码管

图 8.85　数码管的引脚

3.电位器、排阻、电容、小型晶体管等元器件的辨识

电位器、排阻的标识如果是 3 位,那么前两位表示阻值的数值位,后一位表示阻值数量级为 10 的多少次方,如 $102=10\times10^2=1k\Omega$,$203=20\times10^3=20k\Omega$。排阻靠近标识点的引脚为公共端,即排阻 1 号引脚为电阻公共端。电解电容为圆柱形,长脚为正极、短脚为负极,用"-"号标识负端,容量和耐压均有标识,如 25V1UF。瓷片电容无极性,瓷片电容若用 3 位表示,前两位表示容量数值位,后一位表示数量级,默认单位为 pF,如 $102=10\times10^2pF=0.001\mu F$,$105=10\times10^5pF=1\mu F$,对于容量特别小的瓷片电容,标识值就是容量,如标识"30"与"22"表示 30pF 与 22pF。晶体管引脚识别的方法如下:将晶体管球面朝外,脚朝下,左边第 1 脚为发射极 e,中间为基极 b,右边引脚为集电极 c。

4.集成电路的引脚识别

如图 8.86 所示为集成电路的引脚序号识别方法。将芯片缺口朝左,芯片左下角第一只引脚为 1 号引脚,按照顺时针方向,引脚序号递增,芯片左上角引脚为序号最大的引脚。一般门电路芯片的右下角为接地引脚,左上角为电源引脚。

注意:芯片插反极易烧坏,一旦发现芯片发热,即刻断电! 检查电路,V_{CC} 与 GND 是否短路,芯片是否插反。

8.5.3　面包板的使用方法

面包板正面材质使用不导电树脂,面包板有大量行列式排列的小插孔,插孔之间的

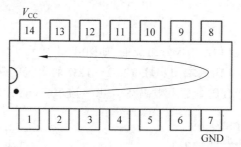

图 8.86　DIP 封装的门电路芯片引脚识别方法

距离为 2.54mm，即 100mil。5 个插孔为一个连接关系，面包板背面绝缘纸上粘贴了大量细长的导电金属槽，每条金属槽为一个连接关系，每条金属槽顶部开了 5 个口子，相当于 5 个金属夹，对应面包板正面的 5 个插孔。实验用面包板结构如图 8.87 所示。

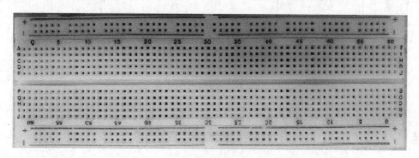

（a）面包板正面

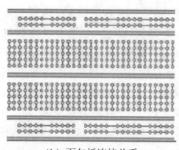

（b）面包板连接关系

（c）面包板背面

图 8.87　实验用面包板结构

　　在面包板上连接电路时，习惯上"电源"用红线连接，"地"用黑线连接。电源线和地线不用时，要用绝缘胶布裹住，否则不小心碰到一起，就会引起短路。

　　面包板通断示意图如图 8.88 所示。

　　图 8.89 所示为芯片在面包板上正确与错误的插法。

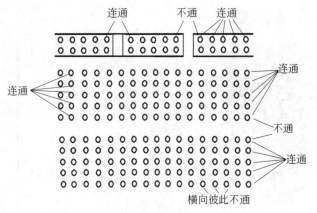

图 8.88　面包板通断示意图

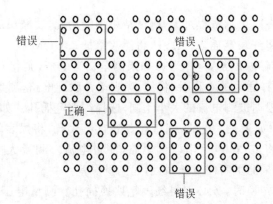

图 8.89　芯片在面包板上正确与错误的插法示意图

8.5.4　数字万用表的使用方法

　　数字万用表可以用来测量电压、电流、电阻、电容、二极管、晶体管及检查线路的通断。

　　数字万用表如图 8.90 所示。万用表上有按键、插孔、转换旋钮等部件。POWER 为电源开关按键，HOLD 为锁屏按钮，按下此按钮，显示屏的数据将保持不变。一般万用表有 4 个插孔，分别是 VΩ 孔、COM 孔、mA 孔、10A 孔或 20A 孔，VΩ 孔是测量电压或电阻的红表笔插孔，mA 孔或 20A 孔是测量电流的插孔，COM 是公共插孔。转换旋钮四周有很多测量标识，旋到"V-"或"DCV"标识，测量直流电压；旋到"V～"或"ACV"，测量交流电压；旋到"A－"或"DCA"，测量直流电流；旋到"A～"或"ACA"，测量交流电流；旋到"Ω"，测量电阻；旋到"▷|"，测量二极管及线路通断；"F"表示电容挡；"H"表示电感挡；hfe 表示晶体管电流放大系数测试挡。

　　测量时，要选择适当的量程，如果测量值显示 1，说明量程过小，则要加大量程测量；

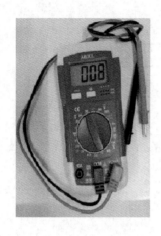

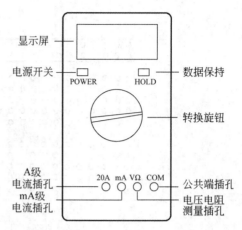

图 8.90　数字万用表

如果测量值显示"0.0…",表示量程过大,测量结果不够精确,要减小测量量程。

（1）**测量电压**。将红表笔插入 VΩ 孔,将黑表笔插入 COM 孔。如果测量直流电压,则将转换旋钮打到直流电压挡 V-(DCV);如果测量交流电压,则将转换旋钮打到交流电压挡 V~(ACV)。选择适当的量程后,将红、黑表笔并联到电路,测量电压。

（2）**测量电流**。根据被测电流的大小不同,选择红表笔插孔。如果是 mA 级电流,则将红表笔插入 mA 孔;如果是大电流,则将红表笔插入 A 孔,将黑表笔插入 COM 孔。然后选择适当的量程,将红、黑表笔串联到电路,测量电流。测量大电流时,测量时间为10~15s 比较合适,如果测量时间过长,将引起测量误差。

电流或电压测量转换时,务必记得红表笔要换插孔。测量电压后测电流,从 VΩ 孔拔出红表笔,插入电流插孔（A 或 mA）中;测量电流后测电压,从 A 或 mA 孔拔出红表笔,插入电压（VΩ）孔中。如果电压或电流测量转换中,红表笔没有更换孔插,则极易烧断万用表的保险丝。

（3）**测量电阻**。将红表笔插入 VΩ 孔,将黑表笔插入 COM 孔,然后将转换旋钮打到"Ω"挡,选择适当的量程测量,电阻无极性,红、黑表笔各接触电阻一引脚即可。如果不知道被测电阻的阻值大小范围,则应该选择最大量程。如果发现测量值显示"1",则说明量程不够,要使用更大挡测量。如果使用最大挡测量,阻值还是"1",则说明该电阻开路。如果电阻测量值为 001,说明该电阻内部已击穿。

测量电阻时,首先短接表笔,测出表笔线的电阻值,一般为 0.1~0.3Ω,阻值不能超过0.5Ω,若超过了,则说明 9V 电池（万用表的电源）电压偏低,或者是刀盘与电路板接触松动。测量时不要用手去握表笔的金属部分,以免引入人体电阻,引起测量误差。

（4）**测量二极管**。将红表笔插入 VΩ 孔,将黑表笔插入 COM 孔,将转换旋钮打到二极管"▷|"挡,然后将黑表笔接二极管正极,红表笔接负极,测量正向电阻值,再反向测量二极管的反向电阻值。如果正向电阻值为 300~600Ω,反向电阻值为几十到几百 kΩ,则说明管子是好的;如果正、反向电阻值均为"1",则说明管子开路;如果正、反向电阻值均为 001,则说明管子击穿;如果正、反向电阻值差不多,则说明管子质量较差。

（5）**测量通断**：将万用表打到二极管挡，测量两点的通断，不断听到哔……的响声，说明短路。

8.5.5 实物电路制作的注意事项

在实验阶段，仿真实验完成后，就要开始制作实物电路以验证功能。对于不是非常复杂的电路，常常先使用面包板搭建实物电路，待功能测试通过后，再设计印刷电路板，进行器件焊接，制作实物电路成品。在使用面包板搭建实物电路时，须注意如下事项。

（1）务必先画好原理图，仿真测试结果正确，再依图搭建电路。

（2）为防电源连接错误，按照约定俗成的做法，电源正极用红色导线，地线用黑色导线。如果有芯片发烫，或者其他元件发烫，或者冒烟，请立即断电，检查原因。

（3）同一功能电路的元件尽量放在邻近位置，不同功能电路之间最好有间距。

（4）分步搭建电路。例如，搭建抢答器电路，可先搭好振荡器以产生 CP 信号，然后搭好显示电路，最后搭建声响和复位电路。每一功能电路搭建完毕，要测试该部分的功能。若有问题，通过分析故障原因，排除故障，只有当分析不出原因时，才使用万用表测量该部分每条线、每个引脚的通断。

（5）要有良好的心态。实验是试验，实物实验可能不会一次性成功，出现故障实属正常，要细心并有耐心，勤于动脑。在排查故障中获取实践经验，提高实验技能，加深对理论的理解，尽量不要一出错，就拆了电路重插！

参 考 文 献

[1] 李广明,曾令琴,肖慧娟,等. 数字逻辑电路基础[M]. 北京：人民邮电出版社,2017.
[2] 温德通. 集成电路制造工艺与工程应用[M]. 北京：机械工业出版社,2018.
[3] 尼克罗斯·法拉菲. 数字逻辑设计与计算机组成[M]. 戴志涛,张通,黄梦凡,等译. 北京：机械工业出版社,2017.